U0084695

全國高中、中小學心理衛生教育指定參考讀本！
一部「導航式」的身體趣味知識「百科全書」！
完全圖解適合全家大小認識身體奧妙的典藏本！

# 完全圖解

# 健康與疾病

健康研究中心主編

# 前言

如果你的情緒十分低落，也許人家會勸你只要出去走走就會好了。不過如果遇到身體患了疾病，就不是「走走」就能「治好」的了！

其實，認識疾病本身並不難，我們的身體對於侵入的病痛與病毒都會設立一道防火牆或是以警鐘來提醒你，只要你多聽聽自己身體的聲音就可防範未然了。

本書出版的目的，就是因為很多家庭醫學書籍的內容是屬於比較難理解的敘述，所以想要以簡單的圖解為主，避免繁雜的項目，對新事物的介紹僅止於最淺易的限度，希望出版一本大家都容易閱讀的書籍。

希望這本書對於各位今後的健康生活能有所貢獻。和解剖生理不同的就是敘述疾病的成立。而這方面比較困難，而且對疾病的認識也有了很多的改變，所以很難網羅全部的疾病，所遺漏的部分只好讓其他的書籍來解釋了。這是一部老少都能了解疾病發生的原因及如何治療的情報書，在家中放置一冊，對您府上絕對有幫助！

## 第1章　呼吸系統的疾病

### 鼻子的疾病



### 喉嚨的疾病



### 氣管的疾病



### 肺的疾病



## 第2章　消化系統的疾病

### 口腔的疾病



### 食道的疾病



### 胃腸的疾病

### 肝臟・膽道的疾病



### 胰臟的疾病



### 牙齒的疾病



## 第3章　循環系統的疾病

### 心臟的疾病



### 血管的疾病

## 血管的疾病



# 第4章　泌尿系統的疾病

## 腎臟的疾病



## 腎臟腎以外的尿路疾病



# 第5章　神經系統的疾病

## 腦的疾病



## 脊髓的疾病



# 第6章　内分泌腺系統的疾病

## 荷爾蒙的疾病

## 第7章　感覺系統的疾病

### 眼睛的疾病



### 耳的疾病



### 皮膚的疾病



## 第8章　運動系統的疾病

### 骨與關節的疾病



## 第9章　女性的疾病

## 第10章　癌　症



## 第11章　免疫與疾病



## 第12章　急救法



## 附　錄

### 呼　吸



### 體　溫



### 黏　膜

# 第1章

# 呼吸系統的疾病

呼吸器官的疾病

# 鼻子的疾病

鼻子的疾病

## 花粉症是如何產生的？

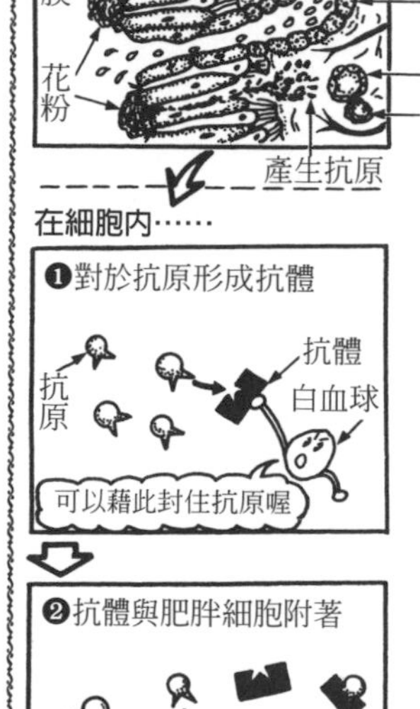


一旦吸入花粉或是室內的灰塵等後，就會附著在鼻子的黏膜，而產生抗原毒素(左圖❶)。

而這時在體內的白血球就會製造出抗體，封住抗原(左圖❷)。

到這個階段爲止，都與免疫反應相同。而這個抗體與肥胖細胞(在組織中能夠自由活動的細胞)結合之後(左圖❸)，當抗原再度侵入時，就會與抗體合體，釋放出組織胺物質(左圖❹)。

組織胺刺激鼻腺就會流鼻水，刺激神經就會打噴嚏。此外，刺激血管就會引起發炎，出現鼻塞現象。

像這種與免疫反應同樣製造抗體，但是當抗原再度入侵時，對身體會造成不良影響的情況，就稱爲**過敏**。花粉症是由花粉等所引起的，同時也是一種過敏性疾病。

花粉症的原因是花粉，而成爲原因的草木花粉大量飛散的季節，就會引發花粉症[注1]。此外，有人也會因爲室內的灰塵等而出現這種症狀，與季節無關，幾乎一整年都會出現。

過敏是指特別敏感的人(過敏體質)容易出現的症狀。而一般人在體調不佳時，也會出現過敏現象[注2]。

**組織胺等刺激鼻腺、神經、血管等…過敏反應。**

〔注1〕杉木、扁柏、赤楊等在春天(2~5月)花粉會大量飛散。而豚草是夏季(8~9月)花粉較多。

〔注2〕關於過敏反應請參照160頁

鼻子的疾病

# 花粉症的「原因探究法」與「緩和法」

〔皮膚測試的做法〕

放大圖

❶注射於皮膚

從花粉抽出的抗原萃取劑(過敏原)

❷戳傷

滴1滴

過敏原

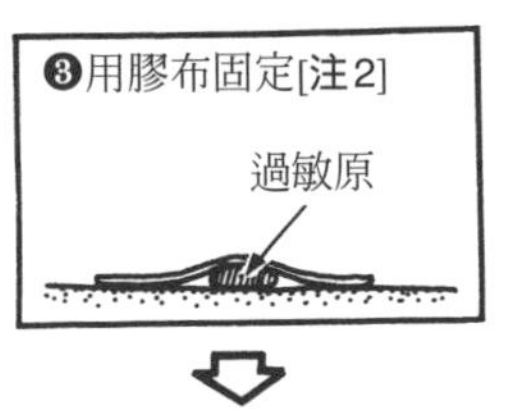


❶、❷的情形大約15~20分鐘後(❸的情形約爲2天後)，觀察有無發紅。如果出現15~20mm大的發紅現象則是陽性。

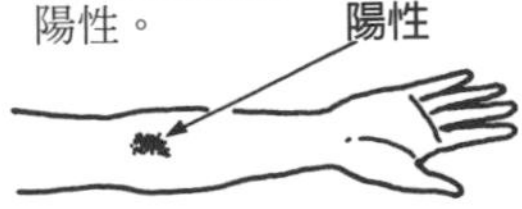


## ★找出過敏原因的方法

會引起花粉症過敏性疾病的原因，就稱爲過敏原。

激烈咳嗽、打噴嚏或鼻塞等感覺痛苦時，一定要調查是否屬於過敏性的疾病，對於可能是原因的過敏原要進行接種並觀察反應。

若懷疑可能是杉木花粉所造成的花粉症，則可以將由杉木花粉抽出的抗原萃取劑微量注射到體內(左圖❶)。先用針刮傷皮膚，然後再滴一滴(左圖❷)進行測試。

大約過了15到20分鐘，測試如果出現1.5公分到2公分大的紅腫的現象，表示對於這個抗原已經在體內形成了抗體。由於抗體的存在，因此會不斷的流鼻水、眼睛發癢(結膜炎)，出現過敏性的症狀。

像這種接種過敏原，觀察反應，就可以知道是何種物質引起過敏[注1]。

除了杉木以外，會引起過敏疾病的物質還有很多(參照右圖)。

〔各種過敏原〕

艾草、蟎、羽毛、鴨茅、豚草、杉木、光葉櫸樹、赤松、青栲、赤楊、絲綢、念珠菌、結核菌素、二氯二氟甲烷氣體、麴黴、格連孢菌、長苞香浦、枝孢菌、毛黴菌、葎草、羊蹄、髮癬菌素、組織胺、蛋、牛乳、肉、魚、穀物……

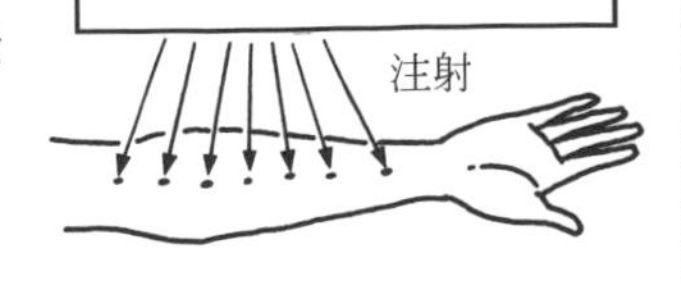


選擇一些過敏原進行測試

## ★緩和過敏性症狀的方法

如果知道過敏的原因，最重要的是遠離過敏原。

此外，注射少許的過敏原，讓身體逐漸習慣也是緩和症狀的方法(**消除過敏法**)。

〔注1〕除此之外，還有檢查血清或是觀察過敏原感作程度的RAST方法。

〔注2〕這個測驗是調查油漆或是藥品等，接觸皮膚會引起過敏的原因及方法。

鼻子的疾病

# 副鼻腔炎(鼻蓄膿症)是何種疾病？

**★副鼻腔在何處？**

鼻腔周圍的骨中有一些空洞。

這空洞稱爲**副鼻腔**，有以下幾種：

❶**額竇**…眼上的空洞。

❷**篩竇**…左眼與右眼之間的空洞。

❸**上頜竇**…在眼深處的空洞。

❹**蝶竇**…在眼深處的空洞。

這些副鼻腔平時都是由薄黏膜覆蓋，裡面塞滿空氣。

副鼻腔各自有小的洞，從那兒打開可與鼻腔相連。

**★副鼻腔炎(鼻蓄膿症)是如何形成的？**

一旦得了感冒或是痲疹，鼻腔發炎感染到副鼻腔，就會引起發炎症狀。

這就是**副鼻腔炎(鼻蓄膿症)**。除了病原菌的感染之外，還會因爲外傷或是蛀牙等原因而引起。

〔副鼻腔的種類與位置〕（□內是副鼻腔）

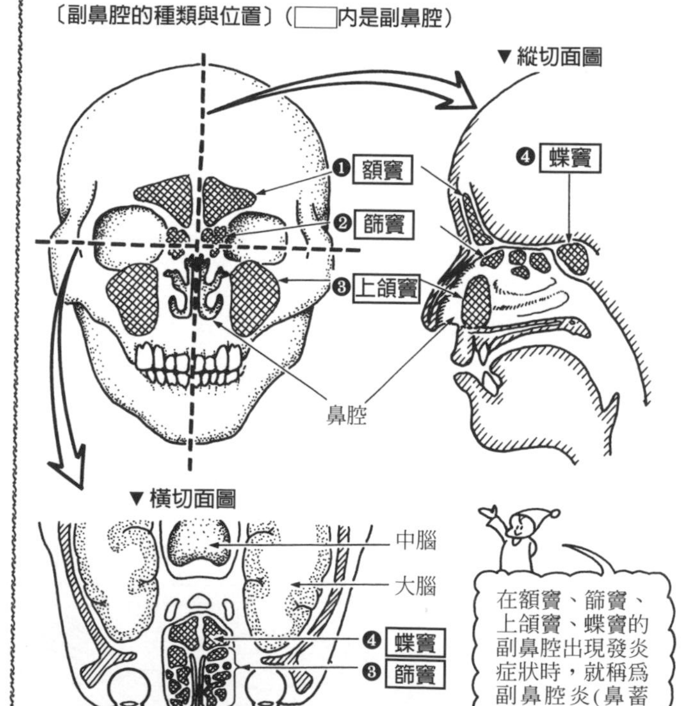


**★副鼻腔炎(鼻蓄膿症)的症狀與治療法**

首先會因爲發炎而開始流鼻水(鼻漏)，出現鼻塞等症狀。此外，會有頭痛或是集中力減退等症狀[注]。

副鼻腔炎(鼻蓄膿症)分爲急性與慢性。一旦慢性化時，與患者的體質有密切的關係。

而治療法是使用抗生素的藥物療法以及洗淨副鼻腔等。如果還是無法好轉的話，則要進行外科手術。

〔注〕有時會併發支氣管擴張症。

呼吸器官的疾病

# 喉嚨的疾病

喉嚨的疾病

## 扁桃炎是何種疾病？

〔扁桃的位置〕

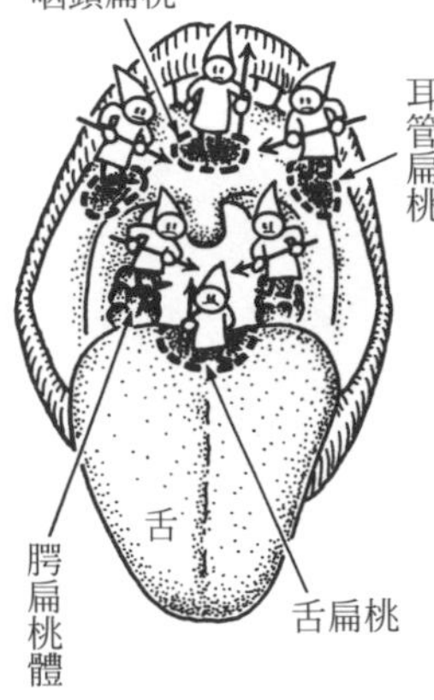


▶ 急性扁桃炎

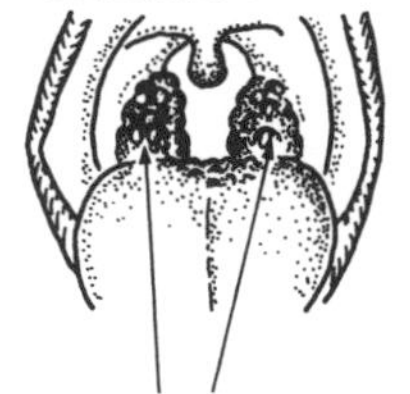

扁桃紅腫、出現白色顆粒狀的分泌物。

▶ 慢性扁桃炎

表面凹凸不平，有時不會肥大化。

喉嚨是吸入的氣息或食物進入體內時的入口，因此必須負責守衛，不讓外面壞的細菌侵入。

扁桃就是關卡，如左圖所示，好像包住喉嚨似的附著在喉嚨周圍(這種扁桃形成的環稱爲瓦爾代爾扁桃體環)。

扁桃有許多淋巴球，就好像守衛似的，可以預防疾病。

健康人鼻中或是喉嚨，也會存在一些常在菌。而這些細菌通常對於人體無害，在扁桃中的溶血性溶鏈菌(右圖❶)平常非常溫馴。

但是一旦感冒，體力減弱時，突然力量增大，會產生毒素(右圖❷)。這時扁桃就會紅腫、發燒，喉嚨、關節會疼痛。

**急性扁桃炎**(咽峽炎)則是扁桃紅腫，出現白色顆粒。如果經常發生，不斷惡化就會變成**慢性扁桃炎**(習慣性咽峽炎)[注]。

〔注〕靜養、攝取足夠的水分並服用藥物(抗生素)。

喉嚨的疾病

# 何時可以切除扁桃？

〔扁桃的肥大〕

**增殖體**(咽頭扁桃肥大)

(腭)**扁桃肥大**

**肥大的扁桃中……**

❶會成爲溶血性溶鏈菌的躲藏處

很棒的地方耶

可以住在這裡喔!!

平時非常溫馴但是…

因爲過度疲勞或疾病體力衰退時……

❷病原菌會產生暴動而產生扁桃炎……

毒素

**用抗生素抑制**

**切除扁桃**

4~5歲孩童的咽頭扁桃非常發達(生理的肥大)，過了青春期後就會自然縮小。

但是有些人長大成人之後，咽頭扁桃仍然很大。肥大的咽頭扁桃稱爲**增殖體**，可能會阻塞喉嚨而很難呼吸或吞嚥食物[**注**]。

肥大的扁桃會成爲扁桃炎原因的溶血性溶鏈菌等隱藏的場所。這些病原菌平時在體調好時無法做惡，但是在一旦體調不好時，就會立刻產生暴動，成爲扁桃炎的原因。

而這時如果急性扁桃炎尚未治癒，反覆幾次之後，就會慢性化，變成慢性扁桃炎。

這時不見得就是扁桃肥大，有時即使是小的扁桃，也會成爲細菌的溫床。

爲了避免得扁桃炎，要調整體調，不要給予細菌有暴動的機會是最好的方法。

但是如果不幸發病的話，首先要服用抗生素加以抑制。

如果還是不行的話，因爲扁桃炎可能會引起腎臟疾病、中耳炎、心臟疾病、關節風濕等併發症，這時就必須要考慮切除扁桃了。

**▶扁桃炎的全身傳播**

||

扁桃病灶感染症

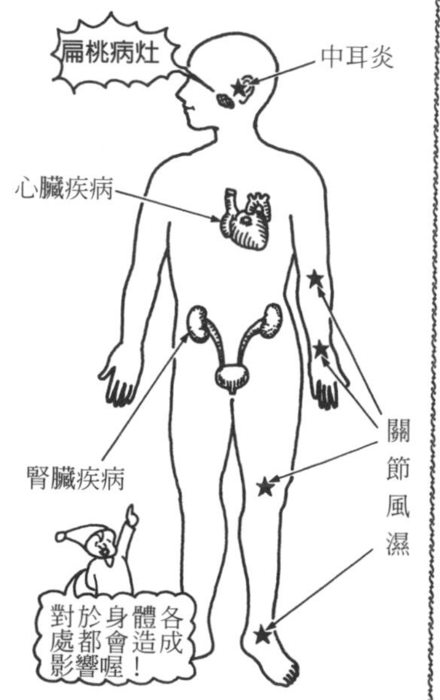


〔**注**〕此外也會成爲打鼾的原因。有時會引起睡眠時無呼吸症候群。

呼吸器官的疾病

# 氣管的疾病

氣管的疾病

## 何謂支氣管炎？

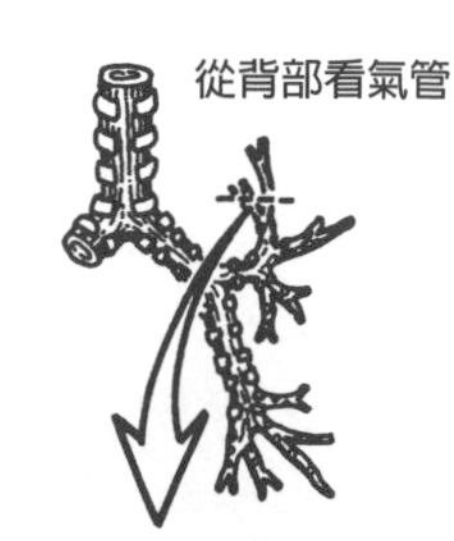


支氣管炎就是病毒或細菌等病原體，侵入到氣管深處的支氣管而引起的發炎症狀。

❶健康人的支氣管、氣管內壁的黏膜下腺或由杯狀細胞分泌的黏液，藉著纖毛的運動，會將垃圾等化爲痰排出呼吸道外。

❷但是當細菌或病毒等入侵，與體內的白血球等開始作戰時，支氣管的內壁就會引起發炎。

這個發炎無法痊癒，拖了太久，支氣管的黏膜就會逐漸增厚。而產生黏液的杯狀細胞的數目就會增加，並不斷的分泌黏液。

這時痰一直積存在支氣管中，就會產生劇烈咳嗽或是發燒。

❸當支氣管炎繼續惡化時，連呼吸道深處的細支氣管都會引起發炎的症狀。

這時支氣管就會收縮，痰積存，呼吸道縮小，造成呼吸困難。

而發炎症狀如果深達肺泡時，就會引起**支氣管肺炎**。

感冒一直無法痊癒、咳嗽或是有痰、喉嚨一直覺得癢癢的，可能是支氣管炎。要多休養、避免房間乾燥，以及保持適當的姿勢，而且要變換體位，儘量將痰咳出體外。

**❶正常的支氣管**

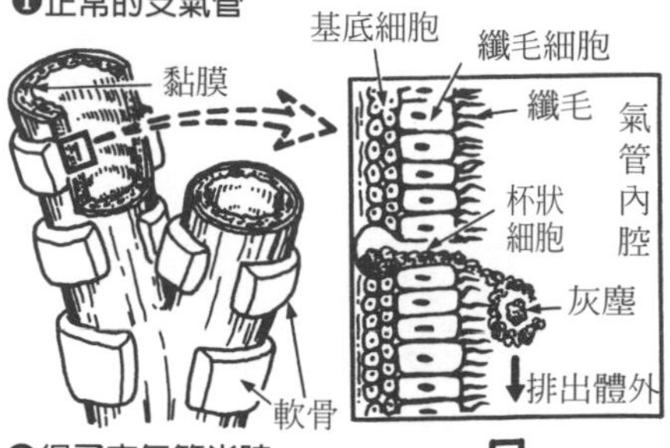


**❷得了支氣管炎時**

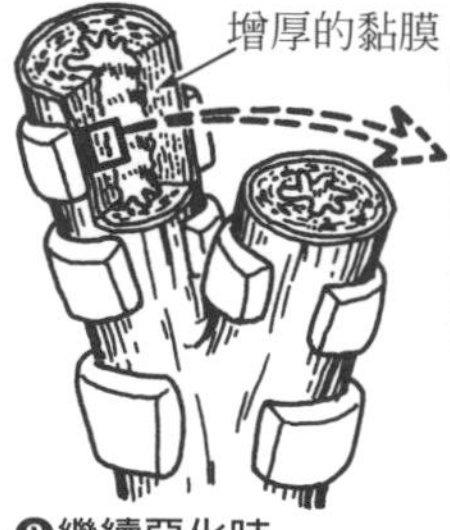


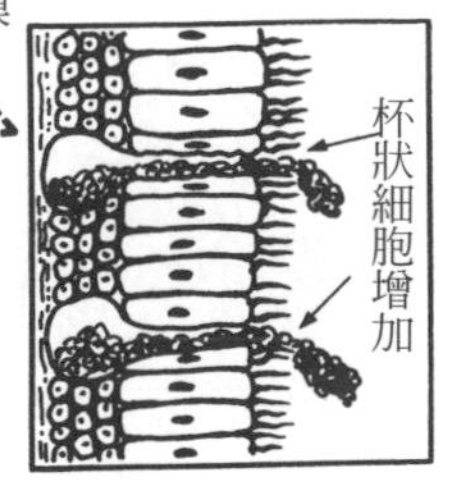


**❸繼續惡化時**

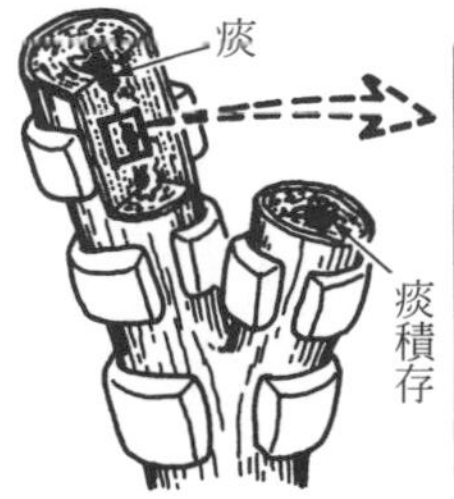


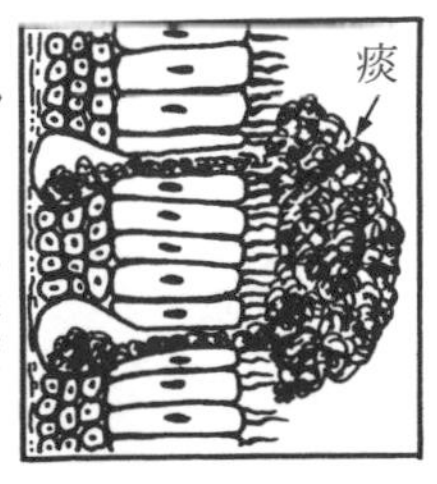

氣管的疾病

## 為何一旦感冒時會流鼻水或咳嗽？

感冒是因爲吸入空氣中浮游的病毒而引起的。

❶侵入鼻中的病毒打算在此增殖，而體內的白血球察覺到這一點時就會主動攻擊。

如果不幸病毒的勢力較強的話，白血球無法完全將其處理掉，病毒就鞏固了增殖的地方。

而鼻子爲了沖洗掉病毒，因此就會開始分泌鼻水和打噴嚏，想要藉此趕走病毒。

這就是所謂的「傷風」。

❷但是如果病毒還殘存著，侵入到深處時，就會開始侵襲喉嚨(咽頭)。這時喉嚨就會利用咳嗽的方式，想要趕走病毒。

這時喉嚨感覺乾燥、腫脹、疼痛。

❸可是依然無法趕走，病毒殘存下來，就會侵入到深處的氣管。

而氣管的黏膜分泌黏液捕捉病毒，藉著纖毛的運動將其化爲痰，推向喉嚨的方向。

因此就會咳嗽，打算將痰排出體外。這個咳嗽是比喉嚨被侵襲時更深、更激烈的咳嗽。

所以感冒就是，

▶ **鼻子的異常**…流鼻水、鼻塞、打噴嚏。

▶ **喉嚨異常**…喉嚨腫脹、疼痛、乾燥感、淺咳。

▶ **氣管的異常**…痰、深咳。

會由鼻子侵入氣管分歧部(上呼吸道)，也會利用咳嗽或是打噴嚏而感染他人。

一旦感冒時會流鼻水或打噴嚏、咳嗽，就是因爲想要用鼻水將侵入的異物沖洗掉。藉著鼻子的功能，以及當病毒再繼續往深處侵入時，黏液會將其包圍住，藉著纖毛的運動，想要將其排到呼吸道外，所以是藉著喉嚨和氣管的功能來進行的。

人體本身即具有去除病毒的病原菌等的「防衛力」。

〔感冒病毒侵入體內〕

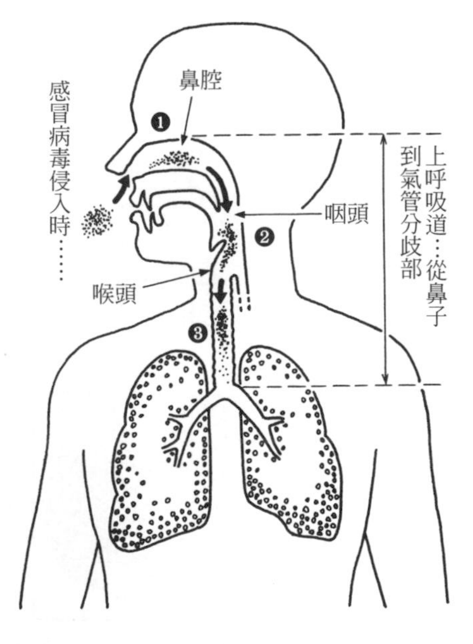

氣管的疾病

# 感冒的根源病毒是什麼？

〔病毒的構造〕

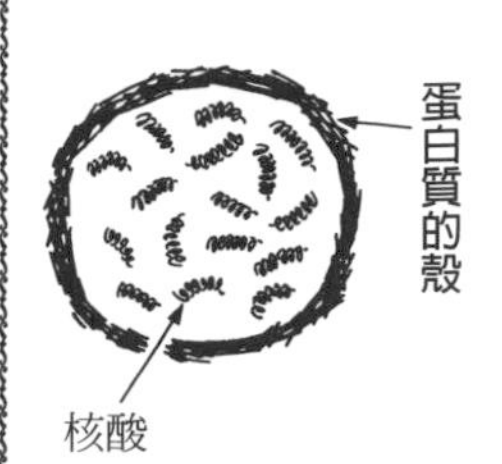


**★何謂病毒？**

引起感冒的病毒據說有200種以上[注]。

病毒是比細菌更小的病原體。如右圖所示，在中心有核酸(具有遺傳情報的物質)，而周圍則由蛋白質殼所覆蓋。

病毒不像細菌一樣會自己增殖，而必須進入人體或動物體內，附著於細胞才可以增殖，就好像「寄生蟲」一樣。

**★引起感冒的構造**

❶感冒病毒隨著呼吸鑽進鼻腔中，朝黏膜的方向接近。

❷病毒逐漸附著在黏膜上，黏膜與細胞相連，就會開始大量送入核酸。而這時在細胞內的白血球就會立刻發動攻擊……

Ⓐ白血球獲勝時……病毒和核酸都被處理掉，不會發病。

Ⓑ病毒獲勝時……病毒有了可以增殖的地方。

❸病毒獲勝的話，會以核酸爲基礎，在細胞內陸續製造出新的病毒。

❹而增殖的病毒就會擊退細胞，不斷繼續的擴展勢力範圍。

同時也會抓住更多的細胞，然後產生更多病毒。

像這樣大量病毒增殖發病，就會引起感冒。

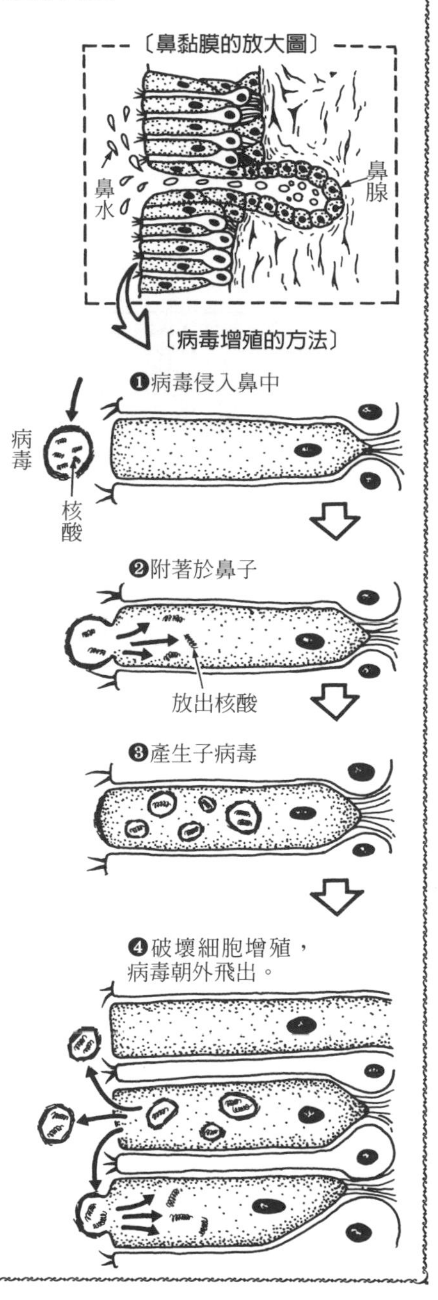


〔注〕包括腺病毒、流行性感冒病毒等等。

氣管的疾病

## 有沒有感冒的特效藥？

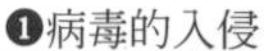

❸但是當其他種類的病毒侵入時……免疫無法發揮作用就會發病。

感冒病毒侵入體內後，白血球會封住病毒而得到「免疫」。

得到免疫之後，當同樣的病原體再度侵入體內時就不會發病。因此可以將弱的病原體接種到體內給予免疫，接著當眞正較強的病原體侵入時，也不會發病。像這種弱體化的病原體稱爲**疫苗**。這就是對於病毒或細菌所引起感染症而言的「特效藥」。

感冒病毒目前已知就有100多種。例如對A病毒製造了疫苗，但是對於B、C、D……卻無法發揮作用。換言之，目前並沒有感冒的「特效藥」。而感冒發燒的治療就是睡冰枕使退燒，而咳嗽的話則必須服用止咳藥，只能採用對症療法。

靜養、不要消耗體力，要攝取營養、容易消化的食物，創造體力。想要戰勝疾病，最好的療養法就是增強身體的抵抗力。

氣管的疾病

## 感冒與發燒的關係

一般的感冒症狀就是流鼻水、咳嗽、喉嚨疼痛，不會發燒。只要靜養、攝取營養，有了體力，經過一定的時間後就會痊癒。如果會發燒的話，也只是輕微發燒而已。

但是「感冒是萬病之源」，一旦得了感冒，體力衰退，身體的抵抗力降低時，由外侵入的病原體或是平時在體內不會做惡的病原體等就會開始活動。尤其平時抵抗力較弱的兒童或是老年人，可能因爲輕微的感冒而引起肺炎等[注]。

感冒一直無法痊癒，而且發高燒，身體各處疼痛，則可能是感冒之外又併發了更嚴重的疾病。

〔注〕尤其老年人可能會引起腦血管障礙。

氣管的疾病

# 何謂氣喘？

氣喘就是會伴隨喘鳴的發作性呼吸困難疾病。

氣喘大致分類如下。

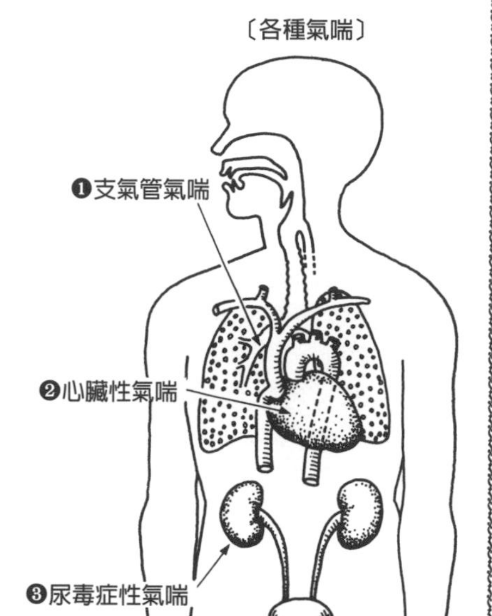


**❶支氣管氣喘**…主要是因爲灰塵或蟎引起的過敏反應，導致支氣管發炎[注]。

此外，病毒或細菌的感染等，或是大氣污染及壓力等也會引起氣喘。

發炎的支氣管黏膜層浮腫，呼吸道狹窄，這時會分泌大量的黏液成爲痰，阻塞呼吸道。而因爲發炎而使得呼吸道壁過敏，一旦接觸異物時，就會產生激烈發作的咳嗽，這種情況就會導致支氣管平滑肌強烈的收縮，進而導致軟骨重疊。

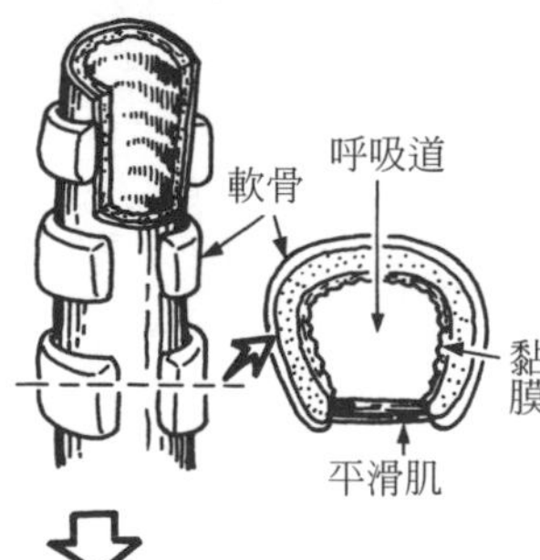


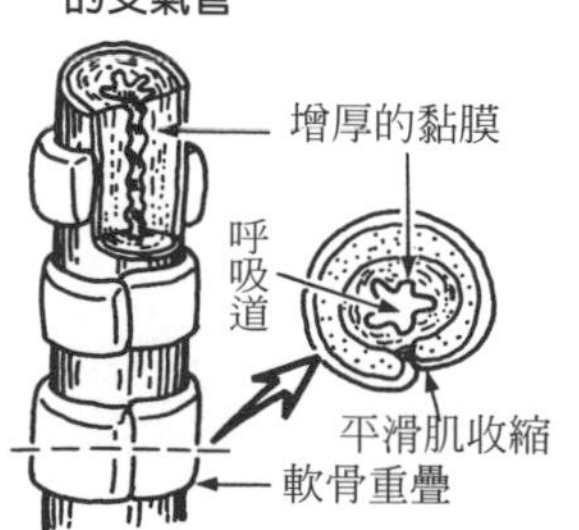


**❷心臟性氣喘**…一旦得了心臟疾病時，機能不順暢，肺部出現瘀血，就會出現心臟性氣喘。

不光是肺，連支氣管都會產生瘀血，同時支氣管收縮，黏膜腫脹，呼吸道狹窄，因此會引發氣喘。

**❸尿毒症性氣喘**…一旦罹患尿毒症時，因爲腎臟機能不全，造成了體液循環不順暢，導致心不全，會成爲尿毒症性氣喘的原因。

因此，這也算是一種心臟性氣喘。而這個氣喘在尿毒症患者中，以末期患者較爲多見。

〔注〕關於過敏反應請參照160頁。

氣管的疾病

# 氣喘的對策與預防

## ★氣喘的對策

一旦得氣喘時，支氣管的肌肉(平滑肌)收縮，黏膜腫脹，會使得呼吸道變得狹窄。

平時進行以下的呼吸練習，就可以減輕發作時的呼吸困難。

**[腹式呼吸]**…人在呼吸的時候，其中有7成是藉著橫膈膜的動作，利用腹式呼吸來進行的(參照右圖)。

因此，巧妙使用橫膈膜增加換氣量，就能夠減輕呼吸困難。

〔腹式呼吸〕

▶吐氣之後

橫膈膜上升

▶吸氣之後

肺膨脹

橫膈膜下降

腹式呼吸的練習，是反覆將腹部膨脹收縮來呼吸。這時將手輕輕放在腹部上方，就能了解其動作。

**[縮口呼吸]**…將口縮起來吐氣，與照平時吐氣時相比，會給予氣息抵抗，因此會增加呼吸道內的壓力。所以縮口呼吸就可以使得呼吸道膨脹，氣息容易通過。

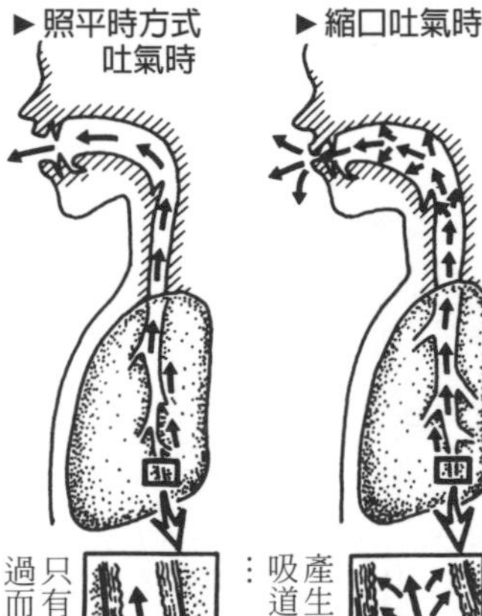


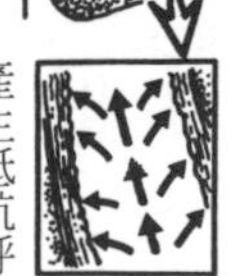


此外，如果是心臟性氣喘的患者，進行**起坐呼吸**時，下半身的血液會違反重力的方向回到心臟或肺。而與躺著的時候相比，肺的血液量減少，因此瘀血較少，呼吸時也較輕鬆。

▶起坐(坐著時)

肺

血液違反重力方向流通，因此能夠減少肺部的瘀血。

心臟

▶躺著時

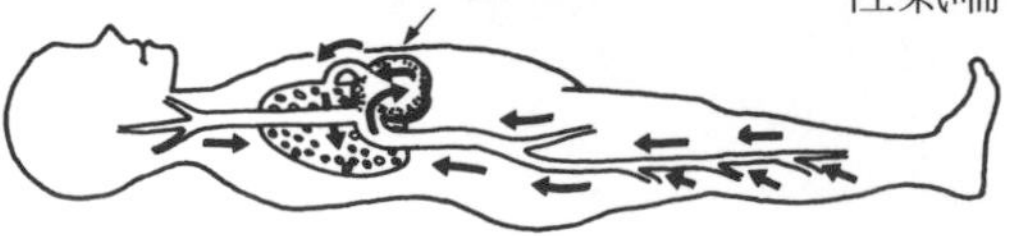


## ★氣喘的預防法

對於氣喘，如果是過敏性氣喘的話，則要去除過敏原[注]。如果是心臟性、尿毒症性氣喘，則需要治療疾病。

此外，平時就要鍛鍊身體，增強對抗疾病時的抵抗力。

〔注〕引起過敏反應的根源就稱爲過敏原。

呼吸器官的疾病

# 肺的疾病

肺的疾病

## 造成肺結核的結核菌是何種物質？

### ★結核菌的形狀及其性質

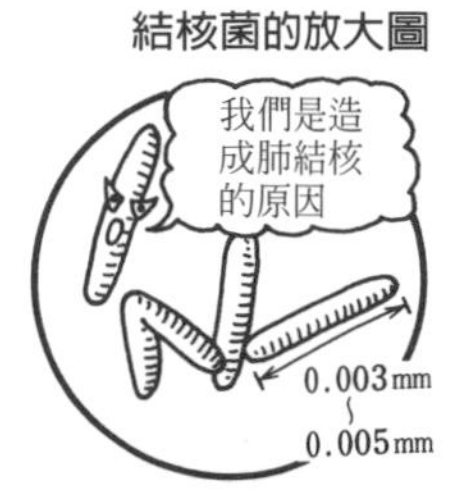


結核菌的長度是1毫米的幾百分之1，形狀爲細長棒狀(稱爲桿菌)。有的則是彎曲的Y字型或是V字型。

這種細菌進入體內時，組織產生反應，就會製造出粟粒般大的核(細菌的棲息處)，因此稱爲結核菌。

這類的細菌會進行氧呼吸、產生能量並持續增殖。

因此，在沒有氧的地方就無法生存[注1]。

可以在30~44℃的溫度中發育，最適合增殖的溫度則是在37~38℃。

### ★結核菌侵入人體時會變成何種狀況？

浮游在空氣中的結核菌，會在人體呼吸時混合在空氣中吸入人體，一部分會到達末端的肺泡中。



肺泡內會進行氣體交換，因此會供給氧。此外，因爲體溫調節會保持在37~38℃，因此對結核菌而言是絕佳的棲息處。

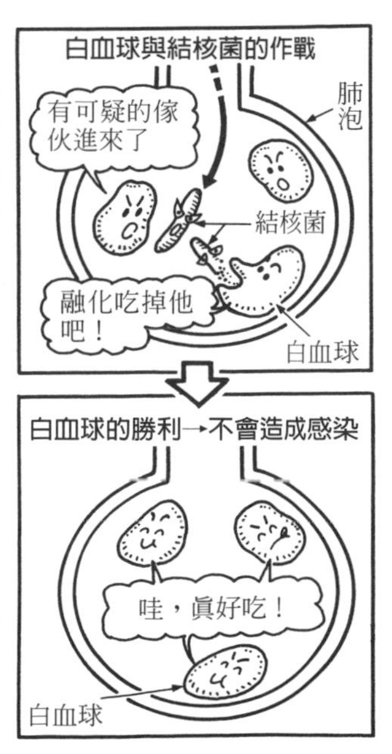


但是結核菌首先要和等在肺泡中的白血球作戰才行。因爲白血球會融化並吞食結核菌[注2]。

白血球威力增強時，就可以分解處理掉侵入的結核菌，不會感染肺結核。

若是健康的人，白血球可以發揮強大的威力，身體的防衛機能發揮作用時，就不會感染肺結核。

〔注1〕像這種進行氧呼吸，持續增殖的細菌，就稱爲嗜氧細菌。
〔注2〕白血球會將水加在病原菌上，將其融化之後再吃，這個作用稱爲加水分解。

肺的疾病

## 肺結核是如何進行的？

[疾病的進行]

**❶健康肺的一部分**

支氣管不斷的分支越來越細，而在最末端的終末細支氣管的前端，則是由幾個肺泡聚集的袋子(肺泡囊)附著。

**❷結核菌的侵入**

浮游於空氣中的結核菌，在吸氣的同時到達肺泡內，開始與白血球作戰。

這時如果白血球獲勝就不會發病。

**❸結核菌的增殖**

當身體的抵抗力減弱，或是結核菌的菌力太強時，結核菌就會大量增殖。

**❹浸潤巢的生成**

作戰失敗的白血球屍體或是液體的浸潤等，就會形成潮濕的病灶，稱為浸潤巢。

**❺乾酪巢的生成**

浸潤巢因為感染而不斷擴大。但另一方面，內部的組織壞死，形成乳酪狀的硬塊(乾酪物質)，這個病灶就稱為乾酪巢。

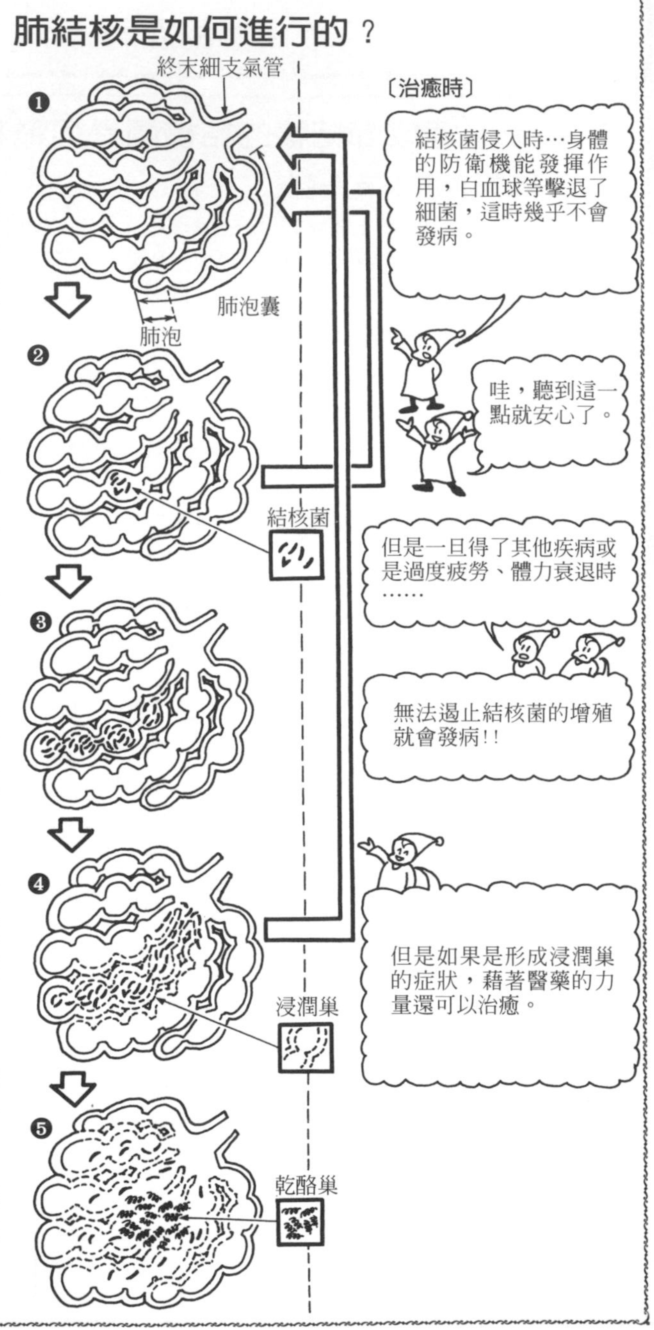

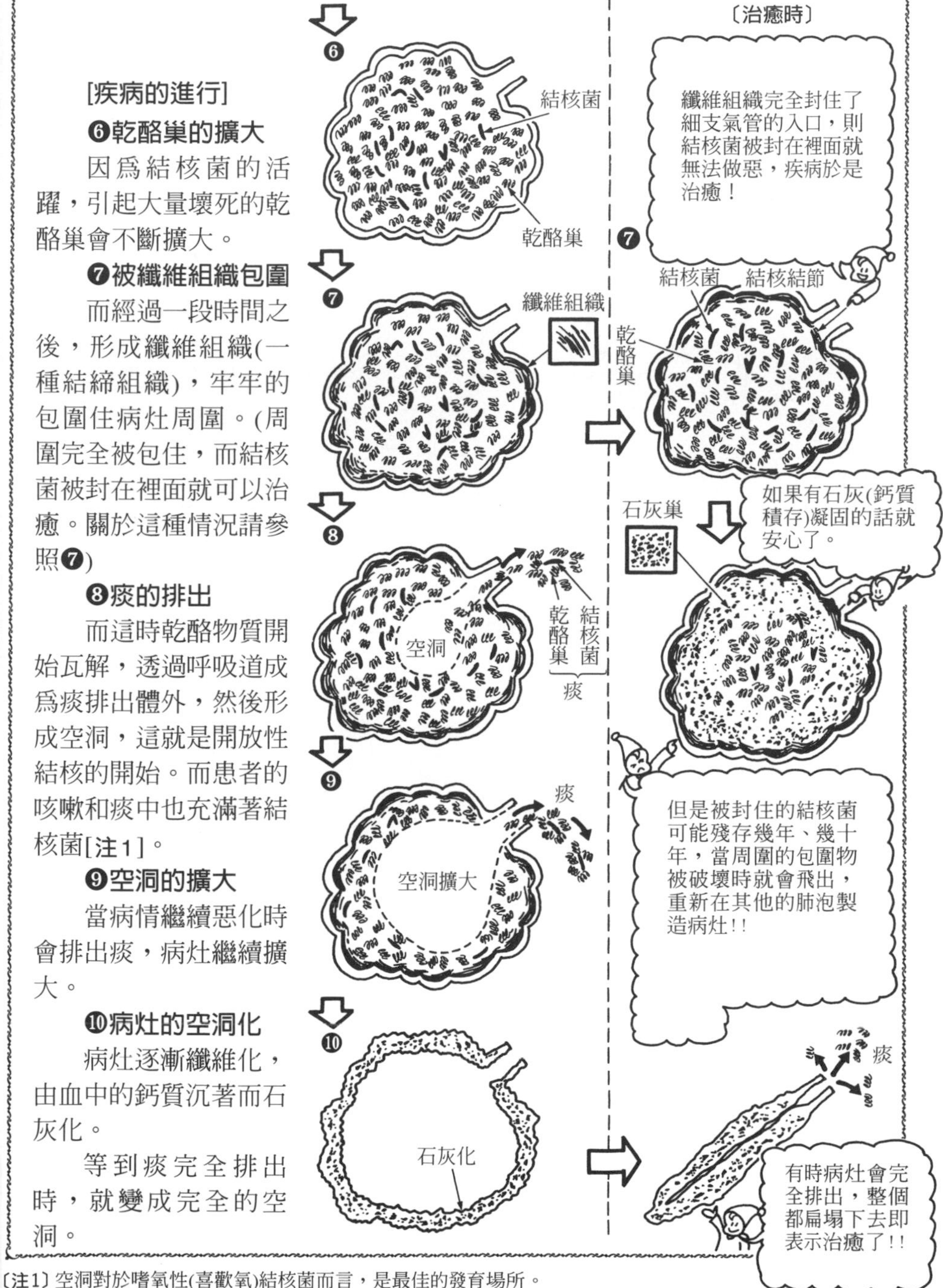


[疾病的進行]

**❻乾酪巢的擴大**

因爲結核菌的活躍，引起大量壞死的乾酪巢會不斷擴大。

**❼被纖維組織包圍**

而經過一段時間之後，形成纖維組織(一種結締組織)，牢牢的包圍住病灶周圍。(周圍完全被包住，而結核菌被封在裡面就可以治癒。關於這種情況請參照❼)

**❽痰的排出**

而這時乾酪物質開始瓦解，透過呼吸道成爲痰排出體外，然後形成空洞，這就是開放性結核的開始。而患者的咳嗽和痰中也充滿著結核菌[注1]。

**❾空洞的擴大**

當病情繼續惡化時會排出痰，病灶繼續擴大。

**❿病灶的空洞化**

病灶逐漸纖維化，由血中的鈣質沉著而石灰化。

等到痰完全排出時，就變成完全的空洞。

〔注1〕空洞對於嗜氧性(喜歡氧)結核菌而言，是最佳的發育場所。
〔注2〕有的一開始就形成很大的空洞，有的是比乾酪巢所形成的結核瘤更小。

肺的疾病

# 遍及全身的結核菌

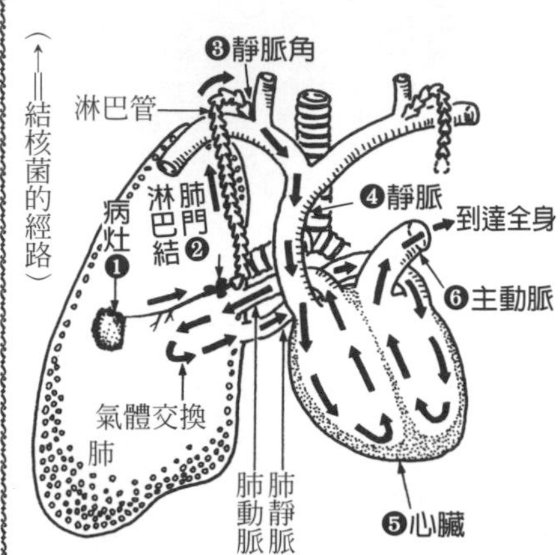


**★結核菌的心臟之旅**

在肺中製造病灶的結核菌(左圖❶)，接著侵入淋巴管，隨著淋巴液的循環而到達在肺門(肺的氣管及血管的出口)的淋巴結(左圖❷)。

而這時，聚集在此處大量的淋巴球就會分解細菌，抑制其增殖，和細菌拼命作戰。

但是如果細菌的毒力太強，淋巴球無法防禦時，淋巴結就會腫脹並產生病灶。

而在肺門淋巴結形成的病灶，和在肺形成的病灶，都稱爲肺結核的初期變化群[注]。

初期變化群經過一段時間後，首先會變成浸潤巢，接著會變成乾酪巢。而幾乎所有的情況，就是會在病灶周圍藉著纖維組織而變硬，鈣質沉著(石灰化)而治癒疾病。

但是當身體的抵抗力較弱，或是細菌的毒力太強時，病情就會惡化。

這時在病灶形成的淋巴結周圍的組織，就會變得脆弱，而氣管和支氣管就會破裂，阻塞支氣管而產生無氣肺(無法進行氣體交換的部分)。

**★結核菌的全身之旅**

而病情再繼續惡化時，細菌通過淋巴管從靜脈角(上圖❸)進入靜脈(上圖❹)，經過心臟(上圖❺)經由動脈遍及全身(上圖❻)。

由右圖所示，在體內各處都造成結核性的病變。身體各處形成無數粟粒般大的結核，稱爲粟粒結核。

此外，不光是這一點，有時也會併發某些疾病。

當肺結核成爲重症疾病時，是會傳播全身的可怕疾病。

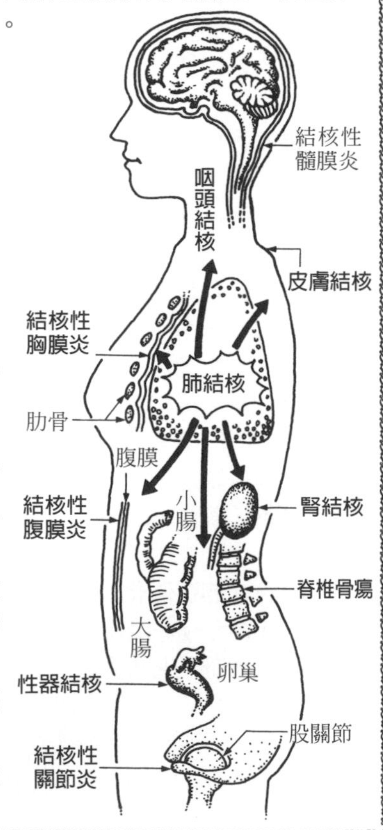


〔注〕在肺中經常出現在肺尖

肺的疾病

# 不會傳染的結核

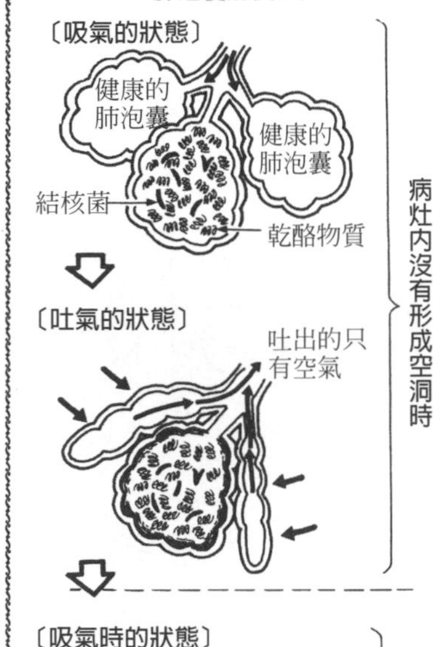


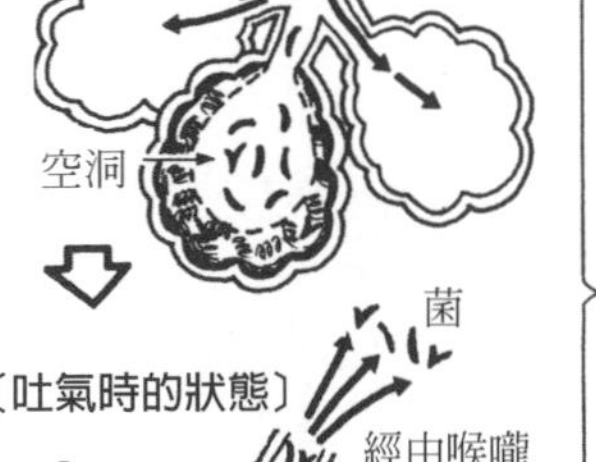


### ★不會傳染的結核

肺結核的症狀，即使出現浸潤巢、乾酪巢，如果在病灶內沒有形成空洞的話，結核菌也不會離開病灶外。

因此在這階段，患者的呼氣(吐氣)原則上沒有細菌，所以不會將疾病傳染給他人。

通常肺結核都不會形成空洞，會自然治癒。而這時就不用擔心會感染他人了。

### ★會傳染的結核

但是病情惡化，病灶內部瓦解，形成空洞的話就另當別論了。

一旦形成空洞，在呼吸運動時，藉著橫膈膜和肋骨的動作，壓縮其他的肺泡，空洞內的細菌，就好像受到類似唧筒的作用一樣被擠壓出來[注]。

這時體內的結核菌就會到達體外，可能會傳染給他人。

像這種細菌不只留在病灶內，還會跑到體外(開放)的狀態，就稱爲開放性結核。

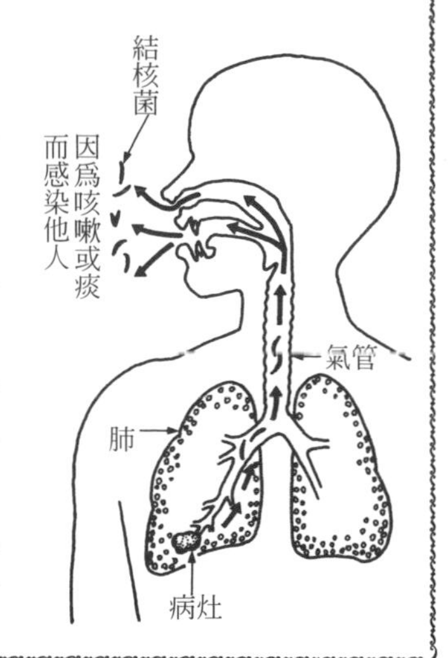


**▼咳嗽・打噴嚏**…開放性患者的呼氣中含有結核菌，尤其咳嗽或是打噴嚏等去除異物的動作，會變成激烈的呼吸運動，會將大量的細菌一舉散布出來。

**▼痰**…乳酪狀的乾酪物質及細菌組合成的塊狀物，通過呼吸道積存在喉嚨，然後再排出體外的物質。因此有很多的病菌可能會感染他人。

〔注〕這種情況稱爲空氣感染

肺的疾病

## 開放性結核的體內感染

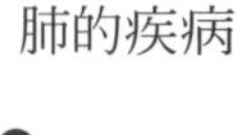

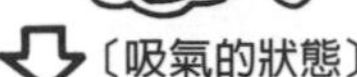

開放性結核患者進行呼吸運動吐氣時，藉著唧筒的構造，擠出了病灶空洞內的結核菌。並不是全部排出體外，其中一部分在吐氣結束時，殘留在呼吸道內(左圖❷)，接下來瞬間吸氣的同時，細菌和空氣一起吸入其他健康的肺泡(左圖❸)。

像這樣細菌就會陸續的在肺中擴散病灶。

另一方面，呼吸道內的病菌隨著唾液和痰一起吞嚥，經由食道・胃到達腸，在此引起結核。此外含有病菌的痰附著於咽喉，會成爲咽頭結核或喉頭結核。

所以一旦出現開放性結核時，有可能造成體內感染。

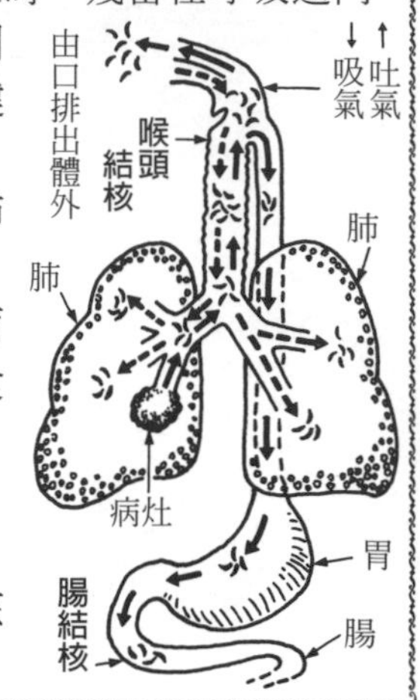


肺的疾病

## 結核菌的殺菌法

**★熱殺菌**

利用結核菌不耐熱的性質來殺菌。

▶ **煮沸**…患者衣物、寢具和使用的餐具等，要放入滾水中至少煮 10 分鐘。這時使用筷子等夾住消毒物，不要用手指直接接觸到細菌。

▶ **焚燒**…患者所產生的垃圾全都要丟到內側裝有塑膠袋(或是紙袋)的垃圾筒中，痰也不能接觸到處理人的手，要用紙包住丟到垃圾筒中。垃圾積存到某種程度後，連塑膠袋一起拿去燒掉。

塑膠袋
燒掉
不要直接用手接觸垃圾

**★直射陽光殺菌**

利用結核菌無法抵擋直射陽光中紫外線的性質來殺菌。

▶ **陽光消毒**…患者的衣物或是寢具等，在陽光下直接照射 2~7 小時就能殺菌。這時不光是正面，連背面也要翻過來，兩面同時殺菌。

**★藥品消毒**

▶ **甲酚皀溶液**…利用 10% 濃度的甲酚皀溶液，浸泡 12 個小時進行殺菌。

此外，也可以使用酒精、苯酚液或是氯化汞水等來殺菌。

肺的疾病

# 結核菌素反應

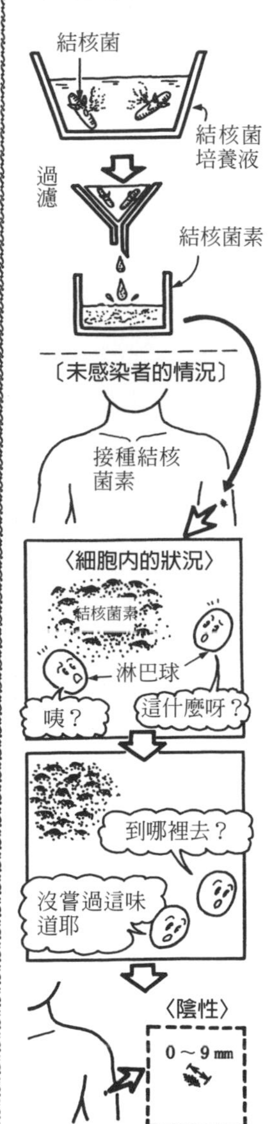


**★何謂結核菌素？**

結核菌素是指培養結核菌的液體(培養液)，過濾只取出液體的部分。

---

**★未感染結核者接種結核菌素會有何反應？**

接種結核菌素就表示體內有異物，因此淋巴球會趕緊跑過來。

但是發現是不熟悉的味道，淋巴球想這可能是毒素，所以暫時佯裝不知。

所以戰爭並沒有開始，並不會發炎，接種後不會有紅腫的現象(參照左圖)。

**★感染結核者接種後會有何種情況？**

如果是感染結核者接種了結核菌素，則靠過來的淋巴球因爲嘗過了結核菌的味道，知道「哎呀，這可是嚴重的事情」趕緊召集巨噬細胞[注1]聚集過來開始戰爭。

因爲這場戰爭，開始發炎，接種之後就會出現大的紅腫疤痕(參照右圖)[注2]。

---

**★判定有無感染？**

接種結核菌素之後，如果沒有腫脹的話(發炎部較大的部分長在9毫米以下)，則判斷爲陰性，表示沒有感染結核。

發炎部的大小如果超過10毫米以上的話，則表示陽性，已經感染結核。

〔注1〕巨噬細胞是一種白血球

〔注2〕但是如果是粟粒結核等，則大約半數會出現陰性反應。

肺的疾病

# BCG

〔BCG 的構造〕

❶接種較弱的結核菌

❷淋巴球製造出封住抗原的抗體

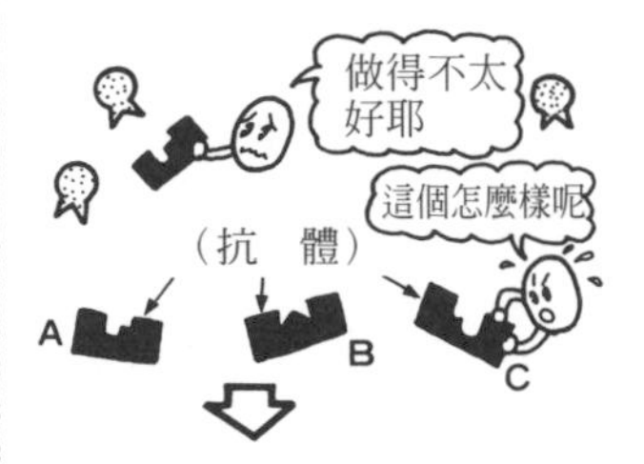


❸終於做出了適合的抗體…獲得免疫

牛的結核菌，經過幾代的培養，減弱其毒力，稱爲BCG。因此這個菌並不具有引起疾病的力量。

注射BCG液，則牛的結核菌會立刻釋出毒素(抗原)，而體內的淋巴球沒有嘗過結核菌的毒素，因此佯裝不知。但是後來察覺到身體的變異，心想「糟糕了」，於是趕緊製造出抗體封住毒素(抗原)。

製造出各種的抗體，最後總算找出一個完全吻合的抗體，封住牛結核菌的毒力(參照左圖)。

而接受BCG的人體，這次有了「人類的結核菌侵入」排出毒素(抗原)。

而這時淋巴球已經知道病菌毒素(抗原)的味道，而且也知道製造加以封住的抗體的製造方法，因此立刻察覺到病菌的侵入，利用抗體封住毒素(抗原)的作用，而且讓巨噬細胞趕緊吃掉毒素，加以處理掉所以就不會發病(參照右圖)。

〔然後當結核菌侵入時〕

❶淋巴球迅速察覺

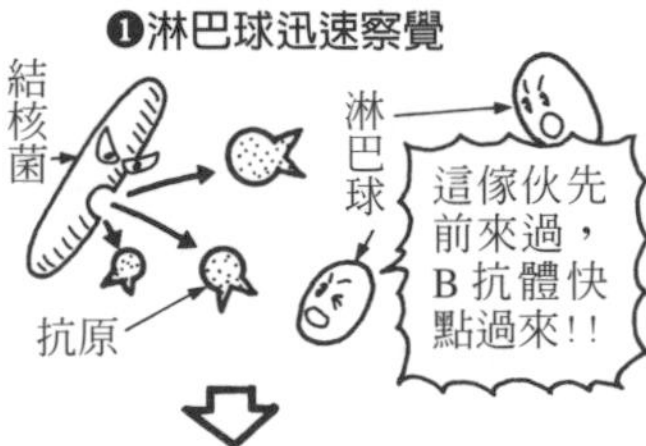


❷立刻製造出與抗原結合的抗體……

❸巨噬細胞請你趕快把他吃掉處理掉

淋巴球已經記住以前曾侵入的病原菌的抗原的抗體治療方法，就能免疫發病，這種情況稱爲免疫反應[注]。

BCG，換言之，讓人體形成輕微的結核症狀，對於結核產生的免疫，所以對結核菌素反應陰性的人(尤其是兒童)一定要進行注射。

〔注〕關於免疫構造，請參考本出版社發行的《完全圖解了解我們的身體》。

肺的疾病

## 一旦病灶石灰化會變成何種狀況？

健康的肺泡囊
空洞化的病灶
石灰化的病灶
〔吐氣的狀態〕
空氣排出
殘氣
〔吸氣的狀態〕
空氣進入
殘氣

一旦病灶石灰化會變成何種狀況？

健康的肺泡囊，就好像汽球一樣會伸縮。

藉著呼吸運動以及胸部的伸縮而膨脹或萎縮，進行肺中空氣交換(氣體交換)。

但是得了肺結核時，情況就完全不同了。

這個疾病會使得肺中的病灶幾乎石灰化(鈣化)，即使治癒，但是石灰化的病灶無法自由伸縮，因此無法藉著呼吸運動進行氣體交換。

所以得了肺結核之後，即使治癒，在肺中能夠進行氣體交換的部分也會減少，肺活量減少，常常會呼吸困難。

肺的疾病

## 病灶為何要照X光?

**❶病灶沒有空洞化的情況**

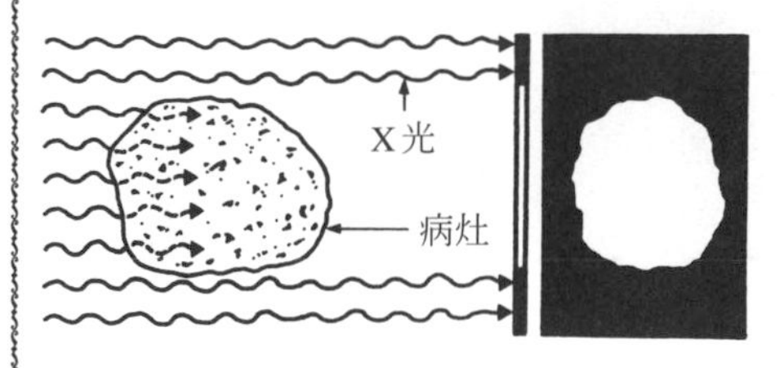


**❷空洞化的情況**

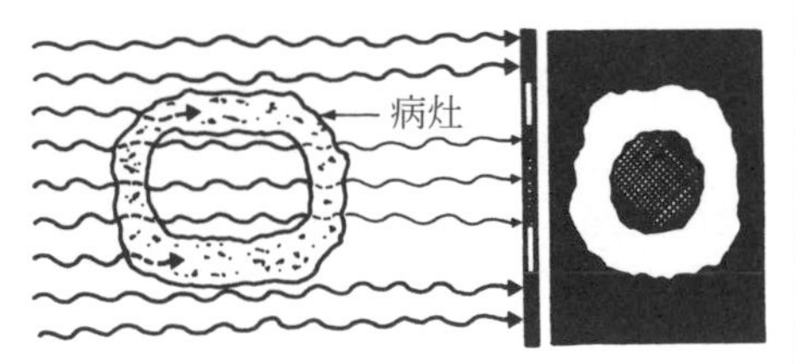


人體的皮膚、肌肉或內臟，如果遇到比光更強的X光就會通過。

但是X光無法穿透金屬，所以在X光片上只會看到由鈣所形成的骨。

所以一旦石灰化(鈣化)的病灶，也會留下影像(上圖❶)。

石灰化病灶中會形成空洞，而這個部分X光會通過，所以看影像就可以知道空洞化的情況(上圖❷)[注]。

〔注〕但是會出現空洞化的疾病，除了肺結核之外還有很多，所以只能當成診療的一個大致標準來判斷，詳細的診斷要由醫師來進行。

肺的疾病

# 肺炎是如何形成的？

健康人呼吸時，細菌和病毒等會隨著灰塵一起侵入肺泡內，但是會立刻輸給白血球而被分解掉[注]。

這時就會成爲痰送到支氣管而排出體外。

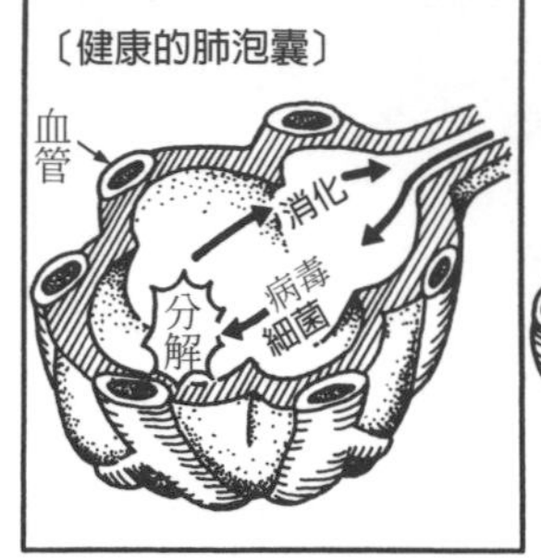

但是如果因爲疾病、過度疲勞、體力減退時……

❶細菌和病毒戰勝了白血球，就會產生大量毒素，不斷增殖。

❷這時發現『形勢惡劣』的白血球，就會請求白血球同志的支援，同時藉著自律神經的功能，圍繞肺泡的血管會擴張，血液開始大量流入。而這時白血球們就會穿過血管壁，進入肺泡內的戰場。

但是很多的白血球在戰爭時失敗，在靠近肺泡壁附近形成很多的屍體。

❸症狀繼續進行時，肺泡壁附近堆積的屍體和被破壞的組織等形成一個層，而這個層就稱爲**玻璃膜**。這個膜增厚就會完全堵住肺泡壁。

❹在這種情況下，肺泡就無法進行氣體交換而逐漸萎縮，出現肺虛脫的狀態(無氣肺)。

一旦得肺炎時，在肺中可以進行氣體交換的部分就非常狹窄了。

也就是所謂的「窒息狀態」(低氧血症)。

而這時就會變得呼吸急促，只要稍微運動就會呼吸困難。

這就是肺炎患者的症狀。

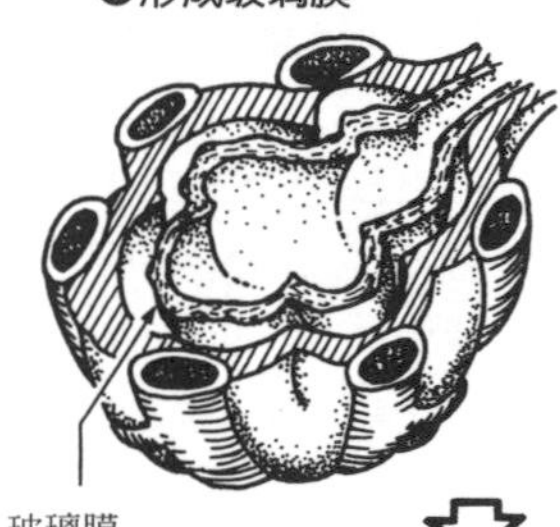

〔注〕稱爲免疫反應

肺的疾病

## 重症化的肺炎…肺纖維症

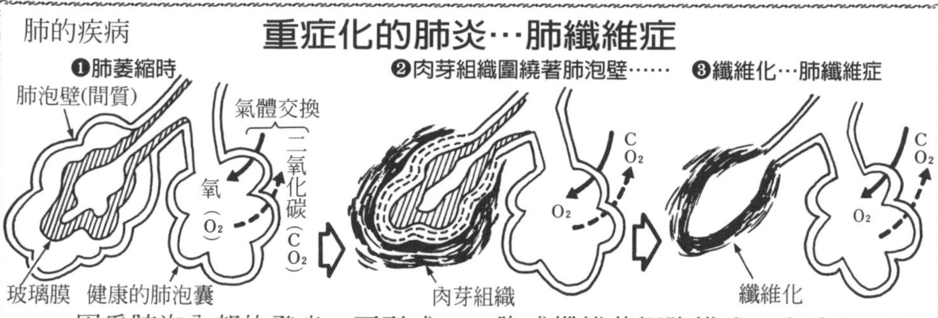


因爲肺泡內部的發炎，而形成玻璃膜(白血球屍體等構成的分泌物膜)時，肺泡就很難進行氣體交換(上圖❶)。

症狀繼續惡化時，發炎症狀會波及到肺泡壁(間質)，稱爲間質性肺炎(上圖❷)。

引起發炎的肺泡壁周圍，會形成肉芽組織。肉芽組織是由巨噬細胞或纖維芽細胞構成，會消化吸收引起發炎症狀的肺泡壁。

這時發炎的肺泡壁就會產生大量的肉芽細胞，最後就會纖維化(上圖❸)。

纖維化的肺泡會硬化、萎縮，完全不能進行氣體交換，此即稱爲肺纖維症。

肺的疾病

## 由肺炎的原因來進行分類

引起肺炎的原因可以分爲以下幾種類型。

**[感染性肺炎]**

▶ **細菌性肺炎**…葡萄球菌、肺炎球菌、肺炎桿菌、嗜血桿菌、綠膿菌、溶鏈菌等由細菌所引起的肺炎。

此一類型須使用抗生素治療。

▶ **病毒性肺炎**…流行性感冒病毒、腺病毒、柯薩奇病毒、鸚鵡病病毒等引起肺炎。此外，還有末期愛滋病患者出現的肺囊蟲肺炎等。

與細菌性肺炎相比症狀較輕，治療是採用對症療法，以及爲了防止細菌性肺炎而投與抗生素。

此外，感染性肺炎包括**真菌性肺炎**、**支原菌肺炎**、**立克次體肺炎**、**原蟲性肺炎**等。

**[非感染性肺炎]**

除了感染性以外，像**過敏性肺炎**，因**放射線**引起、因**化學藥品**引起或**外傷性肺炎**，或是因爲**嗾下胃的內容物而引起的肺炎**，還有**老人性(消化性)肺炎**等等。

肺的疾病

## 肺氣腫

〔正常的肺泡囊〕

❶泛小葉型肺氣腫

❷小葉中心型肺氣腫

健康肺泡會自由伸縮，進行氣體交換。

但是因爲某種理由，支氣管和肺泡組織遭到破壞，肺泡黏在一起或肺泡囊異常增大，就稱爲肺氣腫。

肺氣腫的原因至今不明，據說是長年吸菸或是慢性支氣管炎而造成的。

一旦得肺氣種之後，肺泡失去彈性，而無法順暢進行氣體交換，因此肺活量減少，常常呼吸困難。此外，空氣可能被關在膨脹的肺泡裡面，造成殘氣量增加[注]。

肺氣腫大致分爲以下兩種：

**❶泛小葉型肺氣腫**…從呼吸性細支氣管開始，朝前方的肺泡道和肺泡爲主，出現組織的破壞。

**❷小葉中心型肺氣腫**…以呼吸性細支氣管爲主，引起組織的破壞，而一些肺泡囊會融合在一起。

〔注〕如此一來，胸就好像啤酒筒一樣。

肺的疾病

## 肺氣腫患者的縮口呼吸

〔健康的情況〕

〈吐氣後〉 〈吸氣後〉

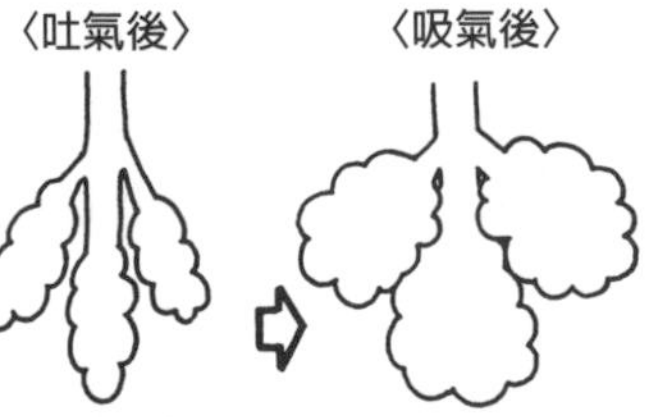

〔肺氣腫的情況〕

〈吐氣後〉 〈吸氣後〉

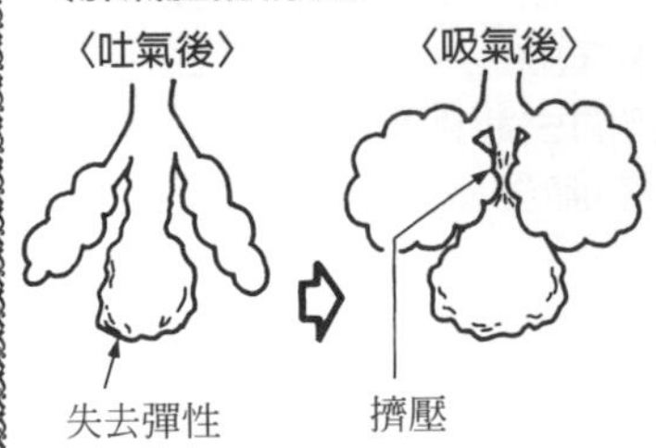


健康人支氣管或肺泡有彈性，因此吸氣之後，即使在肺膨脹的情況之下，也不會擠壓支氣管。

但是得了肺氣腫之後，肺泡和支氣管失去彈性，吸氣之後，周遭的肺泡會擠壓氣管。

因此得了肺氣腫的患者在吐氣時縮口，讓氣息強力吐出，這樣就不會擠壓到肺泡或支氣管，使氣息順暢吐出。

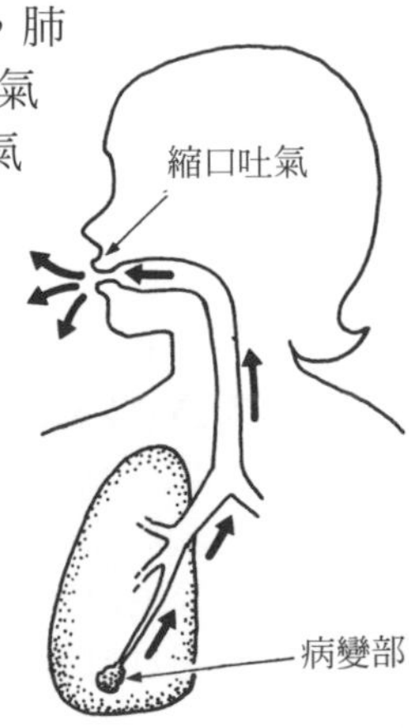

肺的疾病

# 何謂肺水腫？

### ★肺水腫是何種疾病？

肺泡周圍圍繞著毛細血管。

肺泡與血管之間，具有一些水壓差，即使健康的人，也會將水分從血管往肺泡的地方滲出，但僅止於滋潤肺泡表面的程度而已，量非常的少。多餘的水分則由淋巴管吸收，沒有任何的問題。

但是基於某種理由，水壓差增大時，經由淋巴管的去除作用已經來不及處理滲出的水分，因此水積存在肺泡內。這時肺泡無法進行氣體交換，會導致呼吸困難。

這種情況稱為**肺水腫**，特徵則是會出現泡沫狀的痰，而且有時痰中還會摻雜血液。

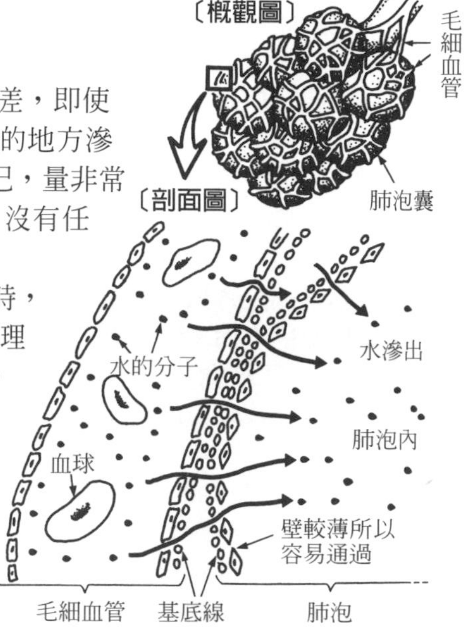


### ★肺水腫的原因及其治療法

肺水腫的原因是肺炎感染，或是吸入刺激性的氣體，還有尿毒症、心臟疾病等，導致從血管滲出的水分增多，而造成肺水腫。

此外，當喪失淋巴系統機能，無法順暢進行去除水分作用時，也會造成肺水腫。

還有登上高山、吸入大量海洛因等麻藥時，也會引起肺水腫。

肺水腫的患者呼吸困難，無法躺著，必須要坐起上半身來呼吸，這種呼吸法稱為**起坐呼吸**(參照右圖)。像這種起坐呼吸的方法，充斥於肺內的血液量就會減少[注]，血管漏出到肺泡的水分也會減少，呼吸因而比較輕鬆。

呼吸困難時，吸入氧比較輕鬆。

此外，因為某種疾病的原因而得肺水腫，就必須要治療根本疾病。例如心臟疾病的話，則要使用強心劑。原因是尿毒症的話，則要進行血液透析才有效。

〔起坐呼吸〕

〔注〕坐起上半身時，下半身的血液違反重力回到心臟和肺，所以會減少肺的血流量。

肺的疾病

## 水胸、血胸、氣胸、膿胸

肺是由胸膜這種雙層膜所包住的。

雙重的膜之間，通常沒有縫隙，會完全重疊在一起。但是因爲某種理由，膜之間如果積存了水分、血液或空氣，就各自稱爲**水胸**、**血胸**、**氣胸**。此外，因爲細菌感染等而積存膿時，就稱爲**膿胸**。

當胸膜腔內積存這些物質時，肺受到壓迫會萎縮，因此導致呼吸困難，治療法首先要治療原因疾病。

原因如果是水胸、血胸等液體積存時，是因爲心臟疾病或肝硬化等導致從血管滲出的水分增多，或是因爲淋巴系統的毛病，無法去除多餘的水分而引起。此外，細菌感染也是原因之一。

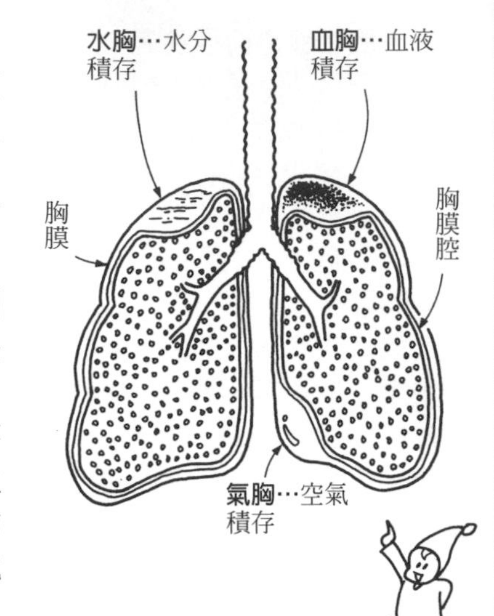


氣胸則可能是肺結核、肺氣腫、惡性的腫瘤等所造成的，但是有時也會原因不明[注]。

因積存物質的不同病名也不同

〔注〕肺虛脫(縮小)有時會引起危險狀態。

肺的疾病

## 塵　肺

人在呼吸時，灰塵等會隨著空氣等一起吸入肺中，但是通常會被呼吸道或是肺的黏膜捕捉，藉著纖毛運動成爲痰排出體外。

但是如果站在灰塵滿天的地方長期工作的話，來不及進行灰塵的排出作業，則灰塵就會附著在肺泡壁，這就稱爲**塵肺**。這時肺泡就會纖維化，無法進行氣體交換。

造成塵肺原因的灰塵包括煤塵、石綿等。

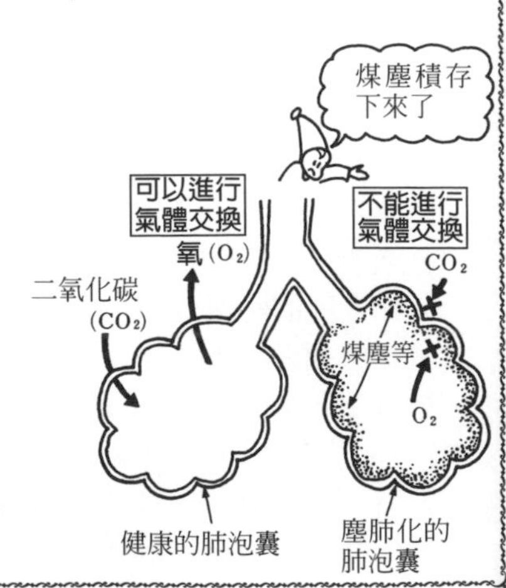

肺的疾病

# 肺性心

〔從心臟流到肺的血液流程〕

▶健康時

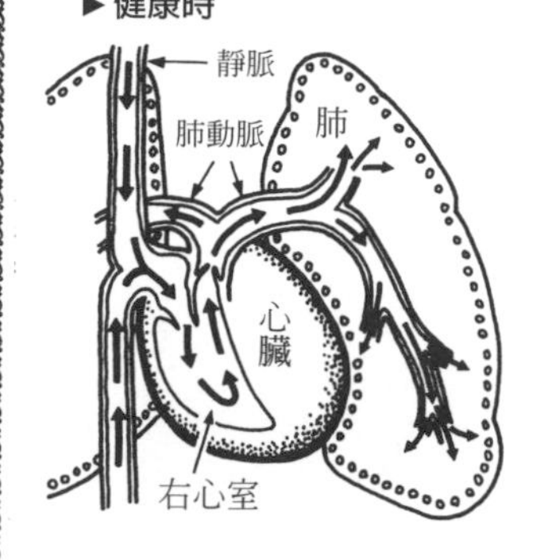


↓＝血液的流程

▶因為肺疾病等肺動脈的血管抵抗增大時

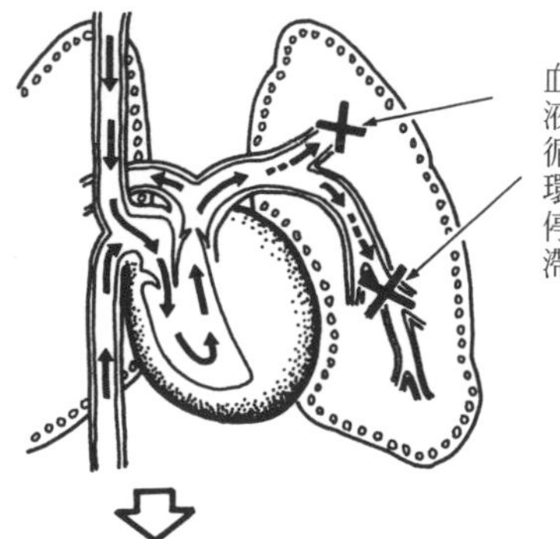

血液循環停滯

⇩

血液無法順暢流到肺而積存在右心室

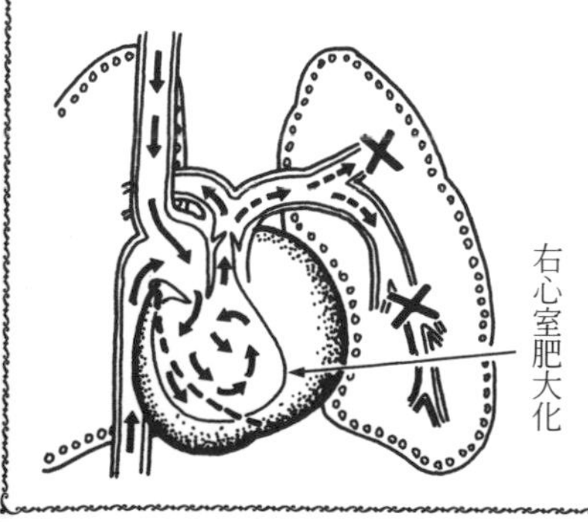


健康人的右心室聚集了靜脈血，會透過肺動脈送達到肺。

在肺進行氣體交換之後，含有大量氧的靜脈血回到心臟的左心室，然後通過動脈送到全身。

這種情況稱爲**肺循環**，一連串血液的循環有時會因爲肺的疾病而變得不順暢。

因爲肺動脈的抵抗，血管增大，造成了這種狀況。這時由全身聚集而來的靜脈血積存在心臟的右心室，造成右心室的壓力增高而被肥大化。

像這種肺功能不順暢，而引起心臟疾病稱爲**肺性心**。

一旦形成肺性心後，包括右心室肥大化在內，還會出現呼吸困難、心悸、浮腫或肺臟腫脹等現象。

### ▼肺性心的種類及其病情

[**急性肺性心**]…肺的塞栓或腫瘤等，導致肺動脈阻塞。

[**慢性肺性心**]…主要原因是肺結核或是塵肺、肺氣腫、支氣管擴張症等的呼吸器官疾病。

因爲這些疾病，而肺泡遭到破壞，肺變硬，很難伸縮。而血管的抵抗增大，從心臟流到肺的血液會減少。

肺性心的治療包括改善低氧血症，以及治療其原因疾病非常重要。

因爲右心室肥大而引起的右心不全，要投與強心劑。此外，可以投與利尿劑或是低鹽食物療法，就能有效的改善腎臟功能。

# 第2章

# 消化系統的疾病

消化系統的疾病

# 口腔的疾病

口腔的疾病

## 口腔內的各種疾病

**★口內炎**

口內炎是口中發炎症狀的總稱，分爲以下幾種：

**❶黏膜性口內炎**

因爲營養不良、偏食等原因抵抗力減弱，使得棲息在口中的細菌繁殖而發病。

牙齦、舌、上顎、嘴唇等廣泛出現紅腫，而且會造成知覺過敏。

口角炎

口瘡性口內炎

**❷口瘡性口內炎（潰瘍）**

因爲月經、感冒、營養不良等原因，身體衰弱、抵抗力減弱時經常會發病，以女性較多見的疾病。

牙齦、舌、上顎、嘴唇等出現米粒般大小的潰瘍（別名口瘡），在潰瘍的中央泛白，周圍則是紅色的。

而潰瘍數大多爲1~2個，但有時爲同時好幾個。放任不管的話，1週即會痊癒，但是接觸到食物時，潰瘍會非常的刺痛，所以缺乏食慾。

**❸潰瘍性口內炎**

得到上記的兩種口內炎，而又二次感染到其他的細菌，症狀重疊的狀態。潰瘍部分的組織壞死，形成白苔狀。一旦被食物附著挖出時，就會露出內部的組織，有時還會出血。

非常痛，有口臭，要經常保持口中清潔、塗抹或服用抗生劑，改善營養狀態並加以治療。

**★口角炎**

因爲偏食導致維他命B2缺乏，使得棲息在口中的細菌繁殖，使得口的兩端（口角）破裂的疾病。塗抹蜂蜜或是硼砂甘油，就可以防止痊癒的口角再度破裂[注]。

**★鵝口瘡**

因爲下痢、消化不良等抵抗力減弱時，棲息在口中的念珠菌異常增殖而引起的疾病。嬰幼兒較多見，在舌、口中的臉頰處、嘴唇等處會逐漸出現白色斑點並會腫脹。

這個斑點看似像硬的牛乳殘渣一樣，但是特徵是如何擦拭也無法去除，會發癢而且疼痛，所以會缺乏食慾，必須塗抹抗菌劑或龍膽紫。在哺乳時，要注意消毒乳頭或奶瓶。

腫脹的嘴唇形狀就好像鳥喙似的

〔注〕使用維他命B2可以有效的預防或治療。

消化系統的疾病

# 食道的疾病

食道的疾病

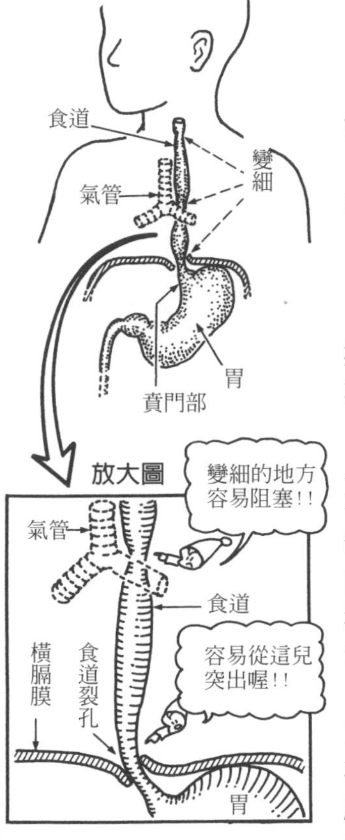


## 何謂食道炎？

**★食道**

經口進入的食物經過食道送達到胃。

食道壁的內側有黏膜組織分泌黏液，讓食物能順暢通過。

食道在入口處、氣管交叉處和貫穿橫膈膜處（食道裂孔），總計3處會變細。

因此食物容易阻塞在變細的地方。

**★何謂食道炎？**

食道黏膜共有好幾層重疊起來，非常的堅韌。

但是如果胃的入口（賁門）緊度不佳，或是胃的一部分從橫膈膜突出[注]，則胃酸會逆流到食道，那就另當別論了。

胃酸中含有強力的鹽酸，即使是非常堅韌的食道黏膜，也會受損而引起發炎。

〔食道的剖面圖〕

外縱肌

環肌

黏膜下層

黏膜

▶食道炎

引起發炎

這就是**食道炎**，會有胃灼熱或是吞嚥困難的煩惱。此外，抽過多菸或是攝取過多刺激物、感染眞菌（黴菌）等都是食道炎的原因。

首先要找出原因，讓黏膜遠離刺激，這是最好的治療法[注]。

〔注〕躺著的時候墊高頭部比較好。

食道的疾病

# 何謂食道裂孔突出？

〔食道與橫膈膜〕

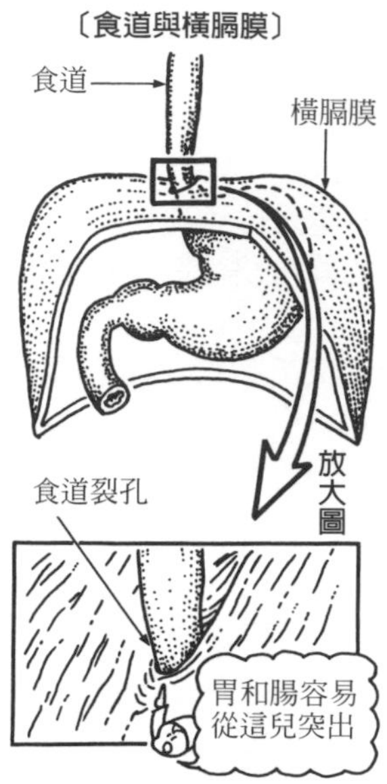


**★食道裂孔**

食道貫穿橫膈膜與胃相連。

食道通過的裂縫稱爲食道裂孔。就好像衣襟一樣，是由橫膈膜肌肉對合而形成的。

**★食道裂孔突出**

一部分的胃腸由食道裂孔突出，就稱爲食道裂孔突出[注1]。

原因包括先天性的或懷孕等的嘔吐造成的。

嘔吐會使得橫膈膜和腹肌突然收縮，而擠出胃中的內容物。

因此，經常嘔吐，橫膈膜的肌力減弱，食道裂孔就會鬆弛。

躺下來或是往前傾的時候，胃腸就會越過鬆弛的裂孔而突出。

此外，因爲肥胖或是姿勢不良、腹壓升高也會成爲食道裂孔突出的原因。尤其年長的女性較容易出現這種毛病。

食道與胃的接縫和胃的一部分突出則稱爲滑脫型突出（左圖1）。而只有胃的一部分突出則稱爲旁食道突出（左圖2）。

輕微的只要矯正姿勢就能恢復原狀，不需要特殊的治療。

當症狀繼續惡化時，會出現胃灼熱或胸部疼痛等症狀。此外，胃液等會逆流而出現食道炎[注2]。

症狀相當嚴重時則必須要動手術加以治療。

〔食道裂孔突出〕
❶滑脫(型)突出

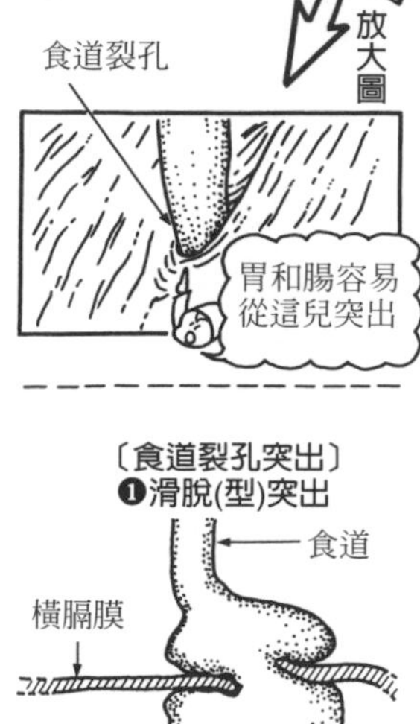


❷旁食道突出

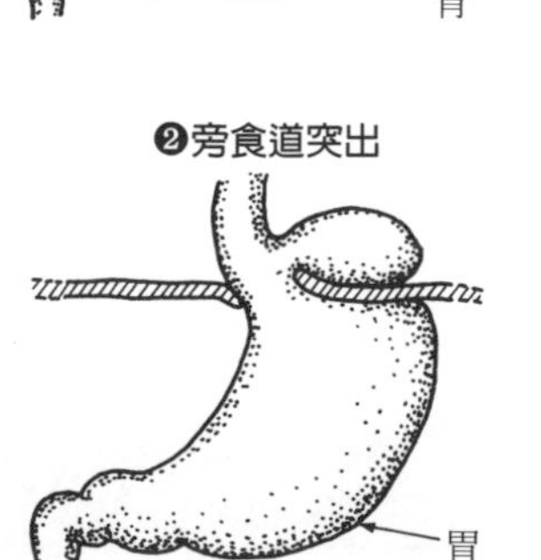


〔引起嘔吐的構造〕

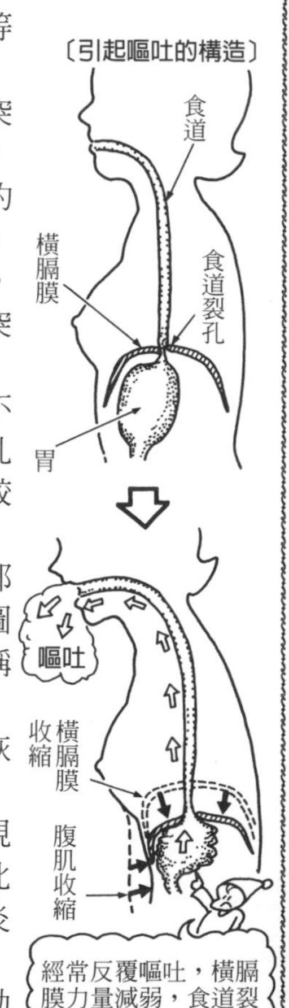


〔注1〕突出原意是「脫出」，是指臟器從正常的位置突出。
〔注2〕此外，有時會併發膽結石或乙狀結腸憩室等症狀。

食道的疾病

## 食道狹窄症

食道像波浪一般，反覆伸縮將食物送到胃。

但是因爲某種理由，食道內腔狹窄就稱爲**食道狹窄症**。

食道
剖面圖
〔健康時〕
食道內腔
橫膈膜
胃
〔食道狹窄症〕
▶糜爛之後出現痙攣的現象
▶形成腫瘤時
變得狹窄

症狀包括呑嚥困難（很難將食物呑嚥下去）或是嘔吐等。

如果喝了強酸或是強鹼等藥物，食道壁會糜爛。

即使痊癒之後，留下強烈的痙攣就會引起食道狹窄。

此外，腫瘤也是造成食道狹窄的原因。

還有天生就有食道狹窄的症狀。

可使用器具或是食道擴張法等外科手術來加以治療。

食道的疾病

## 食道擴張症

食道與胃相連，但是其交界處有個器官叫做賁門。

賁門在食道將食物送來時會放鬆，讓食物通過，通過之後就會緊縮，這種現象稱爲賁門反射。

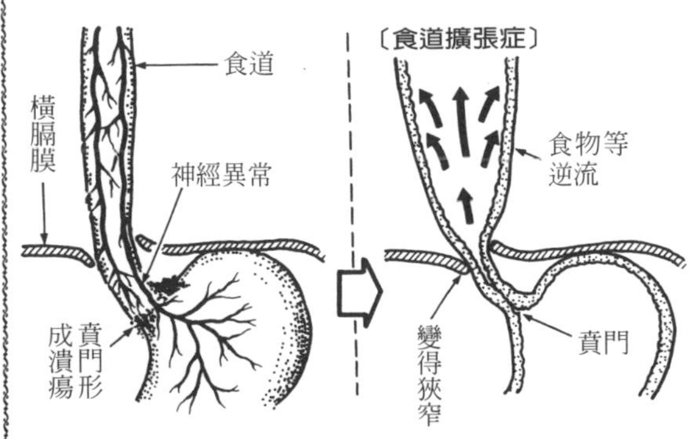


因此食物不會朝食道的方向逆流。

這個賁門放鬆或縮緊的動作，是藉著神經的作用來完成的。

一旦神經衰弱時，神經無法順暢發揮作用，賁門會痙攣。

痙攣就會引起賁門的潰瘍。

食道引起痙攣時，食物無法進入胃而逆流回食道，就會使食道擴張。

這就稱爲**食道擴張症**，會出現胃灼熱等症狀。

食道的疾病

## 食道憩室

食道內腔壓力升高，附近的淋巴結受到感染，則食道的一部分就像袋子一樣突出[注]。

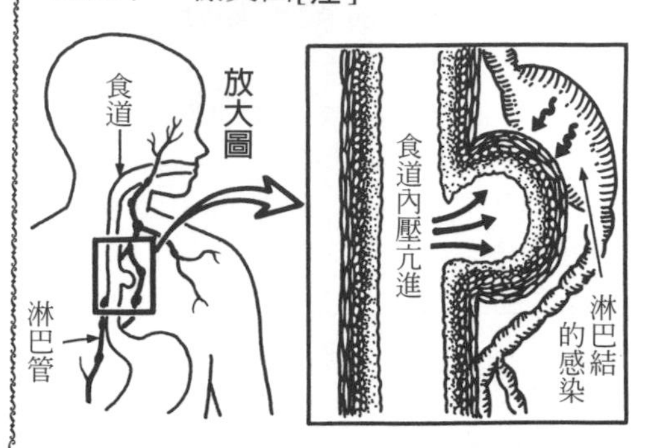


而這個突出的部分就稱爲**食道憩室**。

輕微的話不會出現特殊的症狀，不需要治療。

但是如果吞嚥困難或是食物積存在憩室，就很可能會引起發炎（憩室炎）。

食道憩室只要照X光就能一目了然。

症狀嚴重時則必須要動外科手術加以治療。

〔注〕通常會在基層部較弱的地方形成。

食道的疾病

## 食道靜脈瘤

血液經由門脈流入肝臟，而這個門脈血中含有胃和腸所吸收的養分。

肝臟儲藏這些營養物，具有將有害物變成無害物的作用。

一旦肝臟發炎時，症狀會惡化，漸漸地就變成肝硬化。

硬化的肝臟無法接受來自門脈的血液。

無處可去的血液就會逆流到食道靜脈，而使其內壓升高擴張，形成**食道靜脈瘤**。

食道靜脈瘤因爲某種原因破裂，引起大出血，嚴重時會導致死亡。

食道靜脈瘤的破裂，在肝硬化的死亡原因中佔的比率相當高。

其治療法就是爲了要防止吐血，必須要進行的外科手術等[注]。

❶門脈血滯留

❷血液朝食道靜脈逆流

〔注〕此外，還可以利用硬化療法(注入硬化劑使形成塞栓來止血)。

消化系統的疾病

# 胃腸的疾病

胃腸的疾病

## 胃　液

### ★何謂胃液

從食道送來的食物儲藏在胃中，與胃液充分混合。

胃液中含有黏膜、鹽酸及胃蛋白酶。

胃蛋白酶能夠分解魚或肉中的蛋白質，使其變成更容易消化的物質。

### ★胃液分泌的構造

❶胃液的黏膜有分泌胃液的腺體，稱爲胃底腺。

這個腺體中的副細胞會分泌黏液，覆蓋在黏膜的表面加以保護。

❷此外，主細胞也會分泌胃蛋白酶的前驅物質——胃蛋白酶原。

胃蛋白酶原不具有分解蛋白質的力量。

❸接著壁細胞會分泌鹽酸。

❹胃蛋白酶原和鹽酸結合就會變成胃蛋白酶。胃蛋白酶在有大量鹽酸的地方非常活躍，因此胃中是它絕佳的工作場。

另一方面，因爲胃的內部受到黏液的保護，所以不會被胃液分解掉。

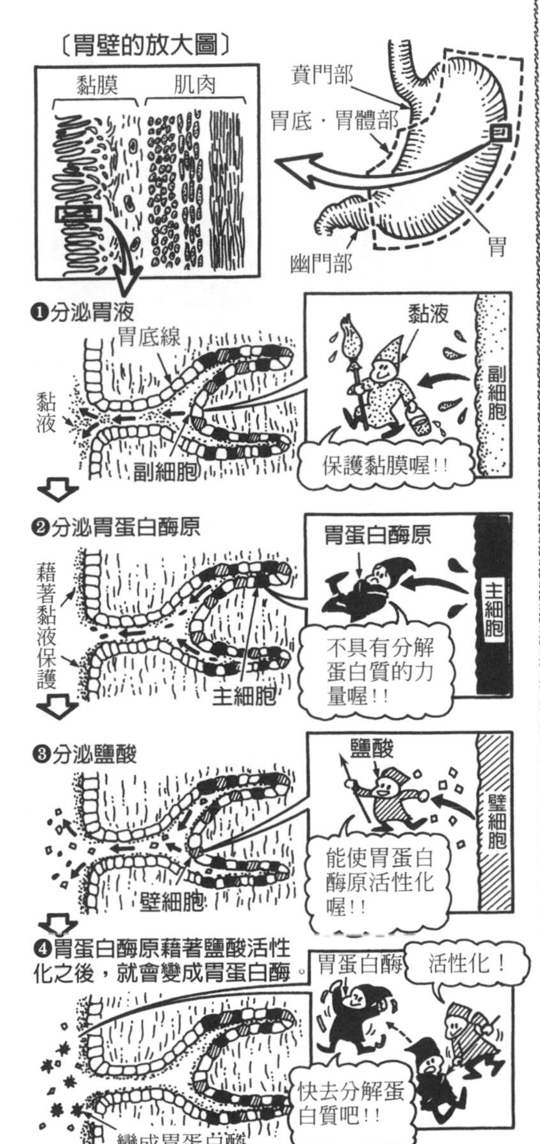

胃腸的疾病

# 調節胃液分泌的構造

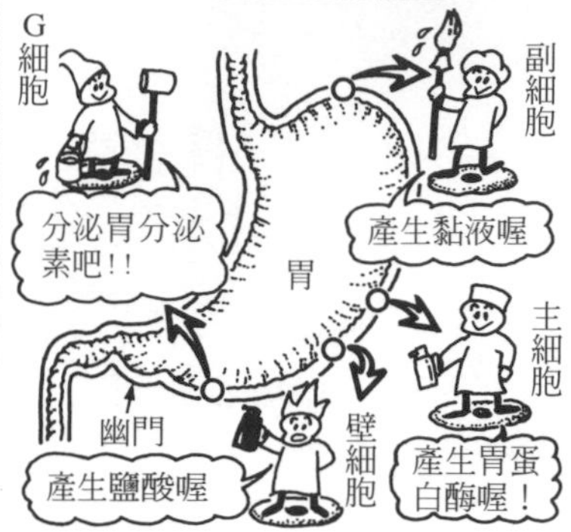


胃液的分泌是利用以下2種構造來調節的。

**Ⓐ體液性調節(荷爾蒙調節)**

❶在胃的幽門處有G細胞。

這個細胞在食物等進入胃內時，會分泌胃分泌素到血液中。

❷所有血液循環的胃分泌素，開始刺激胃的其他細胞，結果……

▶**壁細胞**…分泌鹽酸。

▶**主細胞**…分泌胃蛋白酶原。胃蛋白酶原與鹽酸結合就會變成胃蛋白酶。

▶**副細胞**…產生黏液。

這些黏液、鹽酸、胃蛋白酶成爲胃液的主要成分（參照左圖）。

**Ⓐ胃液分泌的體液性(利用荷爾蒙調節)**

❶食物進入胃中

❷受到胃分泌素的刺激，分泌出黏液、鹽酸、胃蛋白酶等。

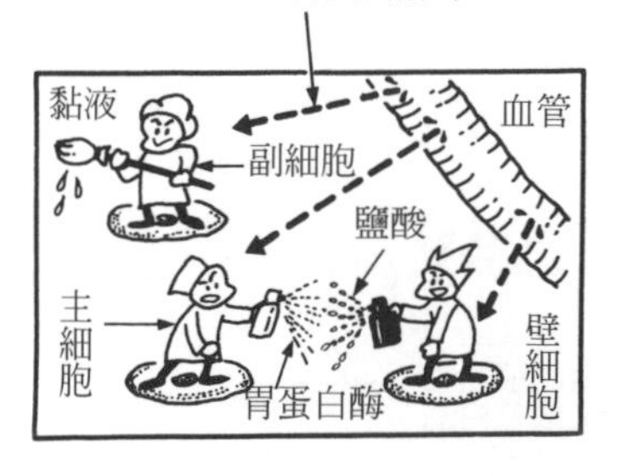


**Ⓑ神經性的調節**

胃液的分泌也可以經由神經來調節。

▶**迷走神經**…從腦的延髓伸出的神經，能使胃等內臟的功能活絡。

當這個神經發揮作用時，胃液分泌增加，這時會形成鹽酸較多的胃液。

▶**交感神經**…是抑制胃等內臟功能的神經（參照右圖）。

迷走神經和交感神經合起稱爲自律神經。而這2個神經巧妙取得平衡調節胃的功能。但是因爲壓力等，使得自律神經的功能混亂時，就會引起胃炎或胃潰瘍[注2]。

**Ⓑ胃液分泌的神經性調節**

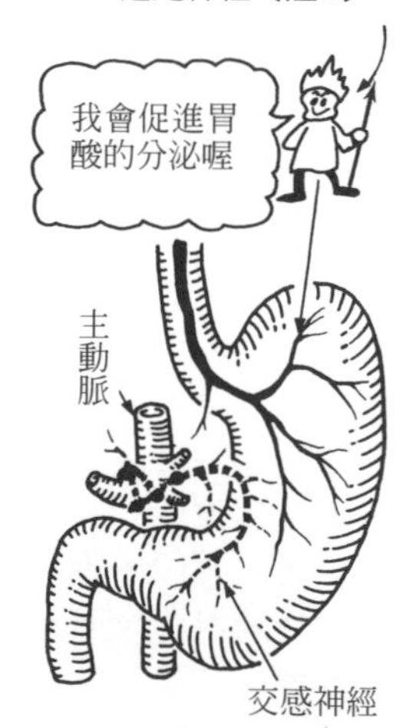


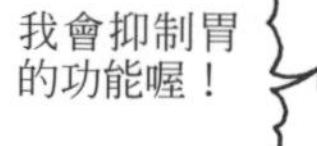


〔注1〕副交感神經的一種

〔注2〕這種狀態稱爲自律神經失調症。

胃腸的疾病

# 胃與心理的關係

**健康的胃**

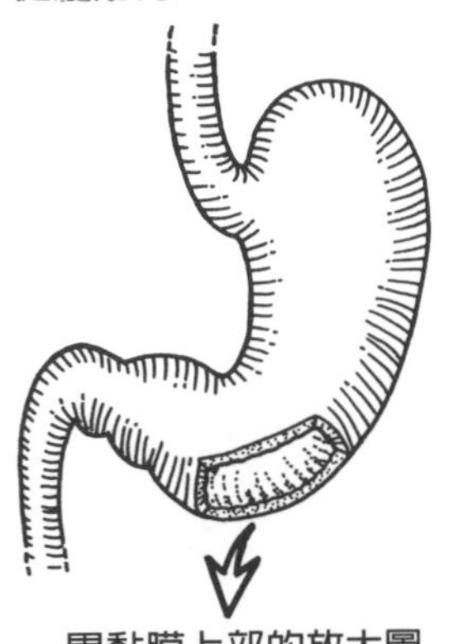


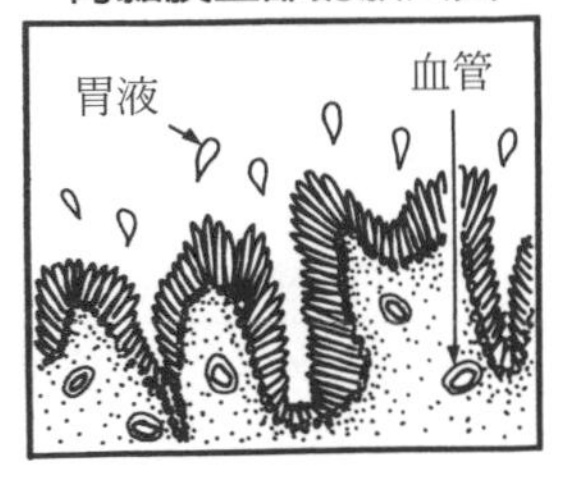


## ★保護胃的構造

胃液是從在胃壁的分泌腺分泌出來的。

胃液中含有黏液和胃蛋白酶（消化酵素）及鹽酸等。

胃液中的胃蛋白酶或鹽酸，同心協力完成分解蛋白質的工作。

但是以蛋白質當成成分的胃，並不會因爲胃液而被溶解掉。

因爲胃的內壁有黏膜覆蓋，經常有黏液滋潤。

黏液能夠保護胃的組織，免於胃蛋白酶或鹽酸的侵襲，所以胃不會被溶解掉[注1]。

❶副交感神經

腦

迷走神經能使胃的功能活絡!!

脊髓

胃液的分泌亢進

出血

血管擴張

## ★胃與神經的關係

胃的功能受到副交感神經和交感神經等自律神經的支配，因爲精神壓力等，心理的動向也會對胃造成影響。

**❶迷走神經（副交感神經）**…如果發怒時，這個神經會發揮作用，使得胃液的分泌亢進。

此外，血管會擴張，嚴重時胃黏膜會糜爛，甚至引起發炎症狀。

**❷交感神經**…與迷走神經互相拮抗[注2]的神經。

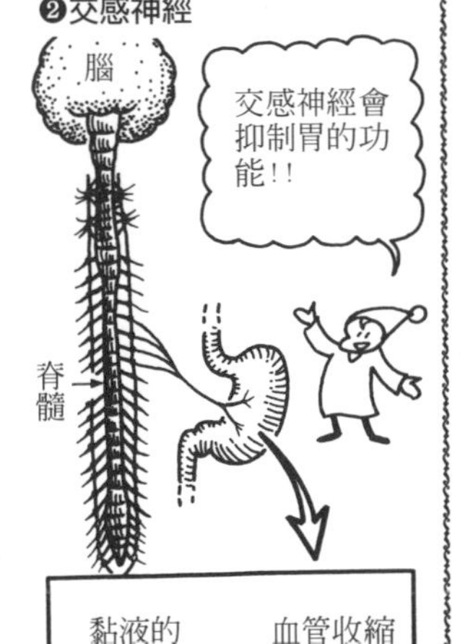


當心中有不安或是擔心的事情時，就輪到這個神經出場。血管會收縮，血液循環不良。

保護胃壁的黏液是經由血液循環而得到水分，因此一旦血液循環不良，黏液會減少，胃會變得乾燥。

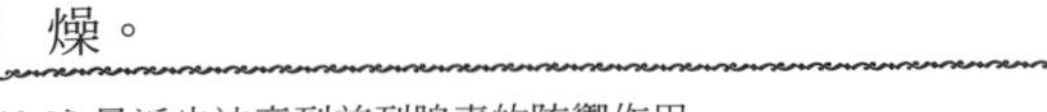

〔注1〕最近也注意到前列腺素的防禦作用。
(前列腺素＝存在身體各處的脂溶性物質，尤其在精液和性腺、肺組織中較多)。

〔注2〕「拮抗」是指2種力量，當一方力量增強時，另一方就減弱，以這樣的方式發揮作用的狀態。

胃腸的疾病

# 急性胃炎

▶胃的機能性障礙

要去除原因……

## ★胃的機能障礙

胃會先積存食物，然後與胃液充分混合，最後再送達十二指腸。

這個動作稱爲蠕動運動。有時會因爲某種原因，使得這種運動無法順暢進行。

這就稱爲胃的**機能障礙**。當擔心或是欲求不滿等精神壓力，或長時間過度工作而引起的肉體壓力等都是原因。

此外，如果吃了太多不能消化的食物，或是受到阿斯匹靈藥劑等刺激，也會造成這種症狀。

另外，還會因爲抽過多的菸或過度飲酒，而使得症狀更爲惡化，所以必須特別注意。

機能性障礙若本身沒什麼問題，則要去除原因並靜養，所以不用擔心。

▶胃的器質性障礙

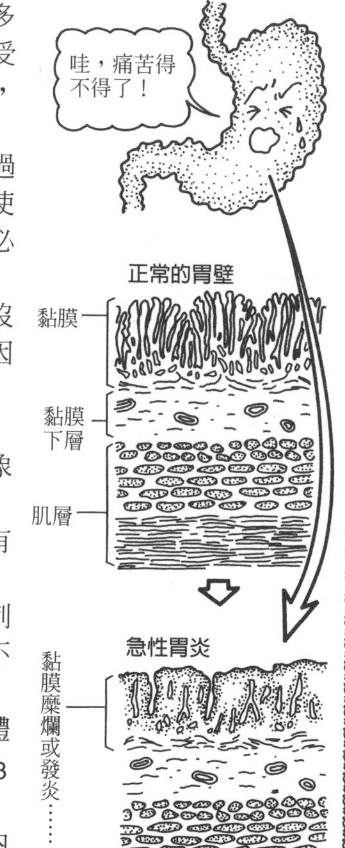


## ★胃的器質性障礙

胃的負擔增大，最後就出現發炎，這種現象稱爲**器質性障礙**。

**[急性胃炎]**胃壁中黏膜的部分糜爛或發炎，有噁心和上腹部疼痛等症狀[注1]。

**▶外因性急性胃炎…**胃黏膜如果直接受到刺激，就會出現這種胃炎。像喝酒或是吃了消化不良的食物、藥劑等都是主要的原因[注2]。

**▶內因性急性胃炎…**感染或是過敏等，身體內部引起的障礙波及到胃，引起了這種疾病[注3]。

急性胃炎要去除原因，好好的休養，幾天內就能痊癒。

〔注1〕有的短時間就能治癒，有的會成爲症狀嚴重的化膿性胃炎等。
〔注2〕酒或是藥劑引起的…急性單純性胃炎。強酸或酒引起的…急性腐蝕性胃炎。
〔注3〕感染所引起的…急性感染性胃炎。因爲感染而化膿所引起的…急性化膿性胃炎。因爲過敏而引起的…過敏性胃炎。

胃腸的疾病

# 慢性胃炎

胃黏膜會不斷受到食物或胃液等的刺激。

健康胃黏膜因爲有黏液的保護，所以這些刺激並無妨。

但是因爲某種理由，黏膜衰弱，就無法忍受這些刺激。

這時黏膜變得乾燥，可能會糜爛或是引起發炎，這就是**胃炎**。

胃炎包括幾天內就會痊癒的**急性胃炎**（參照前頁），以及胃黏膜和胃腺萎縮的**慢性（萎縮性）胃炎**等。

慢性胃炎主要發生在幽門部，原因不明。

推測原因可能是消化不良、壓力、過度飲酒、吸菸等。

此外，有人說老化可能也是原因之一，因爲胃黏膜的新陳代謝會隨著年齡增長而衰退。

此外，若將蛀牙或鼻炎所產生的膿吞到胃中，也可能造成胃炎。還有肝臟或腎臟疾病也是原因之一。

因爲惡性貧血而引起的自體免疫[注]也是原因。

慢性胃炎的病變就是胃中黏膜和胃腺萎縮的**萎縮性胃炎**。但是是否是獨立的疾病，目前仍不得而知。

大致可分爲❶萎縮性胃炎，❷過形成胃炎，❸轉化性胃炎等。

急性胃炎可以特定出原因來，但是慢性胃炎卻仍然原因不明，病症也大不相同。

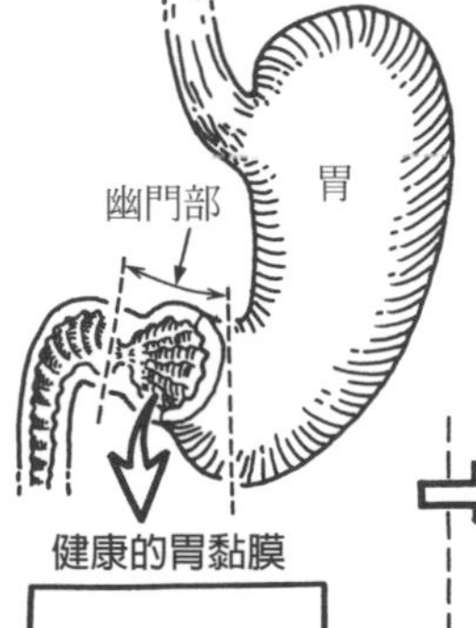


**健康的胃黏膜**

胃腺
黏膜上皮
黏膜
血管

〔**慢性胃炎**〕…因爲發炎而胃腺萎縮、黏膜變薄。

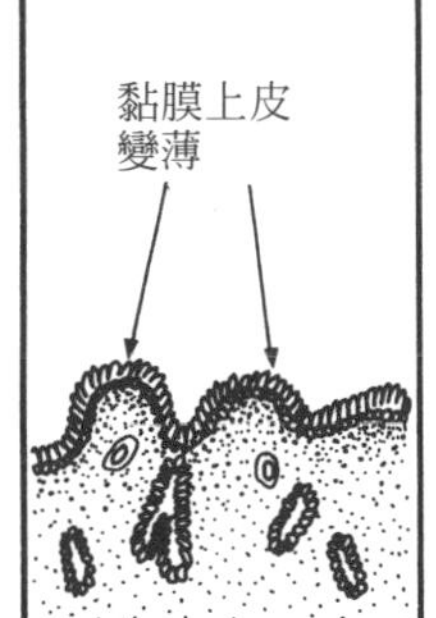


**❶萎縮性胃炎**

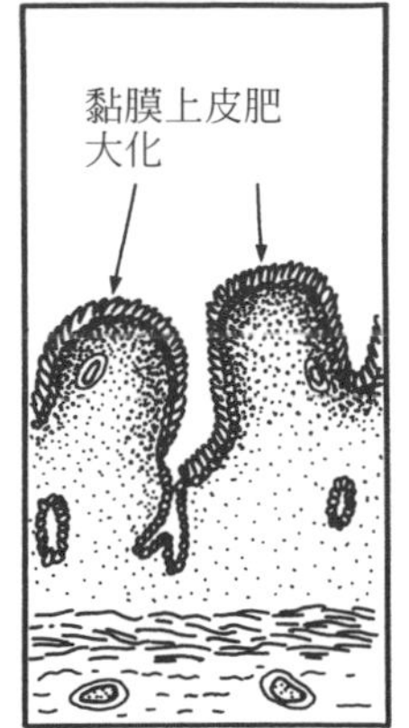


**❷過形成胃炎**

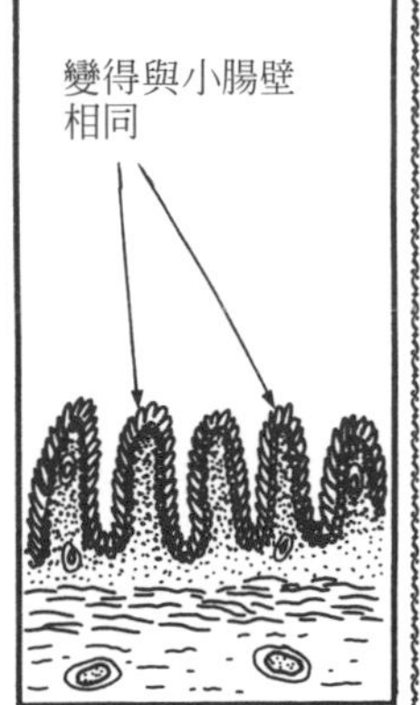


**❸化生性萎縮性胃炎**

〔**注**〕所謂自體免疫，就是因爲某種原因而形成會傷害自己組織的抗體。

胃腸的疾病

# 胃潰瘍進行的方式

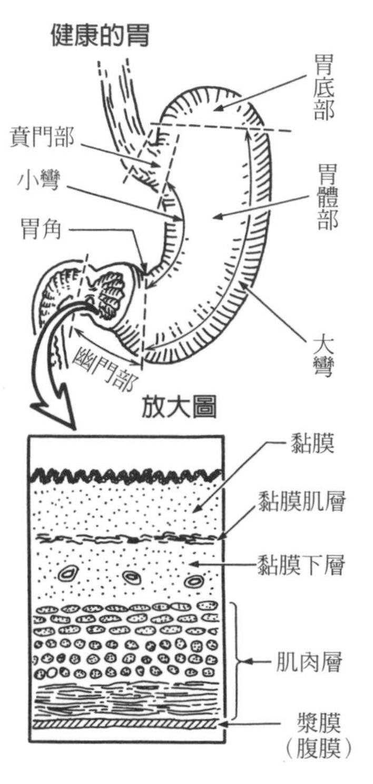


**★何謂胃潰瘍？**

胃受到食物和胃液等的刺激。

胃的功能受到自律神經的支配，因此也會受到精神壓力的影響。

健康的胃受到胃液中的黏液保護，所以不用擔心。

但是當刺激太強時，胃的黏膜就會變得孱弱。

這時，胃當中的鹽酸或酵素可能會溶解掉胃[注]。

被溶解掉的部分就稱爲胃潰瘍。尤其容易發生在幽門部、胃體部的小彎側。

胃潰瘍的症狀包括胃灼熱、疼痛以及出血等，要由醫師的指導進行適當的食物療法和藥物療法，這一點非常重要。

**★黏膜內的胃潰瘍**

胃潰瘍如果是還未波及到黏膜肌層的淺潰瘍，經過適當的處置，2、3天內就能恢復。

因爲胃黏膜可以經由新陳代謝，2、3天內就會有新的細胞替換。所以如果潰瘍較淺的話，就稱爲糜爛（右圖❶）。

如果潰瘍已經穿透黏膜肌層，到達黏膜下層時，即使痊癒也會留下疤痕（右圖❷）。

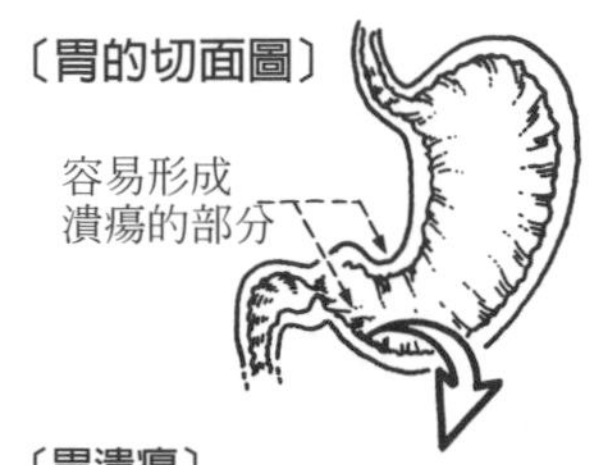

❶淺潰瘍(糜爛)

一旦惡化時

❷貫穿黏膜基層的潰瘍

〔注〕稱爲消化性潰瘍。

胃腸的疾病

# 胃潰瘍惡化

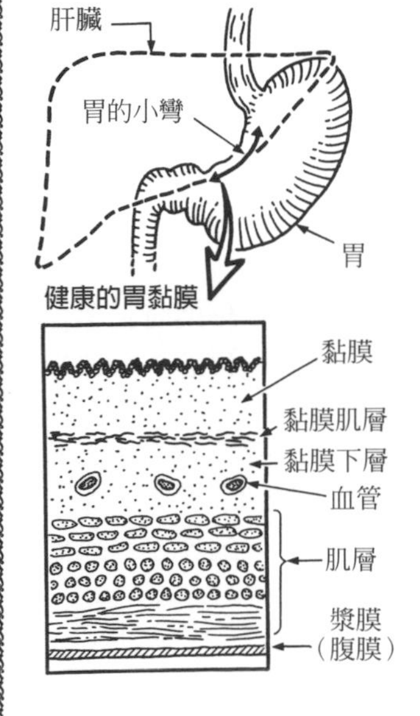


### ★胃潰瘍的進行

胃潰瘍包括症狀急速進行的**急性潰瘍**，以及症狀慢性化的**慢性潰瘍**。

急性潰瘍較早（幾週內）就能治癒。

慢性潰瘍如果進行適當的處置，通常都能治癒，不用擔心[注]。

（通常不會由急性潰瘍轉爲慢性潰瘍，所以兩者截然不同。）

潰瘍如果僅止於黏膜內還沒問題，但是如果波及到肌層的話就很難痊癒了（右圖❶）。

此外，潰瘍越來越深時，最後包住胃的漿膜（腹膜）也會破裂，而形成胃穿孔（右圖❷）。

急性潰瘍大多是黏膜層內的淺潰瘍，但是慢性潰瘍大多是較深且難以治癒的潰瘍。

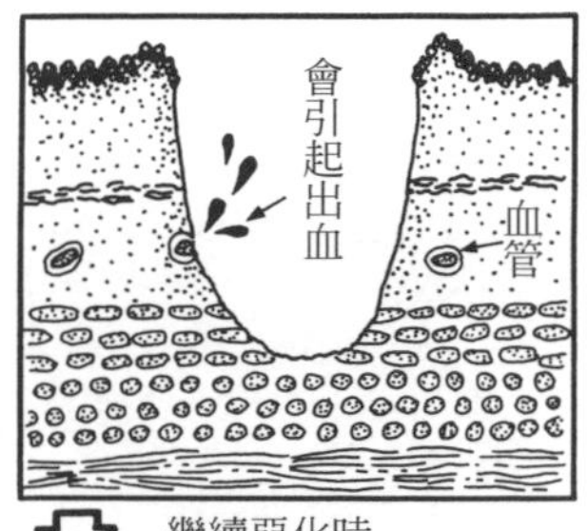


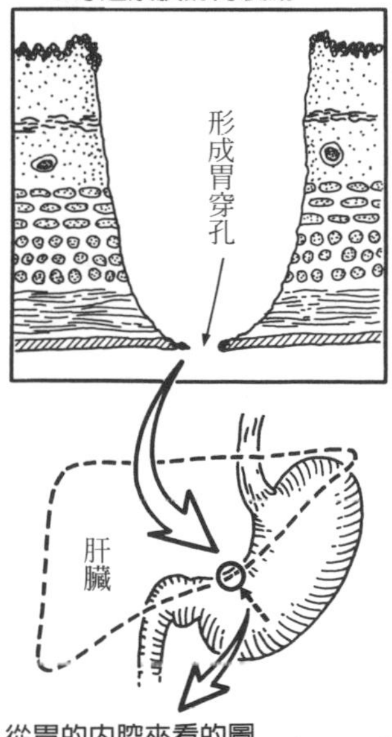


### ★需要動外科手術的胃潰瘍

胃潰瘍通常經由醫師的指導，進行食物療法或是藥物療法的內科治療就可以治癒。

當然要努力靜養身心，不要熬夜，不抽菸，過著規律的生活。

但是可能會造成胃穿孔或是癌等惡性腫瘤，所以有時必須要動外科手術切除一部分的胃。

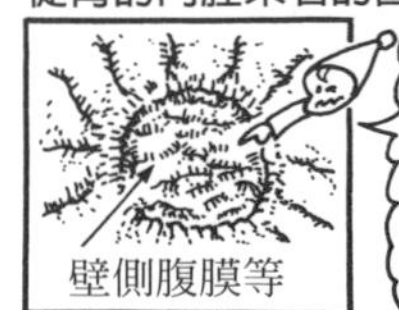


〔注〕但是如果是慢性胃潰瘍的話，即使治癒也容易復發所以必須注意。

胃腸的疾病

## 十二指腸、副腎與胃液的關係

在胃壁有G細胞分泌的荷爾蒙，稱爲胃分泌素。

胃分泌素隨著血液循環，對於胃壁的其他細胞發揮作用，促進胃液的分泌。

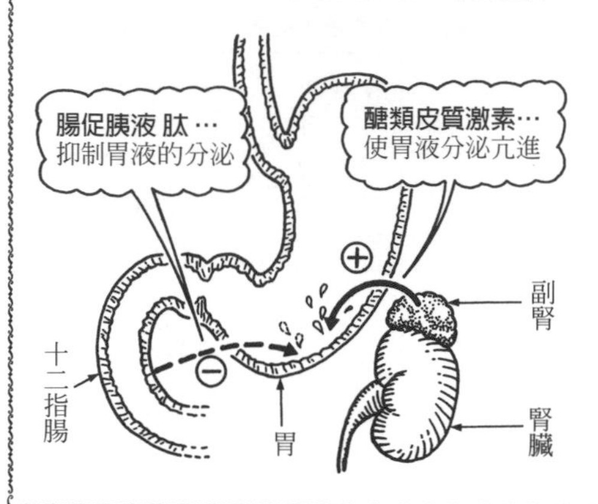


胃分泌素的分泌是藉著食物到達胃時，以及迷走神經（自律神經的一種）的刺激而產生。

此外，經由腦的指令，由副腎分泌的醣類皮質激素也會促進胃液的分泌。

因此，當精神壓力增強時，自律神經（迷走神經）和副腎荷爾蒙兩者的刺激，會使得胃液的分泌增加，胃受損。

食物到達十二指腸時，十二指腸就會分泌腸促胰液肽 。

腸促胰液肽會抑制胃分泌素的分泌，減少胃液的分泌。

胃腸的疾病

## 胃潰瘍的原因

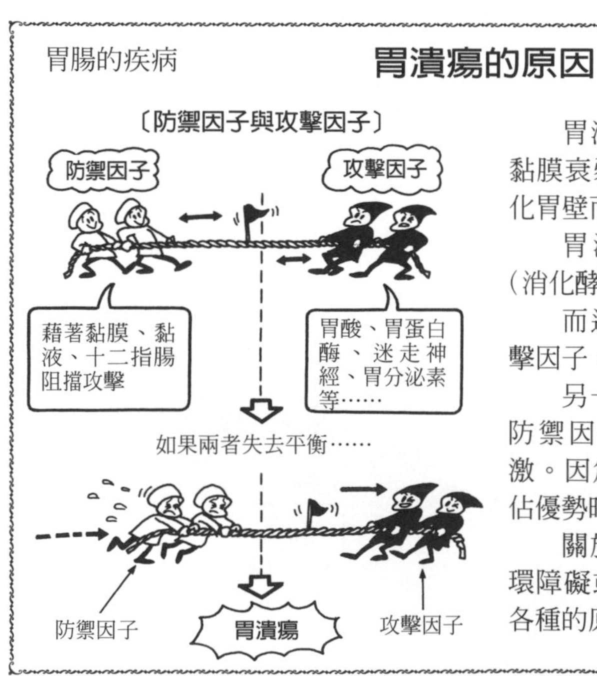


胃潰瘍是因爲某種原因，胃的黏膜衰弱，因此胃酸和胃蛋白酶溶化胃壁而引起的。

胃液中含有鹽酸和胃蛋白酶（消化酵素）等。

而這些都是給予胃壁刺激的攻擊因子。

另一方面，黏膜或黏液等則是防禦因子，保護胃壁免於這些刺激。因爲某種理由，如果攻擊因子佔優勢時，就會產生胃潰瘍[注]。

關於原因方面，包括胃炎、循環障礙或是過敏、自律神經異常等各種的原因。

〔注〕此外，最近也注意到了調節兩者、增強防禦因子的前列腺素。

胃腸的疾病

## 胃潰瘍的種類

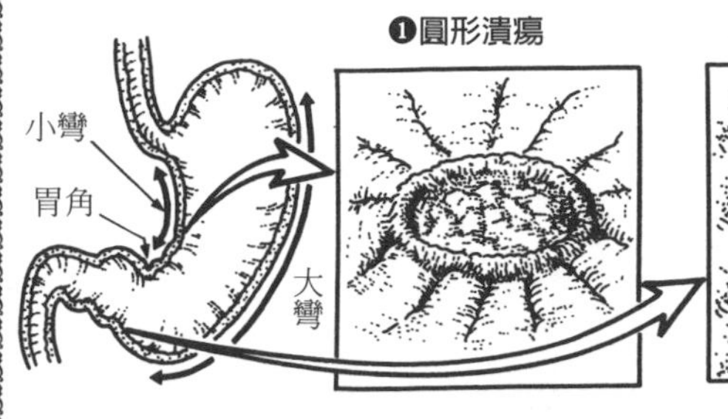


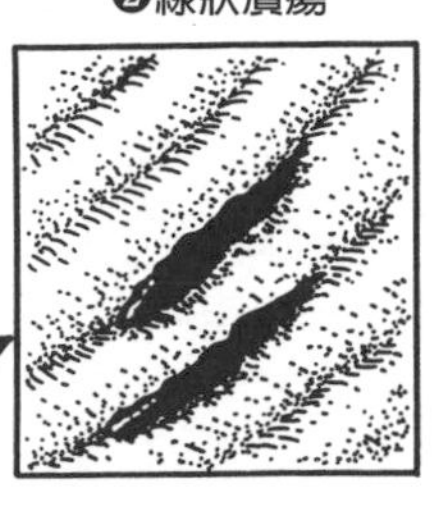


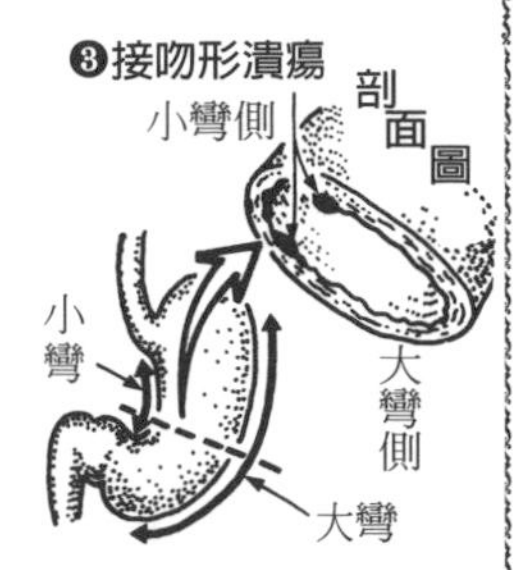


胃潰瘍大多發生在胃幽門附近或小彎側，年輕人等容易因爲壓力而在前庭部形成深度較淺、出血較少的潰瘍。

但是隨著年齡的增長，胃上部也會形成潰瘍。

這是因爲隨著年齡的增長，胃黏膜萎縮，容易形成潰瘍的部位轉移到胃的上部所致。

潰瘍數最多是1個，有時會出現複數（2~3個）。

胃潰瘍的形狀主要如下：

❶**圓形潰瘍**…圓形或是橢圓形的潰瘍，大小約1~2公分。

大部分的潰瘍都是這個形狀。

❷**線狀潰瘍**…大小各有不同，容易在急性潰瘍時發生。

❸**接吻形潰瘍**…夾住胃的小彎，形成2個對稱的潰瘍。

胃腸的疾病

## 胃潰瘍的食物療法

得了胃潰瘍，爲了保護已經形成潰瘍的部分和創造體力、提高治癒力，必須進行食物療法。

以前認爲最重要的是不要增加胃的負擔，因此連容易消化的食物都必須要限制攝取的量。

但是最近發現攝取營養會使得全身創造體力、提高自然治癒力，這種想法已經佔優勢[注1]。

因此不再像以前一樣一味地限制飲食。

在出血或是疼痛等激烈症狀停止之後，就要適當的攝取營養，使得孱弱的胃黏膜重新恢復強韌。

避免辛香料或是味道較重的食物，要攝取柔軟、調理過的食物。

當然攝取牛乳、蛋、魚等良質蛋白質非常重要，同時也要適量的攝取良質脂肪。

主食最好選擇吐司麵包、粥或是烏龍麵等容易消化的食物[注2]。

〔注1〕最近強力的抗潰瘍劑也登場了。
〔注2〕注意不要攝取過多菸酒。

胃腸的疾病

# 胃潰瘍的治癒方法

胃潰瘍的經過情況。

**❶胃潰瘍的最盛期**…引起發炎等症狀的狀態。

因為發炎而出現的膿，會好像白苔附著在胃上。

**❷治癒時期**…過了最盛期之後，逐漸走向治癒之路的狀態。

白苔減少，發炎症狀的疤痕會纖維化而修復潰瘍。

因胃潰瘍而破損的黏膜能夠再生。

**❸疤痕・其1**…白苔消失，潰瘍形成疤痕化狀態。

但是因為充血而帶點紅色（紅色疤痕）。

在這個階段，胃潰瘍不一定會復發。

**❹疤痕・其2(治癒)**…充血造成的紅色已經消失，而形成與其他的胃壁同樣的顏色。

到這個階段胃潰瘍不會復發（白色疤痕）。

因此到這個時期時才算是治癒[注]。

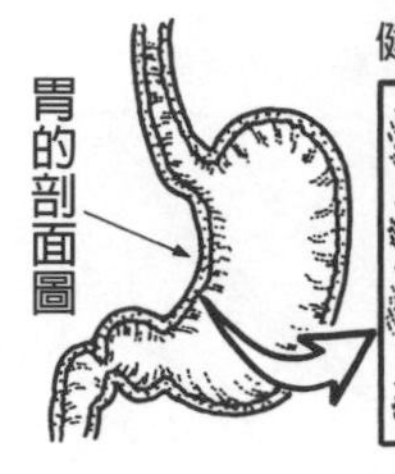


健康胃內壁的放大圖

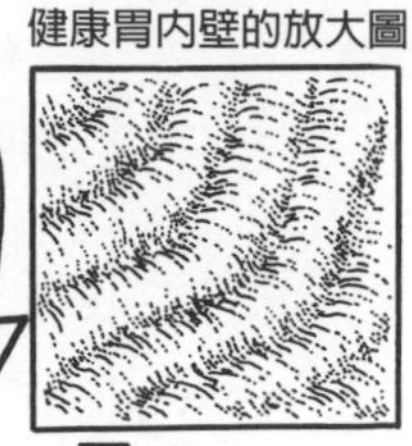

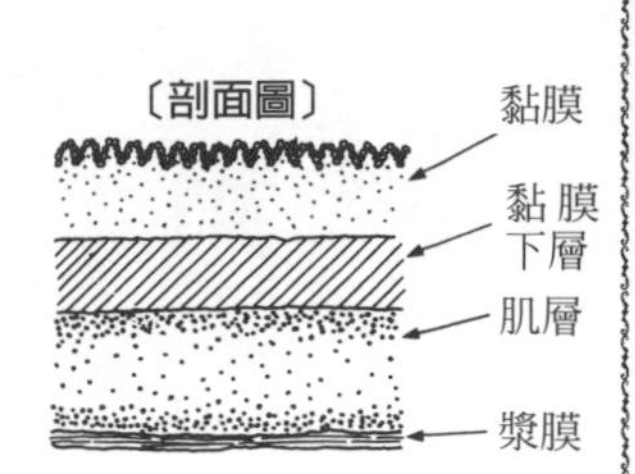


❶胃潰瘍的最盛期

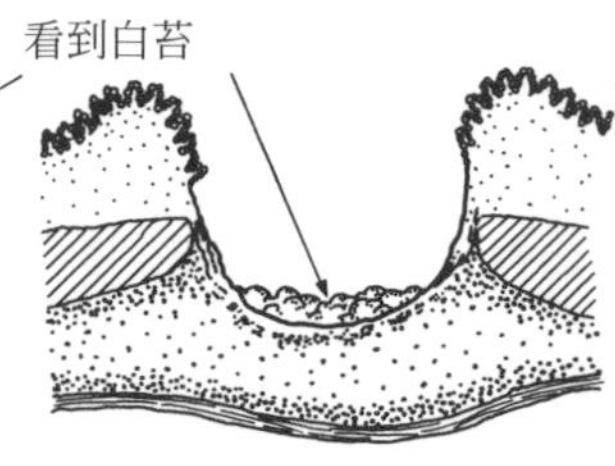


❷即將治癒的狀態

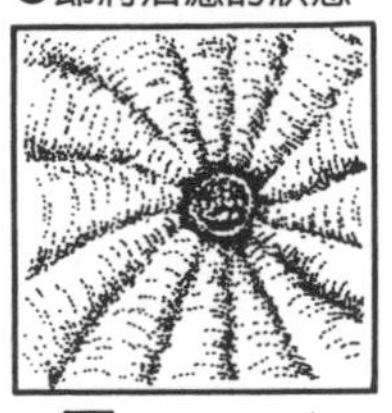

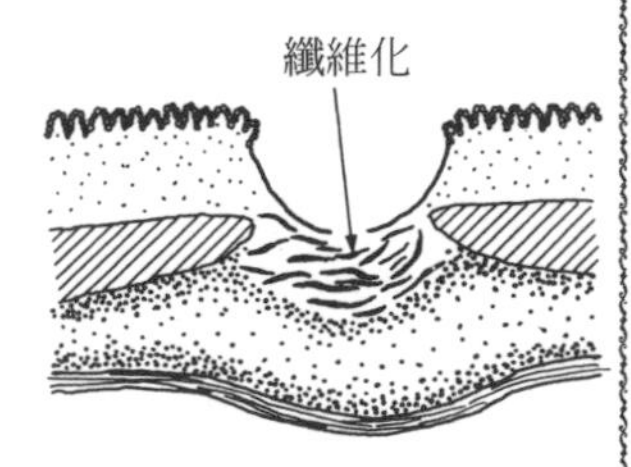


❸疤痕・其1(因為充血而殘留紅色的疤痕)

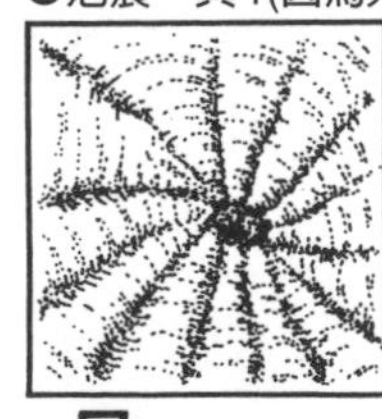

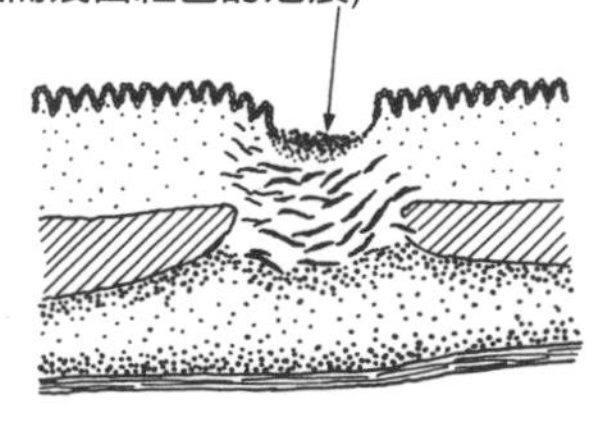

❹疤痕・其2(紅色消褪狀態)→治癒

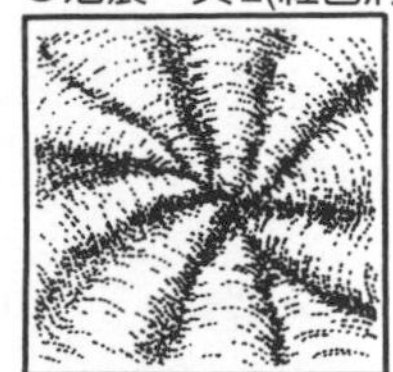

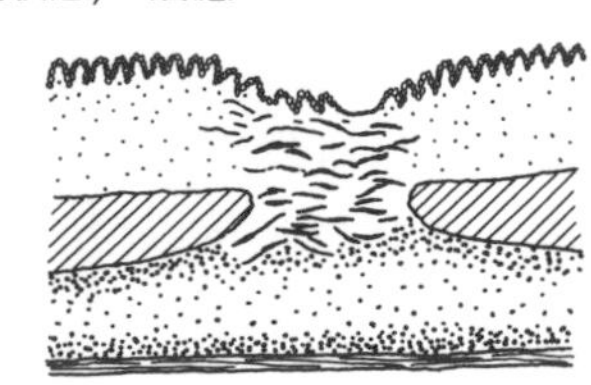

〔注〕但是大約1成的人會在1年內復發，必須注意。

## 胃腸的疾病 只要攝取飲食就能緩和疼痛

胃潰瘍主要症狀之一就是心窩疼痛。

這個疼痛在空腹時較容易發生。

一旦形成胃潰瘍時，這個部分會欠缺保護胃壁免於強酸侵蝕的黏膜（下圖❶）。

而這個衰弱的部分，受到胃酸刺激時就會產生劇痛。

在空腹而胃中空無一物時，胃酸會直接刺激潰瘍而產生疼痛（下圖❷）。

因此如果吃點或喝點東西，稀釋胃酸的話就能緩和疼痛（下圖❸）。

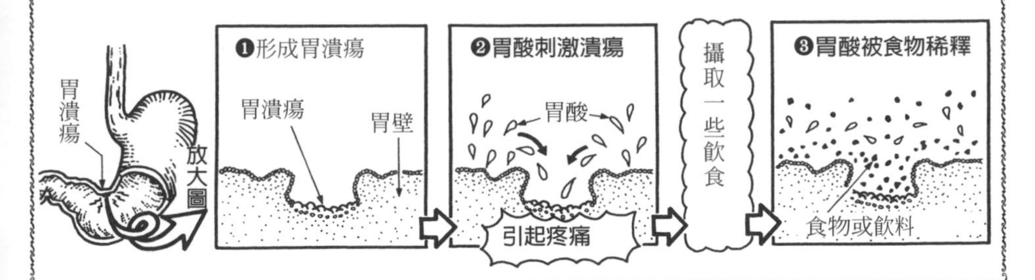


## 胃腸的疾病 胃酸過多症與低酸症

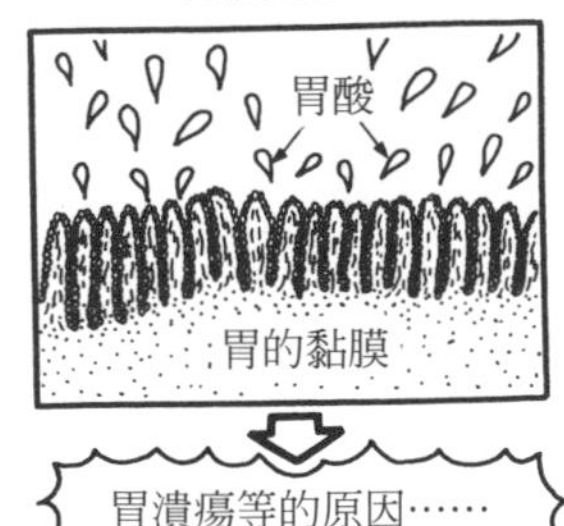


辛香料或酒等刺激物會刺激胃酸的分泌。

因此，巧妙攝取就能提高食慾、幫助消化。

但是攝取過多，使得胃酸超過必要以上的分泌，就會造成困擾（**胃酸過多症**）。

一旦胃酸過多時，就會出現胃灼熱、疼痛等現象。嚴重時，胃壁被酸侵蝕而糜爛，會引起胃炎或胃潰瘍。

相反的，也有胃酸分泌減少的情形。例如慢性胃炎會導致胃黏膜萎縮，胃酸的分泌減少（**低酸症**）。

有時無症狀，但有時會有食慾不振、胃痛等。此外，偶爾也會出現貧血的症狀[**注**]。

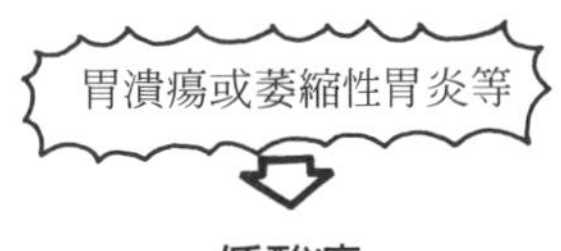


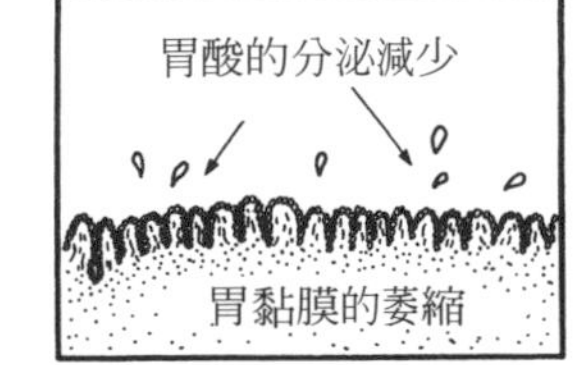


〔**注**〕當酸降低時，由紅血球運送的鐵質吸收不良就會引起貧血。

胃腸的疾病

# 遏制發炎的網膜的作用

**★何謂網膜？**

胃由腹膜所覆蓋加以保護著。

腹膜當中，網膜像圍裙一樣由胃垂下來。

網膜在嬰兒時期是很薄的半透明膜，但是隨著成長，脂肪組織或淋巴球等逐漸增多而略帶黃色。

此外，因爲僵硬而濕潤，所以能夠防止與腹壁和腸管之間的摩擦。

另外具有儲存脂肪的作用。

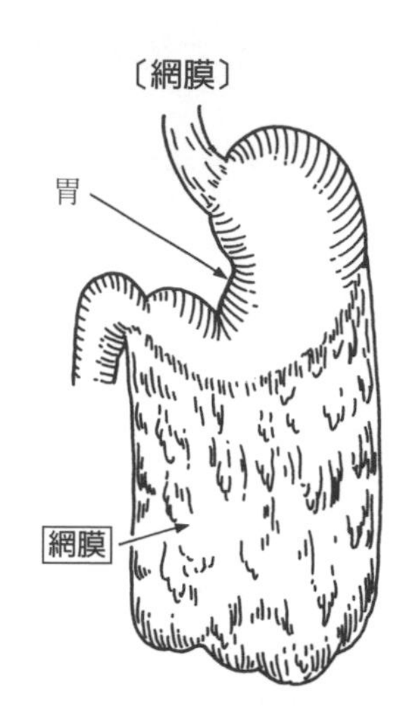


**★遏制發炎的網膜**

網膜就好像是一片布一樣從胃垂掛下來。

因此，這個垂掛的部分可以自由的漂泊在腹腔內。

如果胃形成發炎或潰瘍時……

❶首先引起發炎等的病變部，會不斷的流出滲出液。

❷接著滲出液會開始刺激網膜。

這時網膜心想「這可糟糕了！」因此包住病變部。

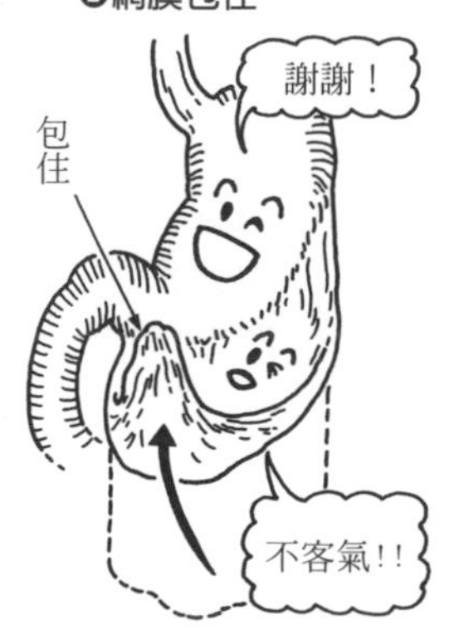


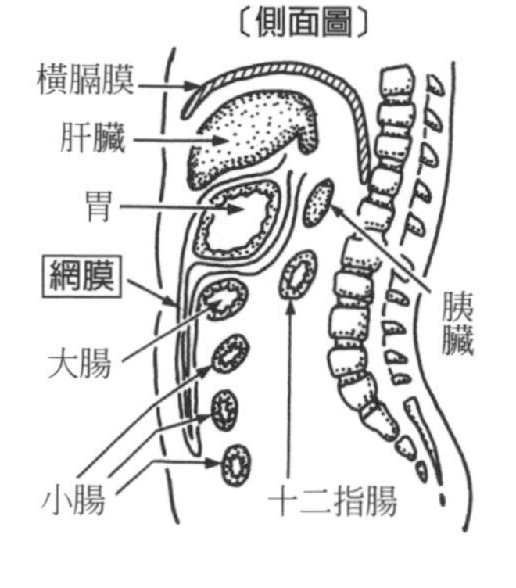


這樣就可以防止這個發炎症狀擴散到腹腔內的其他部位。

網膜不會使得發炎症狀波及到腹腔內，將發炎症狀遏止在最低限度，就好像「救火隊」似的。

但是比較小的兒童，網膜尙未充分發育，所以無法產生這種救護作用。

胃腸的疾病

## 胃鬆弛症

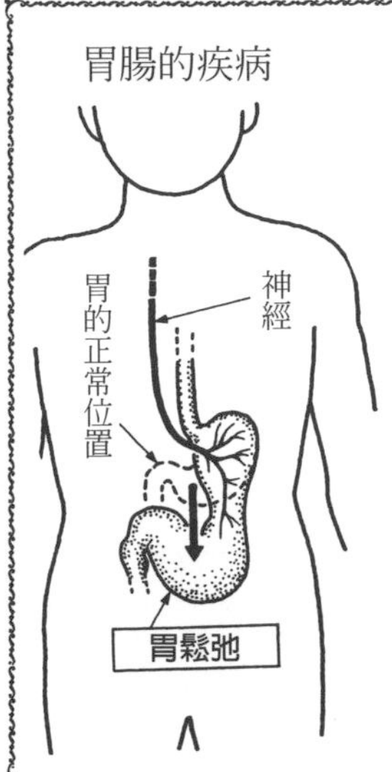


胃壁是由肌肉保持緊張度，藉著這個肌肉的作用，使得食物可以被推擠到十二指腸內。

因為某種原因，這個肌肉的緊張度鬆弛，這時胃就好像裝了水的水袋一樣會朝骨盆的方向下垂。

這類的胃下垂稱為**胃鬆弛**，有時會無症狀，有時會出現胃積食或是消化不良的現象。這種症狀就稱為胃**鬆弛症**[注]。

胃鬆弛的原因是支配肌肉的神經失調而造成的。胃下垂和胃鬆弛大多是同樣的原因而引起，容易一起出現。

〔注〕瘦的女性，胃朝骨盆方向下垂（胃下垂）。但並不是疾病，不會像胃鬆弛一樣胃功能不良。

胃腸的疾病

## 幽門狹窄症

在胃消化的食物通過幽門送到十二指腸，但是十二指腸因為潰瘍而變得狹窄，這時消化物的流向就會停止在幽門處。

此外，幽門部形成腫瘤（包括癌在內）也會遏止消化物的流動。

這種情況稱為**幽門狹窄症**。無處可去的消化物會使胃擴張，而感覺肚子發脹。

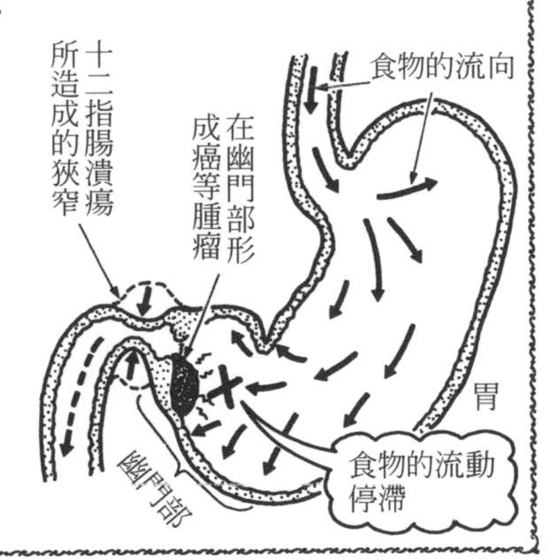


胃腸的疾病

## 胃痙攣

胃痙攣是指胃的肌肉因為緊張而引起增大的現象。

胃痙攣會在心窩附近產生劇痛，但是不見得一定會出現這種疼痛。

此外，即使沒有胃痙攣，也可能因為肝臟、腎臟或是胰臟等疾病而使得心窩產生劇痛，必須要和胃痙攣好好地加以區別。

胃腸的疾病

# 盲腸與闌尾炎的關係

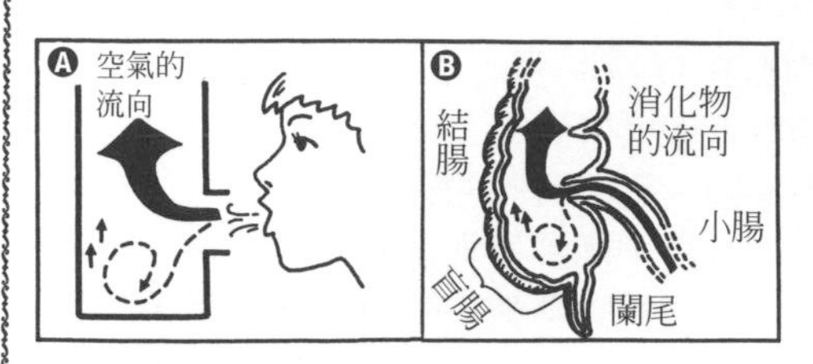


**★消化物的流向**

例如對著下端封閉的竹筒（參照圖Ⓐ）從直角方向吹氣的話，則空氣的流動方向分為上下，而大部分會朝向開著的上方，只有一部分會往下形成漩渦，然後再逐漸地被上部流動的空氣拉過去。

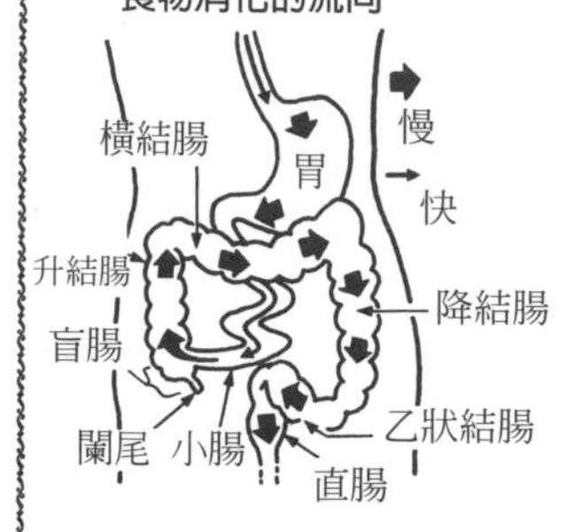


同樣的，小腸管在盲腸與結腸交界處大致成直角，因此消化物的流向大多是朝著往上延伸的結腸，剩下的一小部分則是進入前端被封住的盲腸，然後慢慢地再被拉到上方。

**★盲腸的功能**

殘留在盲腸內的殘渣漩渦持續淤塞，會使得具有分解消化物作用（稱為發酵）的腸內細菌、大腸菌、腸球菌等許多的細菌增殖。

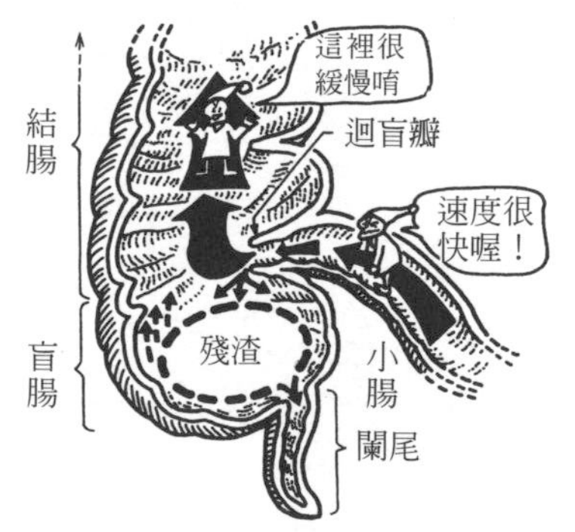


從小腸通往結腸的消化物、通過結腸時無法消化的纖維等，則由這些細菌加以分解發酵。

結腸的管子比小腸的更粗，而送出消化物的速度較慢，因此在結腸內慢慢發酵。此外，盲腸底一部分退化形成闌尾，而此處的淋巴系統組織發達，是為了殺死增殖過多的發酵菌。

**★何謂闌尾炎**

消化物的殘渣成漩渦狀，一直停滯在盲腸內就成為糞石塊。而這個糞石阻塞闌尾的入口，造成血液和淋巴液的流通不順暢。再加上長年細菌的感染，就會形成闌尾炎（俗稱盲腸炎）[注]。

闌尾炎是比較容易治療的疾病，但是當病情惡化時會穿孔（圖❷），膿會流到闌尾外，引起腹膜炎，這時就要動手術了。

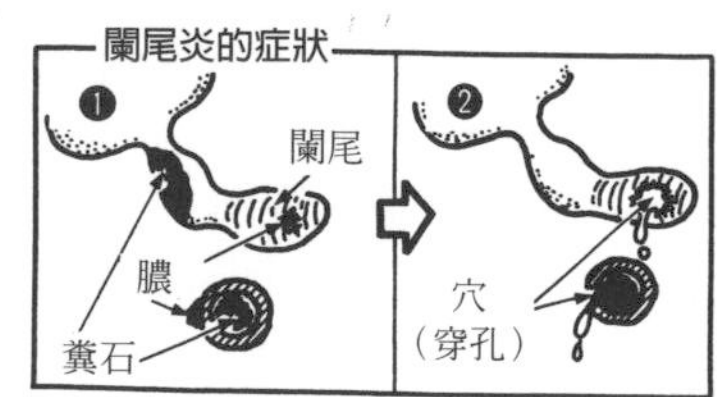


〔注〕此外，淋巴、濾泡或異物等也會因同樣的構造而引起發炎。

胃腸的疾病

# 腸閉塞症（腸梗阻）

腸消化食物，具有吸收食物養分的作用。

消化的食物經由腸的蠕動運動，朝肛門的方向送出，最後形成糞便排出體外。

但是如果腸因爲某種物質而阻塞，或是腸本身扭轉，這個消化物的旅程當中就會受阻，形成腸閉塞症（腸梗阻）。

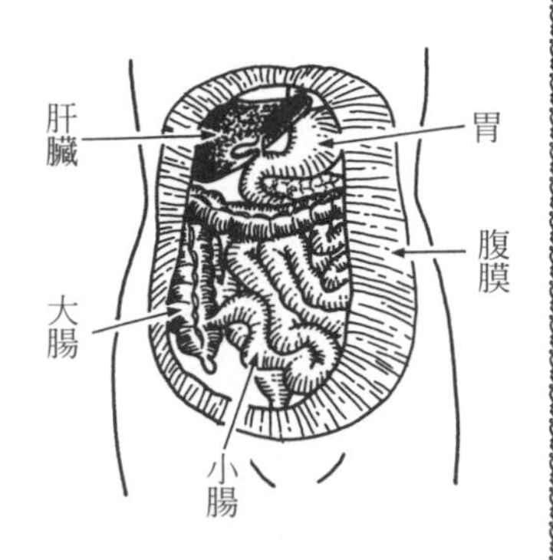


**❶單純性腸梗阻**…腸梗阻中最多的一種。因爲闌尾炎、腹膜炎的黏連，或潰瘍性大腸炎、腸結核等而引起的發炎，還有手術後黏連性腸梗阻等。

此外，誤吞異物或是膽結石、腸腫瘤等也會引起腸梗阻。

**❷腸套疊**…腸中的一部分重疊，然後繼續進入腸管中的狀態。

重疊的部分會使得消化物的流動停止。此外，流到此處的血液也會受阻，使這個部分壞死（細胞死亡）。

如果早期發現的話，可以利用高壓灌腸解除重疊的腸。如果症狀惡化的話則需要動手術治療。

是兒童較多見的疾病。

**❸腸扭轉**…腸扭轉之後，造成消化物的流動停止的狀態。

以上是屬於機械性腸梗阻。此外，還有腸內蠕動運動受到神經或肌肉障礙而受損，就會引起麻痺性腸梗阻（腸管麻痺），這種情況稱爲機能性腸梗阻[注]。

腸閉塞症會產生激烈腹痛和噁心。此外，還有腹部的膨脹等。

治療法就是要盡早接受醫師的診斷，利用外科手術等去除腸梗阻。

此外，脫腸（突出症）或是腹膜炎導致的腸麻痺，也會引起腸閉塞。

**〔腸閉塞症的種類〕**

**❶單純性腸梗阻**

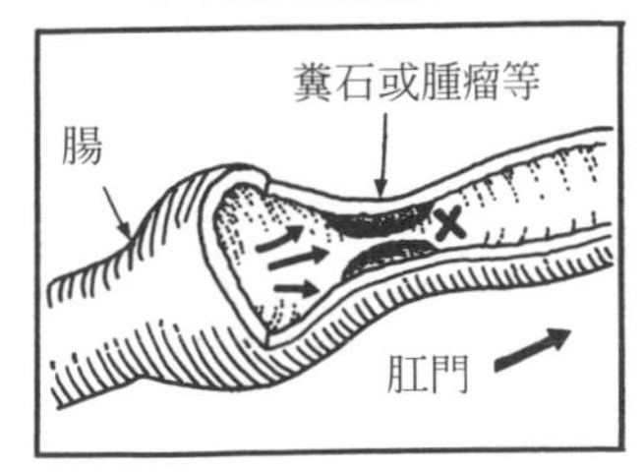


**❷腸套疊**

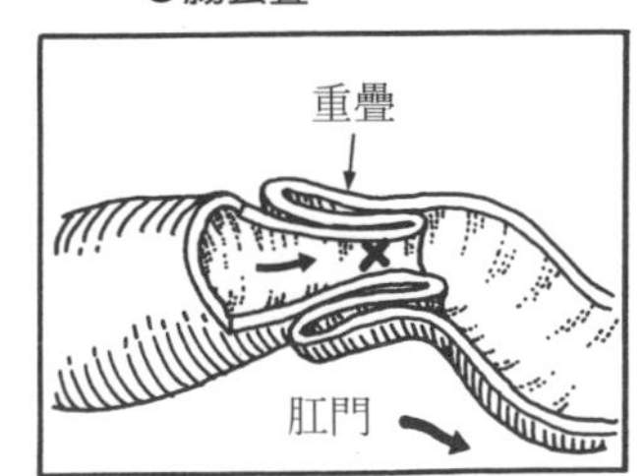


**❸腸扭轉**

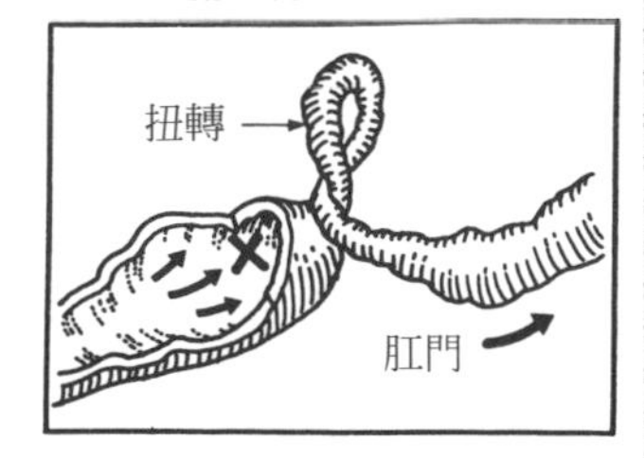


〔注〕因爲腹膜炎的原因而引起，有時也有精神性的原因。

胃腸的疾病

## 大腸息肉

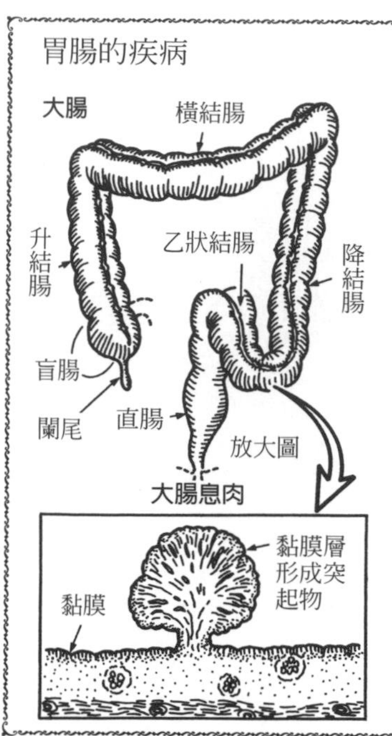


腸等的黏膜，朝向內腔隆起的瘤就稱為**息肉**。

息肉經常出現在胃與大腸，偶爾也會出現在小腸。

在大腸形成的息肉稱為**大腸息肉**，以組織學來區分的話，分為腫瘤性息肉和非腫瘤性息肉[注]。

非腫瘤性息肉不會癌化，而腫瘤性息肉大多會癌化，必須注意。

尤其當乙狀結腸或直腸，出現直徑1~2公分的腫瘤性息肉就要盡早切除。

最近開始注意到，息肉與大腸癌的發生和基因的異常有關。

〔注〕如果產生很多息肉的話，稱為息肉病。

胃腸的疾病

## 潰瘍性大腸炎

大腸黏膜出現潰瘍，引起出血或營養不良等的煩惱，這種疾病稱為**潰瘍性大腸炎**。

原因不明，不過推測與遺傳的因素，或是與免疫反應的異常等有關。

容易發生在直腸。此外，也可能發生在整個大腸。因為潰瘍而出血時，糞便就會摻雜血液，會出現黑色便或黏血便、鮮血便（便血）。

此外，偶爾也會引起下痢、發燒、體重減輕、食慾不振等症狀。

年輕的人（30歲以下）比較容易出現。即使痊癒也容易復發，而且是容易慢性化的疾病。

如果整個大腸長期出現這種症狀，有可能會引發大腸癌。

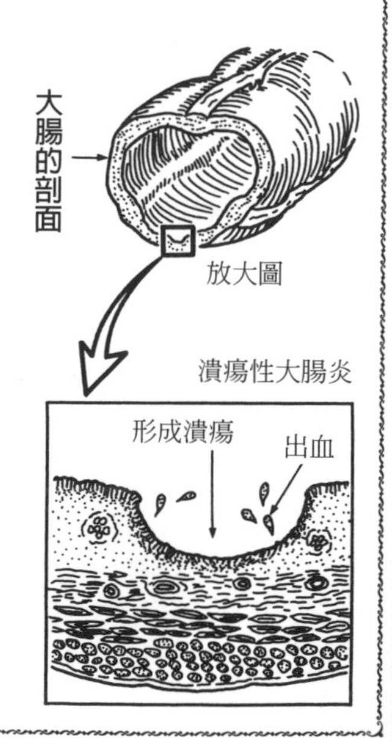


〔參考〕關於痔瘡方面，請參考本出版社發行的《完全圖解了解我們的身體》一書。

胃腸的疾病[注]

# 腹膜炎

〔橫切腹膜圖〕

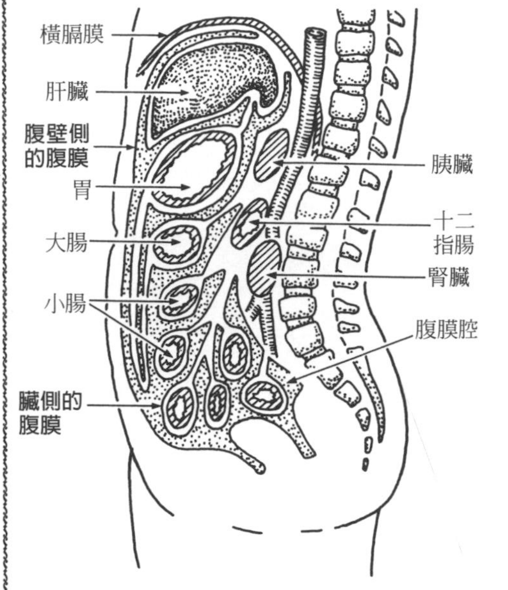


**★何謂腹膜？**

腹膜是包住腹壁和腹腔內臟，對其加以保護的膜（參照左圖）。

分爲包裹腹壁側的**壁側腹膜**，以及覆蓋內臟表面的**臟側腹膜**，兩者相連形成腹膜腔。

腹膜的表面分泌**腹膜液**，這種液體可以減少內臟之間的摩擦。此外，腹膜液當中也含有白血球等，即使細菌等進入，也能夠加以擊退，具有防止發炎的能力。

**★腹膜炎是如何產生的？**

先前所敘述的腹膜雖然具有防衛能力，但是因爲胃潰瘍、胃穿孔等胃中內容物流到腹膜時，情況就完全不同了。此外，因爲闌尾炎、胰臟炎、十二指腸潰瘍等，而使得臟器內容物流到腹膜，這時也無法發揮防衛機能作用，腹膜會出現發炎症狀。

這種症狀稱爲**急性腹膜炎**，會產生激烈腹痛和噁心的症狀。放任不管的話身體會非常的衰弱，可能會導致死亡，因此要趕緊接受醫師的處置。

除了急性腹膜炎之外，得了肺結核時，其病毒通過血管或淋巴管到達腹膜而發炎，稱爲**慢性腹膜炎**。這時症狀雖然不像急性腹膜炎般劇烈，但是由於腹腔積水，會引起下痢的症狀。

▶腹膜炎的主要原因

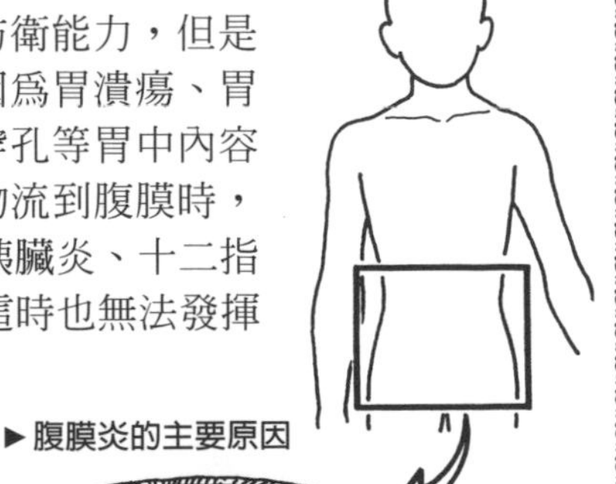


〔注〕因爲胃或腸等的內容物流出而引起的疾病，也包括在這部分的範圍。

消化系統的疾病

# 肝臟・膽道的疾病

肝臟・膽道的疾病

## 引起肝炎的構造

〔肝臟的構造〕

靜脈
動脈
肝臟
膽囊
通往十二指腸
門脈

### ★肝臟的功能

成人的肝臟大約有1200公克重，是內臟當中最大的器官。

肝臟儲藏醣類、蛋白質和脂肪等體內不可或缺的物質，必要時可以供給到體內各組織。

此外，可以將胃腸等所吸收的有害物分解爲無害物。

對身體而言是不可或缺的器官，而且是「強力器官」，具有很強的再生能力，即使機能只剩下二成也能夠支撐生命活動。

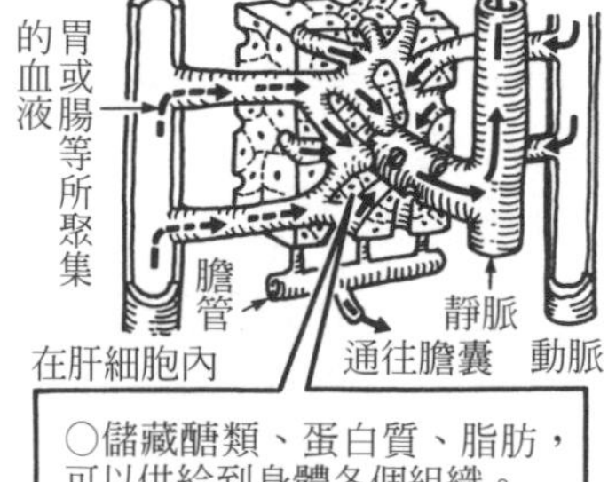


### ★肝炎是如何形成的？

引起肝炎的病毒侵入肝臟內，首先由肝臟內的淋巴球加以擊退，雙方展開作戰（右圖❶❷）。

這時光是擊退病毒還沒問題，可是來勢洶洶的淋巴球，甚至連肝細胞都加以破壞而使其壞死（右圖❸）。

遭到大量破壞的肝臟功能降低時，就會引起肝炎（右圖❹）［注］。

〔形成肝炎〕

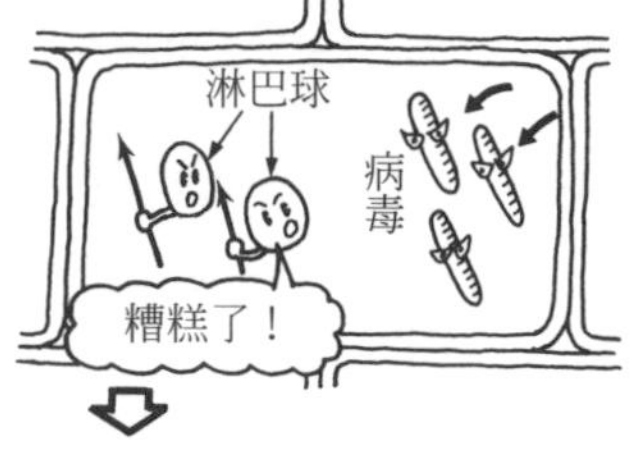

〔注〕關於形成肝炎的構造，除了與上述的免疫反應障礙有關之外，也對於抗原或抗體、淋巴球等因子的基因學各方面研究。

肝臟・膽道的疾病

# 肝炎有哪些種類？

〔肝炎病情的進行〕

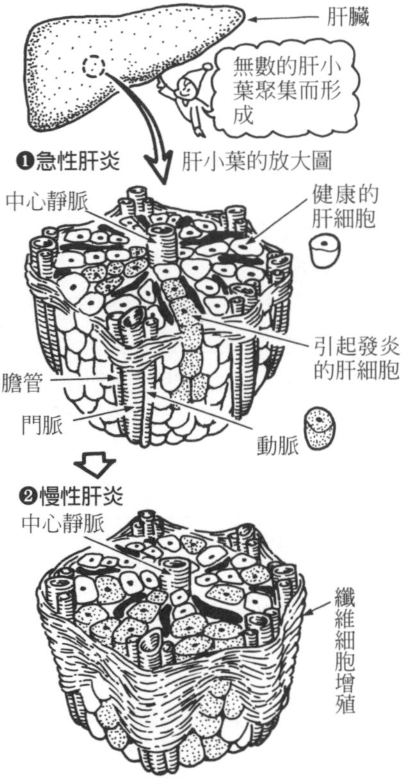

肝臟

無數的肝小葉聚集而形成

❶急性肝炎

肝小葉的放大圖

中心靜脈

健康的肝細胞

引起發炎的肝細胞

膽管

門脈

動脈

❷慢性肝炎

中心靜脈

纖維細胞增殖

肝炎包括急性肝炎與慢性肝炎。

**❶急性肝炎**

a）**A型** 出現食慾不振或脫力感，不會慢性化，是屬於良性肝炎。

原因是**A型病毒**造成的。

b）**B型** 原因是B型病毒造成的。

包括暫時性感染與持續性感染。前者在感染後經過幾個月發病，然後大約2個月內就能痊癒。

但是有的肝炎會急速進行，有出血傾向或是昏睡，甚至有人會出現造成死亡的**猛暴型肝炎**。

持續性感染是因爲母子感染等所造成的。包括無症候性帶原者（雖然沒有症狀但是卻罹患疾病），或是成爲慢性活動性肝炎等。

c）**C型** 由C型病毒所引起。

爲持續性感染，因爲輸血或醫療意外事故造成感染。

特徵是大多會轉移爲慢性肝炎。

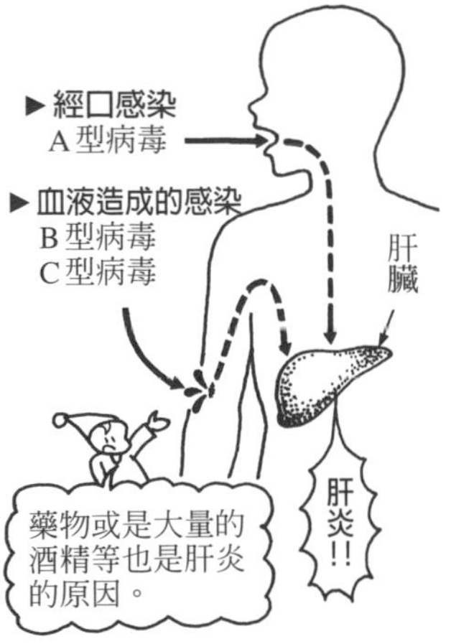

**❷慢性肝炎**

大多無自覺現象，經由團體檢診或是捐血等，進行血液檢查時才發現。

做細胞切片檢查（切取少量的肝臟組織加以調查）則如圖❷所示，會看到纖維化的現象。

如果出現浸潤或壞死（細胞死亡現象），則表示具有活動性。

B型肝炎在慢性肝炎中約佔3成。此外，因爲輸血而引起的肝炎大多爲慢性C型肝炎。

B型肝炎藉著施打疫苗等就能預防，但是目前並沒有C型肝炎的疫苗[注]。

〔肝炎感染的方法〕

▶**經口感染**
A型病毒

▶**血液造成的感染**
B型病毒
C型病毒

肝臟

肝炎!!

藥物或是大量的酒精等也是肝炎的原因。

〔注〕C型肝炎的治療法，可依症例的狀況來進行具有抗病毒作用的干擾素療法。

肝臟・膽道的疾病

## 脂肪肝

健康肝細胞中，脂肪所含的比例大約爲百分之2~5。因爲某種理由，在肝臟脂肪異常蓄積，就稱爲脂肪肝。

〔脂肪肝〕

肝臟

肝小葉的放大圖

中心靜脈

▶健康的肝細胞

▶脂肪積存的肝細胞

脂肪

膽管

門脈

動脈

藉著飲食等，攝取到體內的醣類，有一部分會在肝中轉化爲中性脂肪儲藏起來。

醣類當中，酒或是砂糖容易變成中性脂肪，攝取過多會變成脂肪肝的主要原因。

此外，細菌感染、缺氧導致循環障礙，或是藥物中毒、糖尿病、肥胖等都是原因。

脂肪肝的症狀包括食慾不振和脫力感等，不過幾乎都不會覺得痛苦，放任不管可能會變成肝硬化。

必須經由醫師進行肝細胞檢查[注]是否屬於脂肪肝，才是最確實的手段。

〔注〕肝臟切片檢查，是切取少量的肝臟組織用顯微鏡等加以觀察。此外，也可利用腹部超音波等進行診斷。

肝臟・膽道的疾病

## 酒精性肝障礙與藥劑性肝障礙

長年大量飲酒造成的肝臟受損，稱爲**酒精性肝障礙**。

會出現肝臟的脂肪化（脂肪肝）的現象。此外，會纖維化或是引起肝炎，導致肝硬化，有各種不同的形態（纖維化的情況…肝纖維症）。

在日本，肝硬化和慢性的B型肝炎與C型肝炎一樣是以酒精型的肝硬化爲最多。

此外，因爲抗生素等造成的免疫性反應，就會引起**藥劑性肝障礙**。

急性的肝障礙則是因爲個人的過敏反應所造成的。但如果是慢性的話，則可能是藥量過多而造成的。

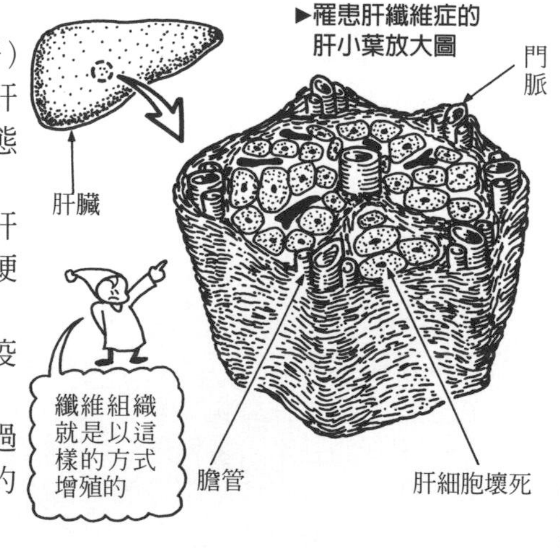

肝臟・膽道的疾病

# 肝硬化

〔肝硬化時的肝臟〕

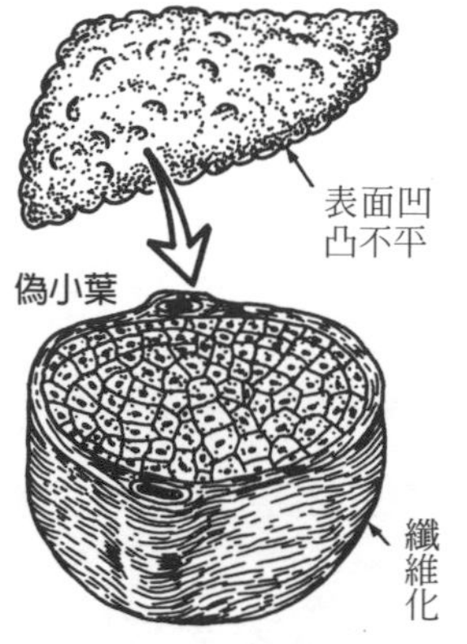


肝炎當中大部分半年就能治癒，是屬於急性肝炎。但是一旦慢性化之後就很難治癒，會變成**肝硬化**。

肝硬化是肝細胞持續壞死，而纖維組織增加，肝臟變硬，機能衰退的疾病。

變硬的肝臟會改變內部構造，肝小葉這個肝細胞的團體會遭到破壞，取而代之的是會大量形成假小葉這種結節（像瘤一樣）。外觀上看起來凹凸不平，而且結節浮現。

假小葉當然不能發揮解毒等肝臟原有的機能，而且會引發食慾不振、虛脫感、噁心或黃疸等症狀。

此外，變硬的肝臟血液循環不順暢，經由門脈流過來的來自胃腸的血液失去了前進之處，因此門脈壓亢進，血液只好流入門脈以外的靜脈，在身體各處形成靜脈瘤。

其中，在肚臍周圍或是食道周圍的靜脈容易有血液積存（參照右圖）。

在食道形成的靜脈瘤一旦破裂，就會導致大量出血而死亡。

此外，從門脈逆流回來血液中的血漿，會朝著腹膜的方向滲出，而引起腹水積存。

這時如果不由醫師趕緊適當的處理，可能會因為昏睡狀態而導致死亡[注]。

〔肝硬化的併發症〕

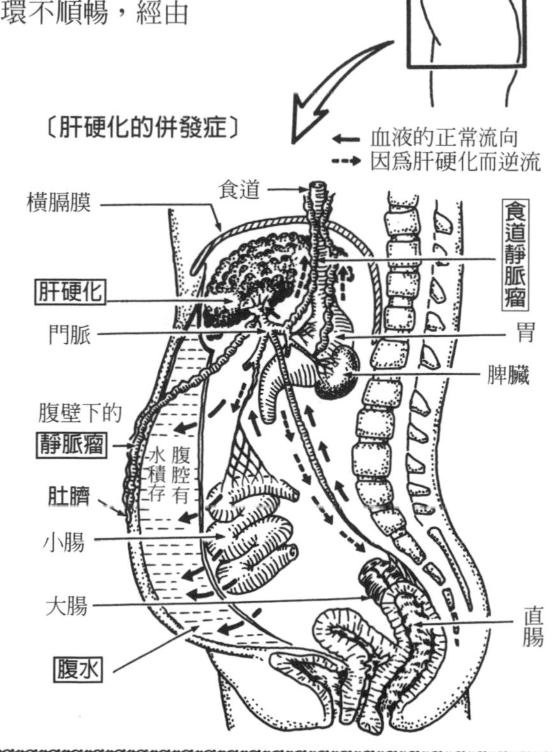


注）在肝臟無法解毒的氨積存在血液中，使得腦遭受神經毒，這時就會形成肝性昏睡，肝硬化大約半數都會併發肝癌。

肝臟・膽道的疾病

# 黃　疸

▶形成膽紅素

❷紅血球的壽命結束會溶出血紅蛋白

❸血紅蛋白會變成間接型的膽紅素

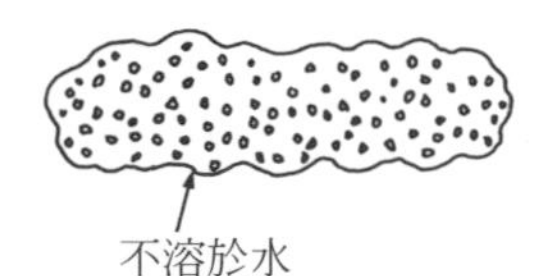


▶膽紅素的排泄

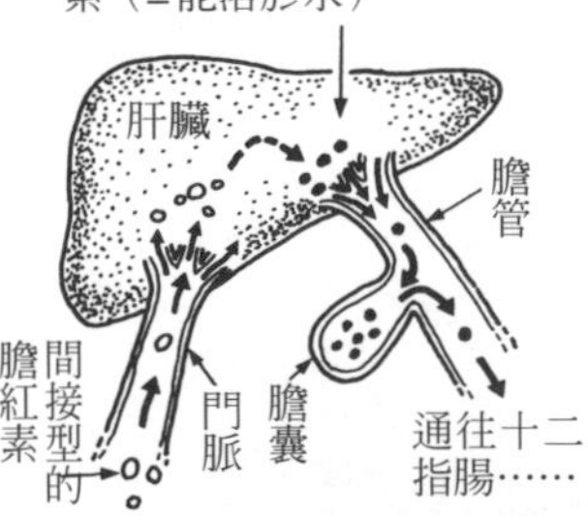


血液中紅血球所含的血紅蛋白，具有與氧結合或是釋放出氧的性質。紅血球利用這個性質可以將氧搬運到體內中各組織。

紅血球在結束任務，壽命終結時，細胞膜會破裂，會流出裡面的血紅蛋白（參照左圖❷）。

血紅蛋白會變成間接型的膽紅素物質，因為不溶於水，所以不能排到尿中（參照左圖❸）。

間接型膽紅素送到肝臟，變換為直接型的膽紅素後，就具有溶於水的性質。

直接型的膽紅素混入膽汁中，經由膽管排出到十二指腸，經由腸成為糞便排出。此外，也可能會排到尿中。

如果無法順暢進行膽紅素的排出，在血液中異常蓄積的話，則皮膚和黏膜處會被膽紅素染色而發黃。

這種情況即稱為**黃疸**，分為以下三種：

**Ⓐ肝前性（溶血性）黃疸**…由於紅血球被異常破壞，因此血液中的間接型膽紅素太多，肝臟無法處理而造成黃疸[注]。

**Ⓑ肝性黃疸**…因為肝炎等肝功能不良，無法順利處理膽紅素而造成黃疸。

**Ⓒ肝後性（閉塞性）黃疸**…因為膽管的閉塞或膽囊炎等膽汁淤滯而造成黃疸。

**Ⓐ肝前性（溶血性）黃疸**

**Ⓑ肝性黃疸**

**Ⓒ肝後性（閉塞性）黃疸**

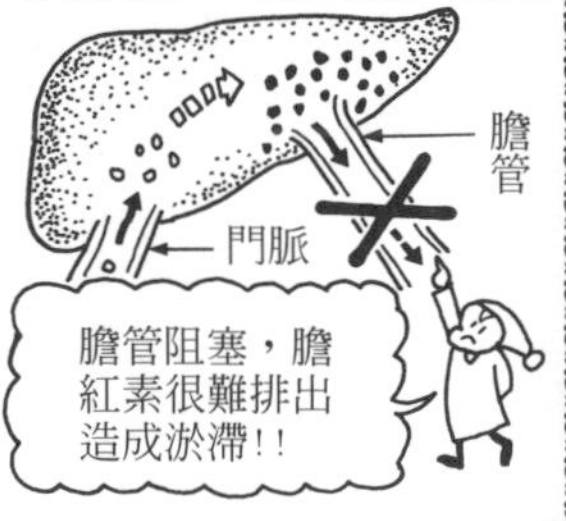


〔注〕嬰兒在胎兒時期紅血球遭到破壞，因此會產生黃疸。但是這幾乎是生理自然現象，只要有元氣、食慾旺盛就不用擔心。

肝臟・膽道的疾病

# 膽結石症

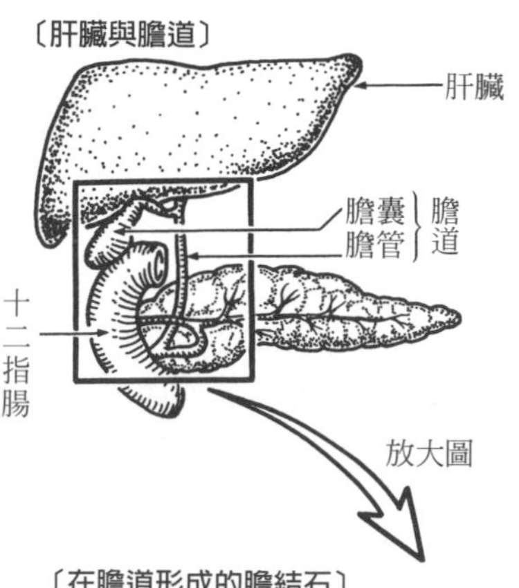


由肝細管製造出來的膽汁，經由膽管聚集在膽囊。

在這兒擠出水分，濃縮爲一半以下儲存起來。

用餐之後，食物到達十二指腸，刺激十二指腸壁分泌荷爾蒙。

配合荷爾蒙的訊號，膽囊猛然收縮，其中濃縮的膽汁就會送達十二指腸。

十二指腸送達腸的膽汁，能夠幫助脂肪等營養素的吸收。但是任務完成之後，會摻雜在糞便中排出體外。

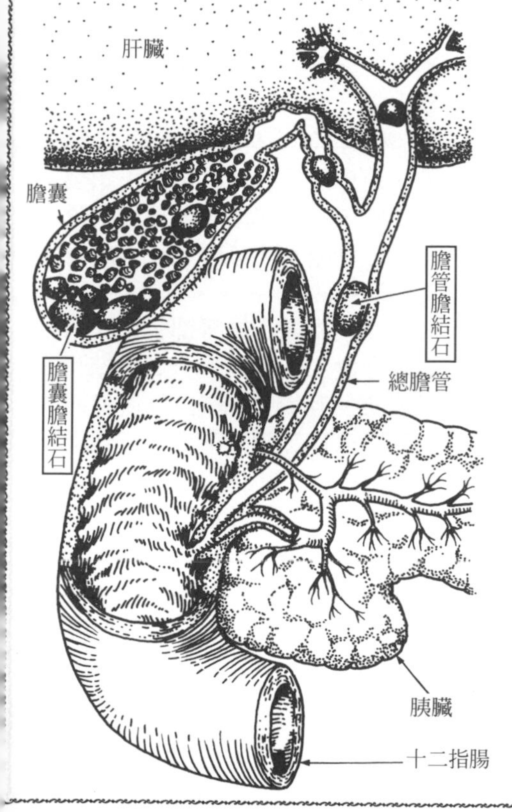


膽汁當中含有肝臟解毒過的有害物，所以排出膽汁就能將有害物一併排出。

膽汁的排出如果順暢當然沒問題，但是有時膽汁中的膽紅素或是膽固醇等會被析出而結晶化，具有這種體質的人，膽汁就會好像石頭一樣積存下來。

這種結晶稱爲**膽結石**，會阻塞膽管而導致上腹部形成插入似的劇痛，這種疾病就稱爲**膽結石症**[注1]。

膽結石因形成場所的不同，分爲膽管膽結石、膽囊膽結石。尤其膽囊是膽汁濃縮的場所，所以容易形成膽結石，而且容易積存。

膽結石症的原因目前不明，但是推測很可能是和脂肪攝取過多有關。

〔注〕如果膽結石還在膽囊內的話，不會造成膽結石發作。其疼痛會波及到右肩及右背部。

肝臟・膽道的疾病

# 膽囊炎

健康的肝臟每1小時會源源不絕的製造出約40毫升的膽汁。

這個膽汁可以幫助脂肪或是維他命等營養素的吸收，不過首先會暫時儲存在膽囊內。

擠出水分、濃縮之後，在食物經由胃到達十二指腸時，配合荷爾蒙的信號送到十二指腸。

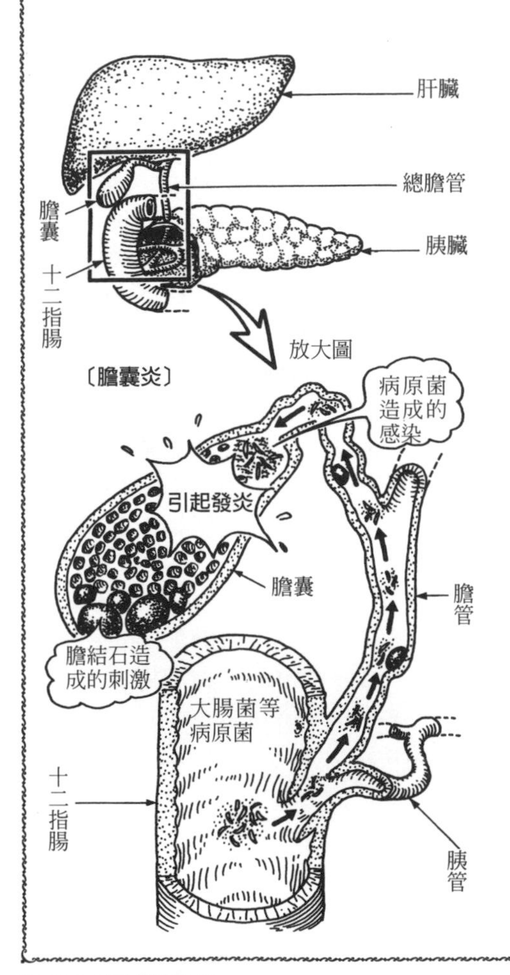


膽囊是濃縮膽汁的場所，所以特別容易形成析出膽汁成分使其結晶化的膽結石，而且膽結石也容易積存在膽囊。

膽結石光是積存下來大多無害，這時稱爲無症狀結石。

但是一旦從膽管的方向流出阻塞膽管，膽汁的流通不順暢會產生劇烈的腹痛，就是**膽結石症**。

此外，膽結石刺激膽囊壁會引起發炎。

在膽囊引起的發炎就稱爲**膽囊炎**，會出現發高燒和劇烈腹痛的症狀。

除了膽結石所造成的刺激之外，還會因爲膽汁的流通不順暢，而使腸中的大腸菌、葡萄球菌及病原菌上溯膽管感染膽囊，而成爲發炎的原因[**注1**]。

所以膽囊炎幾乎都會伴隨膽結石症而發生，也有看不到膽結石的膽囊炎（無石膽囊炎）。這時都是因爲敗血症等感染症波及到膽囊所造成的[**注2**]。

膽囊炎的治療如果是經由感染造成的，則必須投與抗生素。此外，也可以使用促進膽汁分泌和排出的藥物，但是發炎症狀繼續進行，膽囊喪失功能時則要動外科手術。

〔注1〕稱爲膽道感染症。
〔注2〕膽道感染中，最重要的就是容易引起菌血症，可能會併發敗血症而死，所以需要強力抗生素療法。

消化系統的疾病

# 胰臟的疾病

胰臟的疾病

## 胰液中的酵素的作用

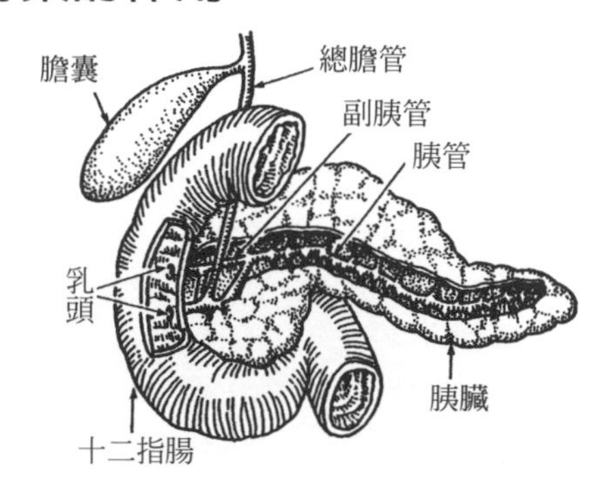


胰臟是厚2公分、長15公分、黃色、柔軟、形狀不規則的器官。

胰臟具有以下2種作用：

Ⓐ 調節血液中的糖分，製造荷爾蒙。

Ⓑ 製造消化食物所需要的胰液。

用餐1~2分鐘後，胰液開始分泌，2~3小時內持續增加。分泌是因迷走神經刺激而引起的。

食物中所含有的各種營養素在胃消化之後，很多因爲分子還太大而無法被吸收。

例如蛋白質，原來形狀的分子太大，因此必須經由化學變化分解爲氨基酸這種比較小的分子。

這時營養素才能經由腸壁吸收，成爲人類活動所需要的熱量。

胰液當中的酵素能夠幫助這個化學變化順暢進行（這個功能就稱爲觸媒）。

其中包括❶分解蛋白質的胰蛋白酶原（之後會變成胰蛋白酶），❷分解澱粉等糖類的澱粉酶，❸分解脂質的脂肪酶，所以因酵素種類的不同而各有不同的作用。

送入十二指腸之後會完成以下的工作。

溫度爲40℃時，酵素最能旺盛的發揮作用，人體的體溫爲37℃左右，也適合酵素的活動。

蛋白質、脂肪、醣類並稱爲三大營養素，胰液爲了應付這三大營養素，因此製造出各種酵素，與其他器官所分泌的消化液相比是非常重要的。

胰臟的疾病

# 胰液與胰臟的關係

### ★胰液發揮作用的構造

胰臟一天會分泌一公升的胰液，爲了分解營養素所以含有各種的酵素（促進化學變化的物質）。

就以胰蛋白酶原爲例來說明其實際的作用吧。

❶胰液流過的胰管出口（十二指腸乳頭）通常是封閉的，因此胰蛋白酶原是封閉在胰管中。

當胃的消化物送過來時，小腸上部分泌腸促胰酶，指示乳頭開口。

❷開口之後，胰蛋白酶原一點一點的擠到十二指腸中。

小腸分泌出腸激酶或刺激胃蛋白酶原。

❸藉此使得胃蛋白酶原變化爲強力酵素胃蛋白酶。

胃蛋白酶可以將食物中的蛋白質分解爲氨基酸，發揮很大的作用。

### ★何謂胰臟炎？

因爲某種原因，胰臟內的胰蛋白酶原變成了胰蛋白酶。這時屬於強力酵素的胰蛋白酶就會開始溶解胰臟組織。這就是胰臟炎。

### ★膽結石引起的胰臟炎

膽囊會積存一種膽固醇（一種脂質）而形成膽結石。連接膽囊與十二指腸的管子稱爲總膽管，總膽管與胰管的出口於進入十二指腸前會合。這個會合部分因爲膽囊所形成的膽結石而阻塞時，就會阻礙胰液的流通而使得胃蛋白酶從胰臟管開始消化。

7成的胰臟炎都是因爲攝取過多酒造成膽結石所引起的，詳情目前並不得而知。〔**注**〕

〔注〕據說是因爲胰臟酵素將自體溶解而引起胰臟炎。

消化系統的疾病

# 牙齒的疾病

牙齒的疾病

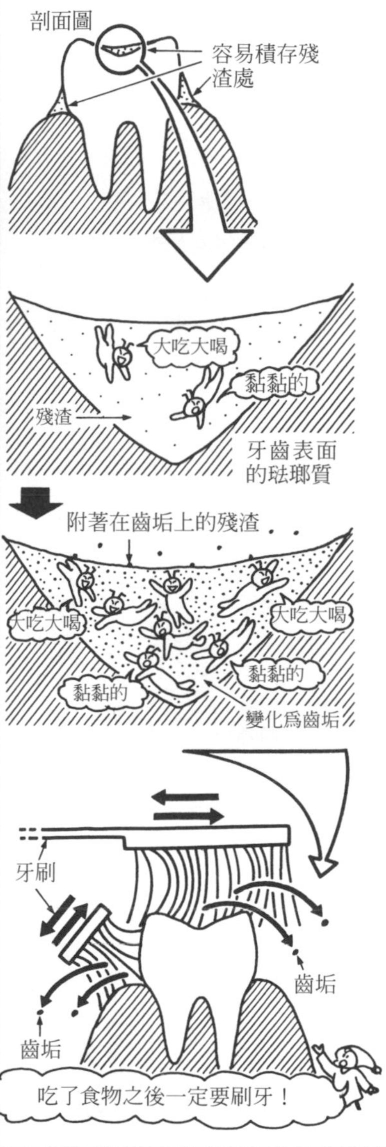

## 齒　垢

人類有「自淨的作用」，亦即具有自己清潔自己身體的能力。

因此，殘留在口中的食物殘渣藉著唾液或舌、臉頰等的功能而加以去除。

但是牙齒與牙齒之間的縫隙，或內齒咀嚼面的陷凹處、牙齒與牙肉交界處，則是舌、臉頰、唾液無法發揮作用的地方，因此會有殘渣殘留。（這個殘渣可以藉著簡單的刷牙而去除）

殘留在口中的殘渣會使棲息在口中的細菌增加，細菌會吃這些殘渣而產生帶有黏性的分泌物。

所以早、中、晚用餐之後，殘渣會陸續附著，而細菌會持續增殖。

這時所形成的殘渣和細菌以及細菌的分泌物合起來的物質就稱爲齒垢。

齒垢和殘渣不同，是很黏的物質，光是簡單的刷牙是無法去除的。

細菌的分泌物會溶解牙齒表面的琺瑯質或牙齦，且還含有酸的毒素，放任不管容易得蛀牙或牙周病〔**注**〕。

飯後必須趕緊刷牙，而睡前也要仔細刷牙，確實用牙刷去除齒垢，採用橫刷或直刷的方式，隨時保持牙齒的清潔。

〔**注**〕在一毫升的齒垢中棲息著20億以上的細菌。

牙齒的疾病

# 牙齒的構造

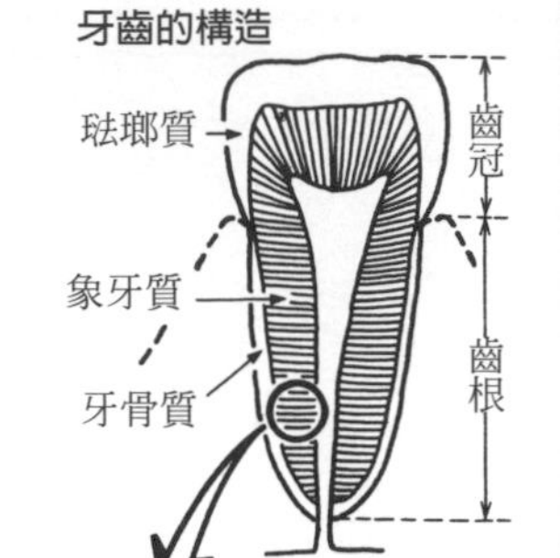


### ★牙齒的構造

牙齒外面的部分稱爲齒冠，是由人體中最硬的琺瑯質組織所覆蓋。

牙齒包在牙齦中的部分稱爲齒根，是比琺瑯質軟的牙骨質組織。

琺瑯質與牙骨質內側的象牙質，有知覺神經通過，而蛀牙是已經侵襲到象牙質，所以才會感覺疼痛。

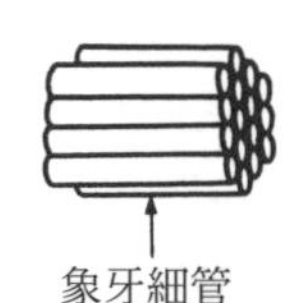


象牙質是由象牙細管這種中間有空洞的筒狀物聚集而成的，因此容易滲透。

### ★支撐牙齒組織的構造

顎骨中牢牢支撐牙齒的部分，特別稱爲齒槽骨。

齒槽骨與牙齒的牙骨質相連的韌帶（也稱爲齒根膜）具有❶在用力咀嚼食物時，具有緩和衝擊的作用，❷將牙齒牢牢的固定在齒槽骨中，防止牙齒脫落。

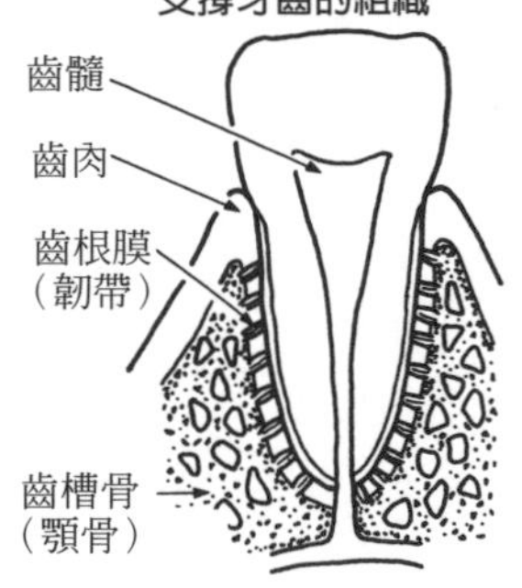


覆蓋、支撐這些牙齒組織的粉紅色牙齦部分稱爲齒肉。

健康的齒肉硬而緊，能夠幫助鞏固牙齒。

### ★將營養送達牙齒組織的構造？

象牙質中心的空洞部分有血管（將營養送達牙齒）或神經等齒髓組織，稱爲齒髓。

此外，齒根根部分歧出來的血管神經則穿過齒根膜韌帶而通往牙齦的方向。

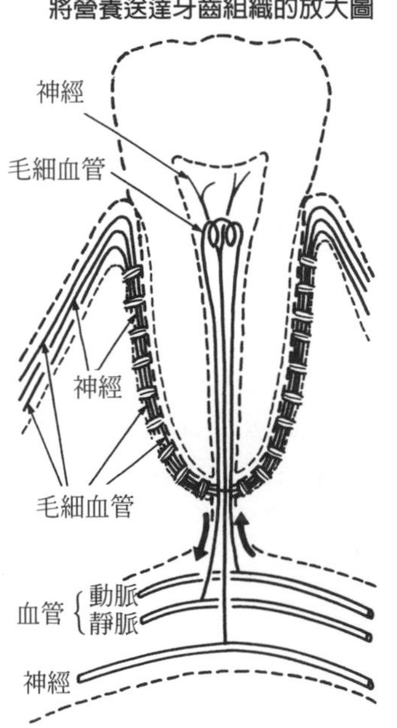


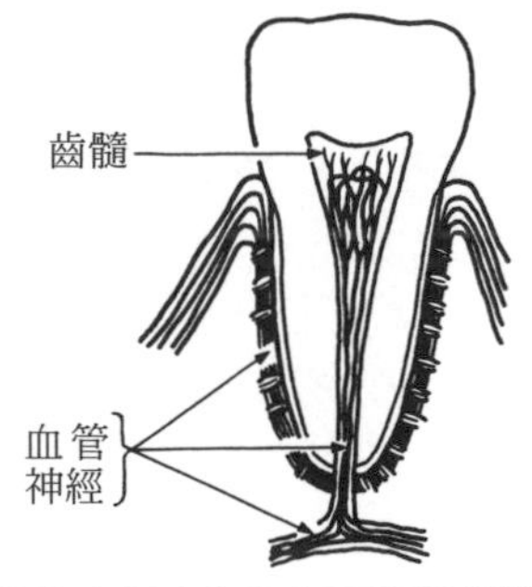

牙齒的疾病

## 為何會蛀牙？

齒垢中的細菌所產生的分泌物含有酸，會逐漸融解牙齒，這種疾病就稱爲蛀牙（齲齒）。

牙齒與牙齒之間的齒縫以及臼齒咬合面的陷凹處、牙齒和齒肉接界觸容易形成蛀牙，其進行度分爲以下4階段。

**★1度（小的蛀牙）**

覆蓋齒冠表面的琺瑯質融解，初期的蛀牙看起來像是茶色的斑點。繼續進行會變成黑褐色點，再受到侵蝕就會看到更深的洞。

**〔治療法〕**消除蛀牙的部分，完全滅菌，填塞嵌體（各種充填物）、合成樹脂或汞合金等。

**★2度（大的蛀牙）**

象牙質是象牙細管這種細長筒狀的集合體，是粗的組織。因此細菌容易滲透，蛀牙會急速進行。外觀上看起來是小洞，可是內部可能已經擴大了。

此外這個細管中有酸，會侵入齒髓，刺激分布於齒髓中的神經，所以會感覺刺痛。

**〔治療法〕**與1度時相同。

**★3度（齒髓炎）**

象牙質內部的齒髓受到蛀牙細菌的感染而發炎，這種疾病就稱爲齒髓炎。

齒髓炎分爲“急性”與“慢性”，急性時會產生劇痛。而慢性則是當食物殘渣積存在蛀牙洞中才會產生劇痛，平時不會覺得疼痛。

不論是“急性”或“慢性”，齒髓炎都無法自然治癒，最後整個齒髓會腐爛，是非常可怕的疾病。

**〔治療法〕**抽掉神經之後，形成的洞要完全滅菌，然後再補牙或戴牙套（金屬冠或陶材質）。

**★4度（重症的齒髓炎）**

當齒髓炎繼續進行時，只殘留齒根。齒髓已經死亡，所以不會感覺疼痛，但是因爲齒根的前端全受到細菌感染，因此齒根周圍到臉頰會產生發炎、腫脹的現象。

**〔治療法〕**如果採用與3度時同樣的治療法太勉強，那麼就必須裝假牙。如果還是不行，那麼就必須拔掉所有的牙齒。

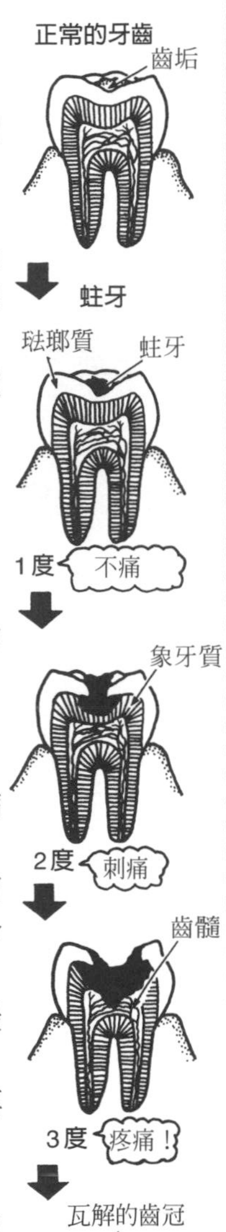

牙齒的疾病

## 齒石是如何形成的？

如果無法經由刷牙完全去除齒垢，過了幾天，唾液中的鈣質成分就會開始慢慢沈著。

這時就算刷牙也無法去除，變硬的物質就稱爲**齒石**（牙結石）。

齒肉下緣的齒垢細菌殘骸是石灰化的物質，稱爲齒肉下緣齒石。而下方前齒內側和上方臼齒外側的則稱爲齒肉上緣齒石。

牙齒表面的琺瑯質非常光滑，而附著於其表面的齒石卻非常粗糙，因此食物殘渣容易附著在這個地方。

所以齒石形成蛀牙或齒肉炎、齒槽膿漏等牙周病的原因。

爲避免罹患這些疾病，要盡早去除殘渣或齒垢，這樣就能夠防止齒石。

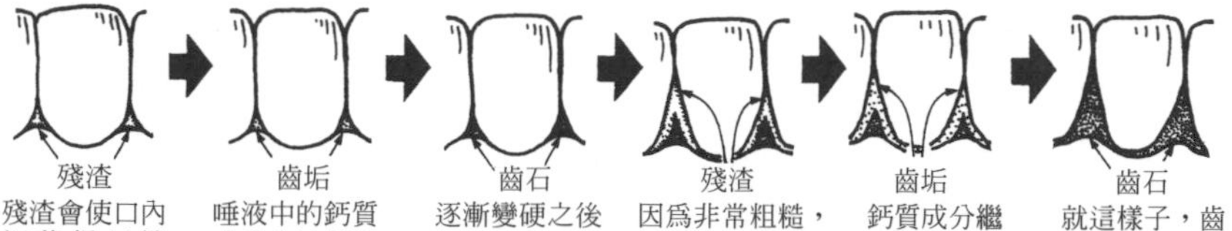


牙齒的疾病

## 何謂齒肉炎？

齒垢或齒石中的細菌所產生的毒素積存在齒縫之間，由於異物造成的刺激，使得齒肉充血、紅腫，而刷牙、咬蘋果時，齒肉也會出血，這種疾病就稱爲**齒肉炎**。

這種疾病通常不會感覺疼痛，因此很多人得了齒肉炎而未察覺。

如果放任不管，齒肉會腫脹，開始產生劇痛，有時會流膿，最後就變成齒槽膿漏〔**注**〕。

在變成牙周病之前，如果能夠去除成爲原因的齒垢、齒石、異物等，幾天內就能痊癒，如果流膿就必須拔掉牙齒。

此外，如果咬合不良或有磨牙的習慣，牙齒勉強用力時，支持牙齒的組織會受到不良的影響，也容易得齒肉炎。

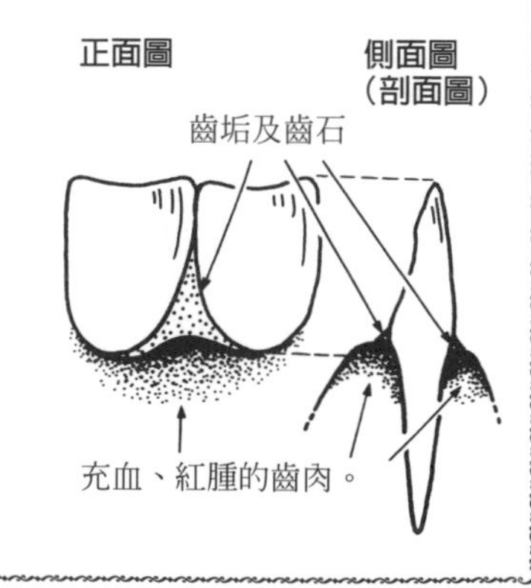


〔**注**〕包括齒肉炎在內，牙齦紅腫、流血或流膿的疾病，統稱爲牙周病。

牙齒的疾病

# 邊緣性牙周病（齒槽膿漏）

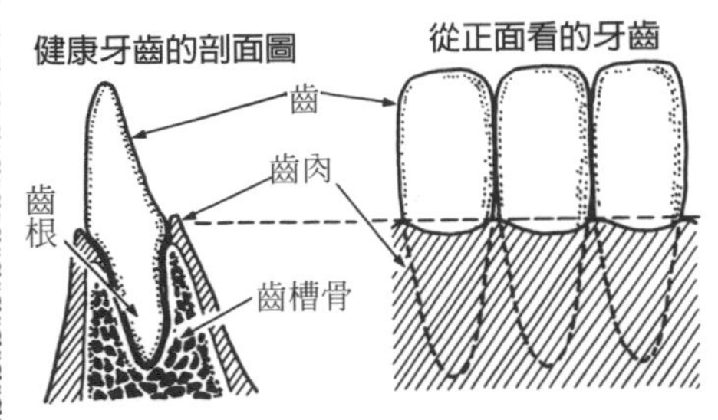


⇩

**邊緣性牙周病**

**❶初期**

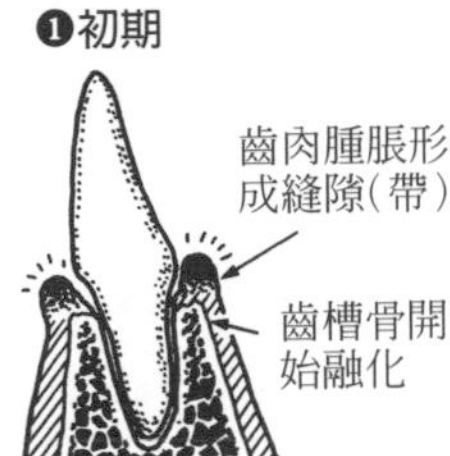


⇩

**❷中期**

齒周帶更為增大

齒槽骨繼續溶解

⇩

**❸末期**　牙齒鬆動，有時自然脫落

露出齒根

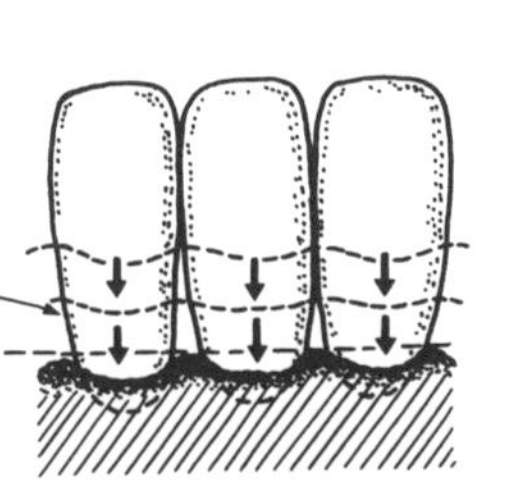

齒肉炎（齒肉的發炎症狀）惡化之後，牙齒和牙肉之間就會產生縫隙。

這種情形稱為**牙周病**，最後連齒槽骨等齒周組織都受到影響，稱為**邊緣性牙周病**。

（這個疾病以前也稱為**齒槽膿漏**，但是目前經常使用的名稱則是邊緣性牙周病。）不光是老人，年輕人也常會得到這種疾病。

邊緣性牙周病依進行的程度做以下的分類：

**❶初期**……容易引起齒肉發炎、紅腫，咬東西或刷牙時容易流血、流膿。此外，牙齒和齒肉之間會腫脹，開始形成牙周帶，同時齒槽骨也開始溶解。

**〔治療法〕**幾乎沒有自覺症狀，在這個階段幾乎都還沒有發覺到疾病，但是必須在這個時候好好的治療才能防止惡化。

必須去除齒肉發炎的原因，例如齒垢或齒石，以避免疾病繼續惡化。

**❷中期**……初期階段無法治療的牙周帶繼續加深，齒肉糜爛，牙齒好像拉長了似的。此外，一半的齒槽骨融化，牙齒開始鬆動。

〔治療法〕必須去除齒垢或齒石，有時要動手術切除腫脹的齒肉。

**❸末期**……已經重症化，出現嚴重的口臭，鬆動的牙齒失去了支撐，有時會自然脫落。

**〔治療法〕**必須治療腫脹的齒肉，同時固定即將鬆脫的牙齒，而已經脫落的牙齒則必須裝假牙。

# 第3章

# 循環系統的疾病

循環系統的疾病

# 心臟的疾病

心臟的疾病

## 狹心症

**心臟與冠狀動脈**

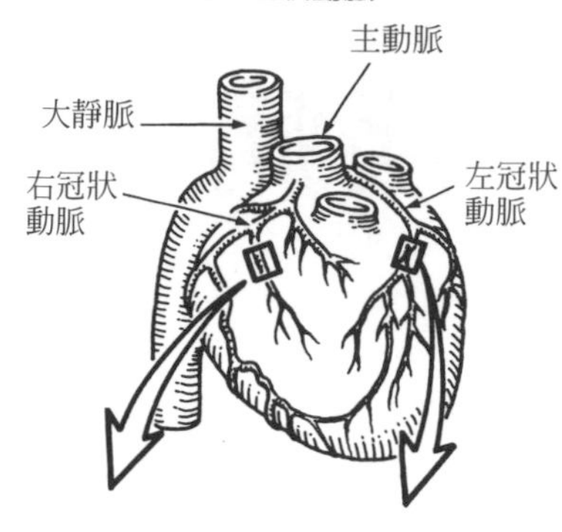


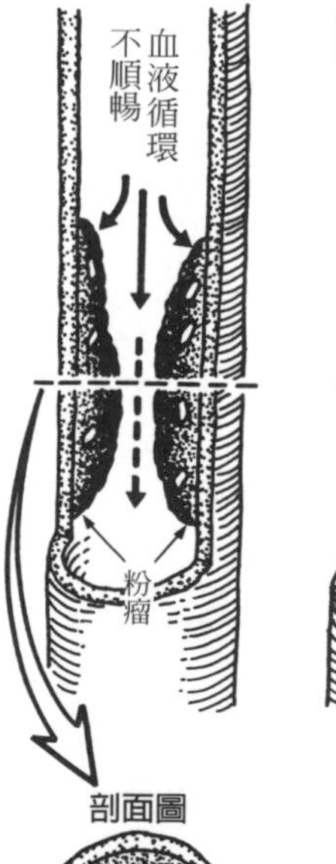


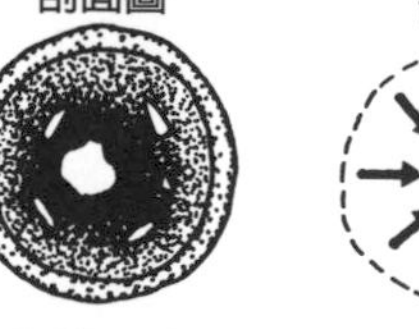


**★狹心症的發作是如何形成的？**

狹心症就像絞緊一般的胸痛發作。

這個發作通常幾分鐘內就會停止，但是有時會長達幾十分鐘。

狹心症的胸痛發作是因爲包圍心臟的冠狀動脈狹窄和收縮，使得血液循環不順暢而引起的。

❶血管的狹窄……經由血液，冠狀動脈將營養和氧送達心臟，如果這個動脈出現脂肪、膽固醇或老廢物，就會形成**粉瘤**（粥狀硬化巢）。

如果血管狹窄，則血液就很難通過，就沒有足夠的熱量供給心臟。因此，從事劇烈運動、吃得過多必須花更多的時間消化，而壓力積存則需要更多的熱量時，宜避免血液不足而引起胸痛發作。

❷血管的收縮……即使血管並不狹窄，但是因爲某種理由而出現痙攣收縮就會引起胸痛發作。

**★發作的處理法？**

一旦發作，就必須將能夠擴張血管的硝化甘油含在舌下〔**注**〕。

沒有這種藥物時就必須靜躺，不要消耗熱量，儘量深呼吸，多吸入一些氧。

此外，平常就要避免劇烈運動、大吃大喝和積存壓力，同時也要改掉會導致血管痙攣的抽菸習慣。

〔注〕吞下硝化甘油會在肝臟分解，但是如果含在舌下則由舌黏膜直接滲透到靜脈送達心臟，能夠對於患部（冠狀動脈）發揮速效性。

心臟的疾病

# 心肌梗塞

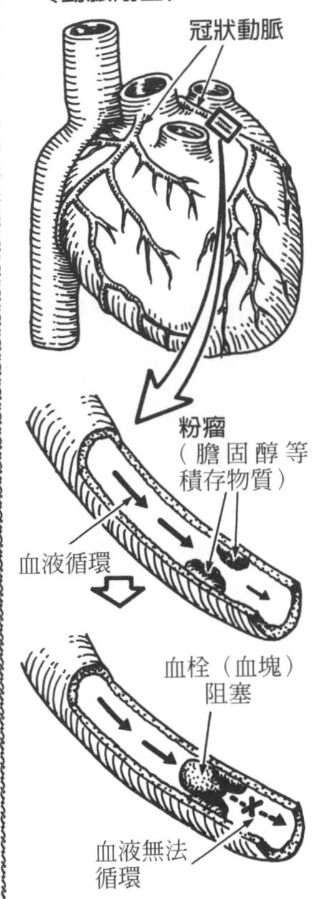


**★心肌梗塞**

如果供給心臟營養和氧的冠狀動脈形成粉瘤（膽固醇或脂肪等的積存物），會使得血管狹窄，導致血液循環不順暢。

到了這種程度就是**狹心症**，但是血液循環並沒有完全斷絕，因此做劇烈運動需要大量血液時，血液不足就會引起胸痛發作，但只要靜養就不用擔心了。

即使發作，在幾分鐘到幾十分鐘內就會停止。

但如果狹隘的血管又被血栓這種凝固的血液阻塞，則就完全阻斷了血液循環（參照左圖）。

這時無法經由血管得到營養和氧，則心臟的肌肉（心肌）就會壞死（參照右圖❶、❷）。

這種情況就稱爲**心肌梗塞**，即使安靜也可能會出現胸痛發作的現象。此外，會感覺噁心、發冷、發汗，非常痛苦，如果發作立刻停止，可能就是狹心症，但是如果持續更長的時間，例如二十分鐘以上則疑似心肌梗塞。

即使形成血栓，但是如果與健康動脈之間能形成支流也能夠免於壞死（參照右圖3）〔注1〕。

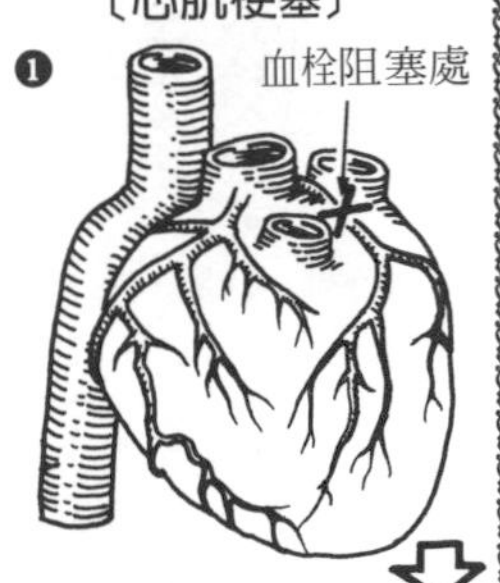


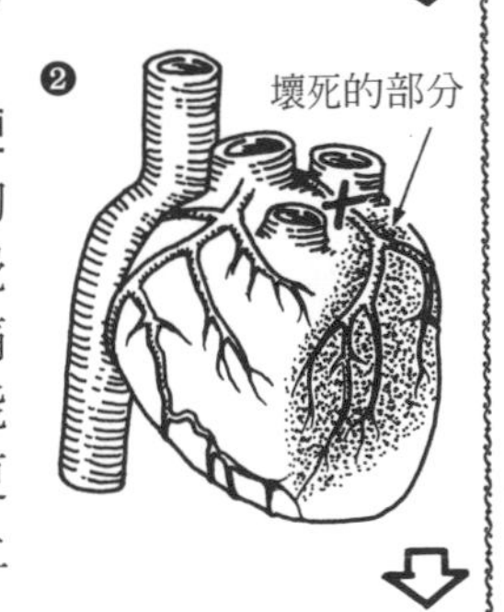


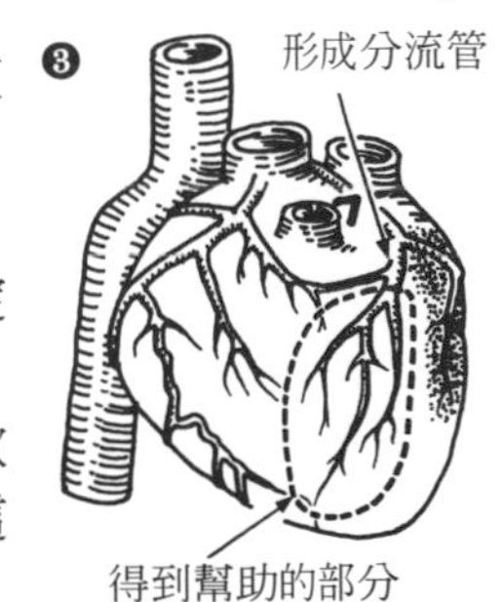


**★心肌梗塞的處理法**？

心肌梗塞是因爲血管阻塞，這時服用硝化甘油錠〔注2〕也無效。發作時要立刻接受醫師的適當處置。

預防方面，平常就不要吃太多的脂肪和膽固醇等飲食，要避免過度疲勞和壓力，同時不要抽菸〔注3〕，這些都是非常重要的。

〔注1〕也可能會出現心律不整或心不全、休克性心破裂等可怕的併發症。
〔注2〕硝化甘油具有使血管擴張的作用。
〔注3〕過多的尼古丁會阻礙血液循環。

心臟的疾病

# 心臟瓣膜症

〔健康的心臟〕→＝血液的循環

Ⓐ大動脈→心臟→肺中血液的流向

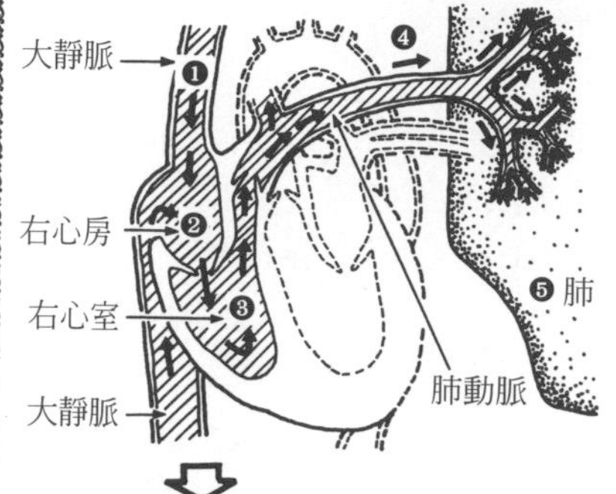


Ⓑ肺→心臟→主動脈血液的流向

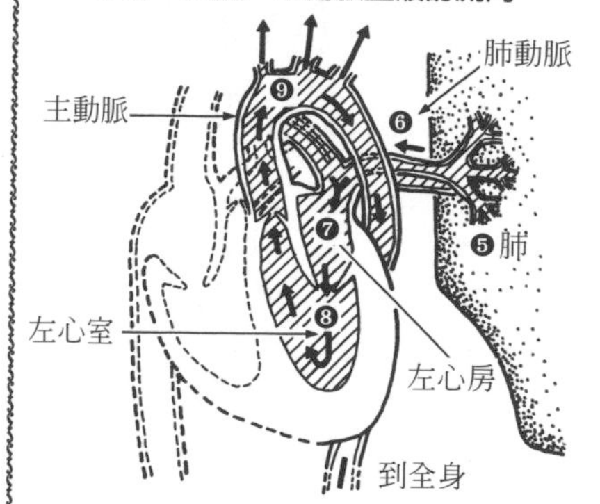


## ★心臟的作用

健康心臟具有的作用包括❶經由主動脈收集全身的靜脈血，❷進入右心房，❸經由右心室，❹通過肺動脈，❺流入肺。靜脈血在此捨掉二氧化碳，接受氧變成動脈血（參照左圖Ⓐ）。

然後，動脈血❻通過肺靜脈，❼進入心臟的左心房，❽通過左心室，❾經過主動脈運送到全身（參照左圖Ⓑ）。

〔心臟瓣膜症〕←＝血液的正常流動
⇦血液的逆流

▶閉鎖不全

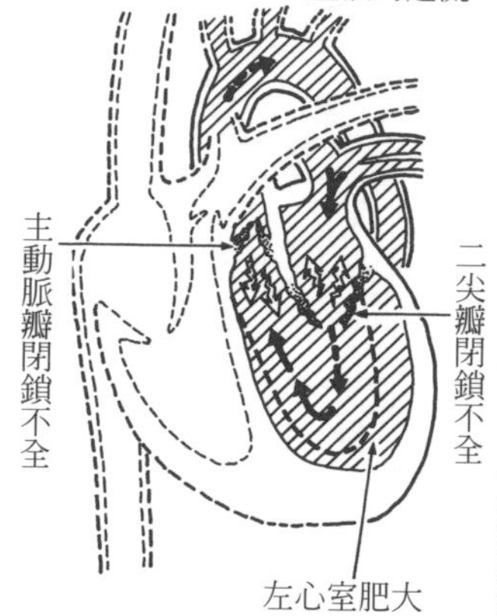


## ★引起心臟瓣膜症的構造

心臟的心室與心房之間有防止血液逆流的瓣。

因爲某種原因而使這個瓣的機能不良時，血液無法正常的流動而會逆流回去，這就是**心臟瓣膜症**。

心臟瓣膜症包括主動脈瓣或二尖瓣等的瓣肥厚，無法完全緊閉的**閉鎖不全症**，以及有瓣的地方狹窄，血液很難通過的**狹窄症**等。這些有時單獨存在，有時則會併發，很難清楚的區別。總之，因爲瓣膜的機能不全而導致血液循環不順暢時，就會出現呼吸困難或心悸等症狀。

心臟瓣膜症的原因包括心內膜炎和動脈硬化等等〔**注**〕。

▶狹窄症

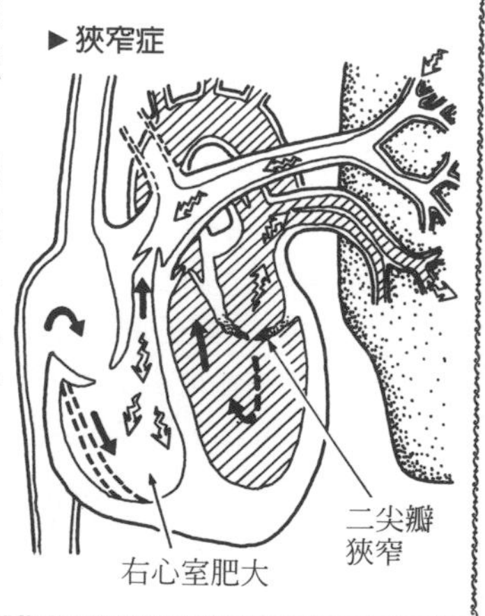


〔注〕此外，也可能因爲風濕熱的併發症或老人因爲瓣的纖維化和鈣化而造成這種症狀。

心臟的疾病

# 心內膜炎

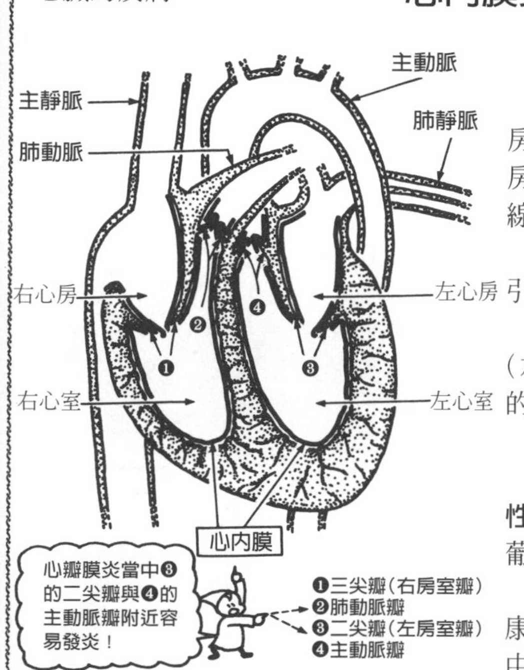


**★心內膜炎發生在何處？**

心臟有右心房與右心室，左心房與左心室共4個房間。而覆蓋心房與心室的膜稱爲**心內膜**（左圖粗線的部分）。

心內膜因爲病原菌等的感染而引起的發炎疾病就稱爲**心內膜炎**。

在心內膜中，尤其是二尖瓣（左圖中的❸）和主動脈瓣（左圖中的❹）附近最容易被侵襲〔注〕。

**★心內膜炎是如何引起的？**

心內膜炎當中，**細菌性（感染性）的心內膜炎**主要是由鏈球菌或葡萄球菌等感染而造成的。

即使是健康的人，口腔中也經常含有這些細菌。平常不會作惡，但是當心臟有了毛病或拔牙、摘除扁桃時，這些細菌就會在心內膜引起發炎，在瓣膜製造病灶。

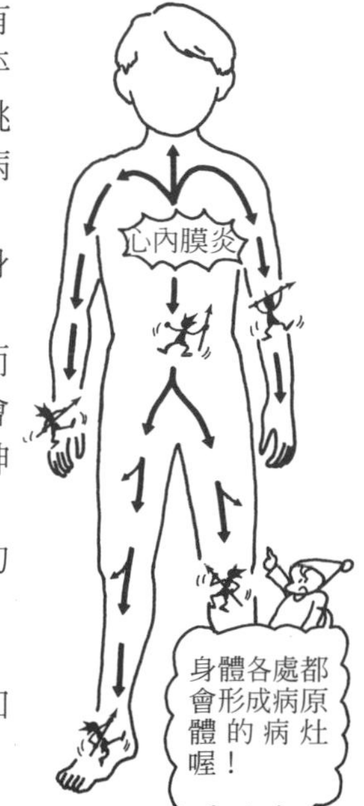


細菌的棲息處（病灶）會隨著血液循環散播到身體各處，也就是所謂的**敗血症**。

此外，非細菌性的心膜炎則是因爲急性風濕等而引起，稱爲**風濕性心內膜炎**。出現發炎症狀的部分會形成疣或瘤狀的病變，也會侵襲到全身的關節或神經。

如果心內膜炎沒治好，可能會留下心臟瓣膜症的後遺症。

細菌性心內膜炎的治療要投與抗生素。

如果是風濕性的心內膜炎，則爲了抑制風濕熱和發炎，必須投與副腎皮質荷爾蒙等。

〔注〕心臟瓣膜症也會出現在先天性的心室中膈缺損等心臟疾病中。

心臟的疾病

# 心膜炎

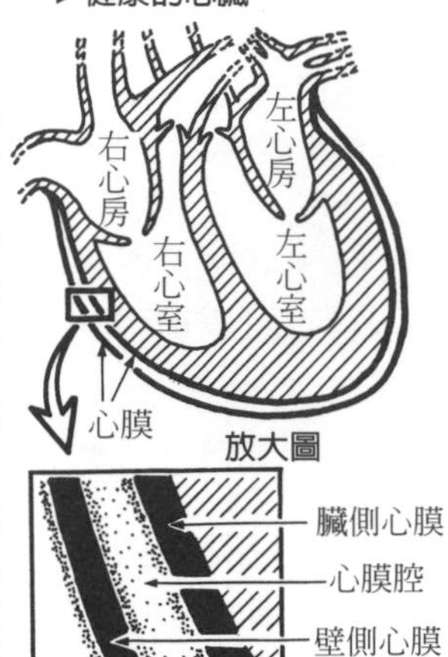


心臟如左圖所示，由雙層的心膜包住。心膜當中，心臟內側的膜稱爲臟側心膜，而外側腹壁側的膜則稱爲壁側心膜。

這個心膜因爲某種理由而發炎時，心膜腔就會有血液或組織液等滲出，壓迫心臟，阻礙其功能。

這種情況稱爲**急性心膜炎**，會出現心悸和呼吸困難等症狀（右圖❶）。

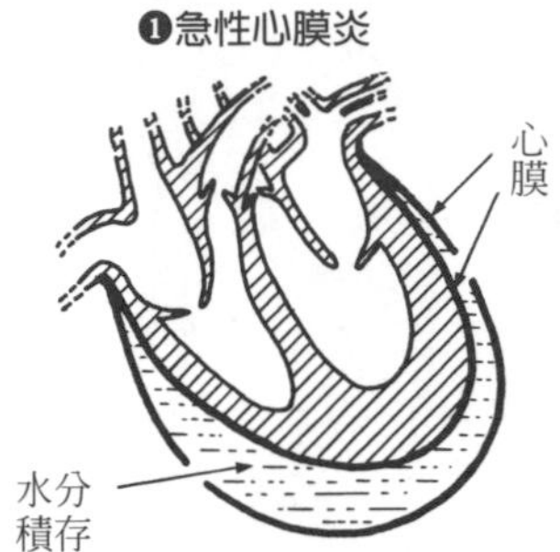


心膜的發炎繼續進行時，臟側心膜和壁側心膜黏合，且會纖維化，血中的鈣質（石灰）成分會沈著，就會變成**慢性收縮性心膜炎**（右圖❷）。

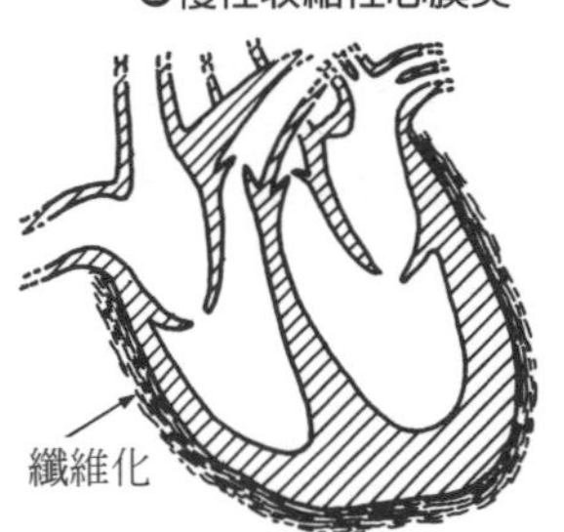


這時心臟像石頭一樣硬，血液無法送達全身，同時會有呼吸困難的現象。

原因包括病毒、細菌、結核等，如果一旦慢性化，大多是結核性所造成的。

心臟的疾病

# 心肌炎

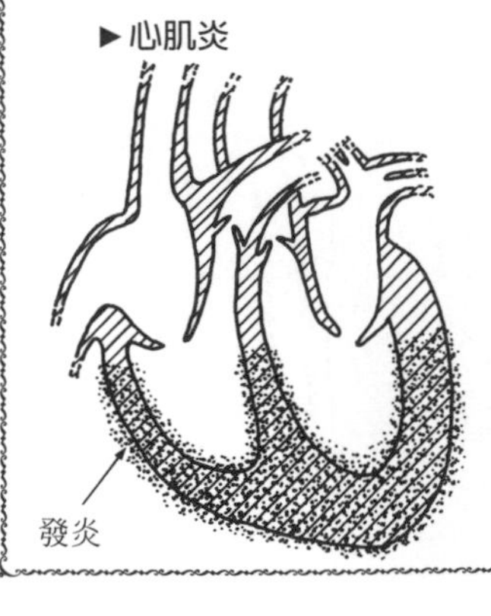


心臟周圍由厚的肌肉──心肌所構成，而心肌收縮就能將血液送達全身各組織。

而因風濕熱或病毒、細菌等的感染使得心肌發炎就稱爲心肌炎。

症狀包括發燒、疲勞感，還會出現心悸、呼吸困難和浮腫等現象。

更嚴重時會引起心肌症等，出現暈倒或心律不整等嚴重症狀，有時還可能會猝死。

心臟的疾病

# 心肌症

心臟周圍由厚而強力的肌肉**心肌**所構成，當心肌收縮或擴張時，就會送出或吸入血液。

因爲某種理由而心肌功能不良時，就無法使血液順暢的供給到各組織。

這種狀態就稱爲**心肌症**，可分爲以下2種：

**❶肥大型心肌症**…心肌細胞肥大或排列混亂而引起。

左心室壁的肥大尤其顯著，此外，左心室內大都狹窄。

不光是左心室壁，連心室中膈（分開右心房與左心房的壁）也會肥大。

如果左心室房肥大，則就很難將血液送到全身，無處可去的血液停留在左心室內，於是內壓就會上升。

可能會因爲一些小小的動作就出現呼吸困難的現象，嚴重時會出現心律不整或昏倒，甚至有猝死的危險〔注〕。

**❷擴張型心肌症**…心肌細胞的變性或壞死（細胞死亡）使其收縮力降低而引起。

結果血液很難送達全身，血液積存使得左心室的內腔擴張。左心室壁受壓迫而變薄。這時就會出現呼吸困難或心悸等痛苦的症狀。此外，也容易引起瘀血性心不全。

心肌症的原因目前不明，但是推測可能和攝取過多的酒、病毒的感染、體內免疫構造異常等有大關係。

〔健康的心臟〕

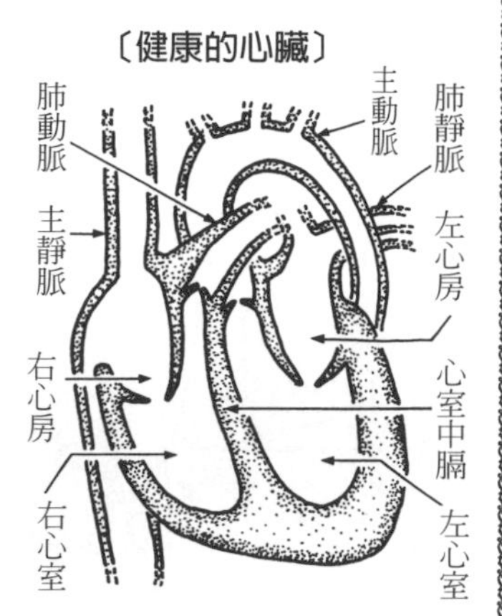


❶肥大型心肌症

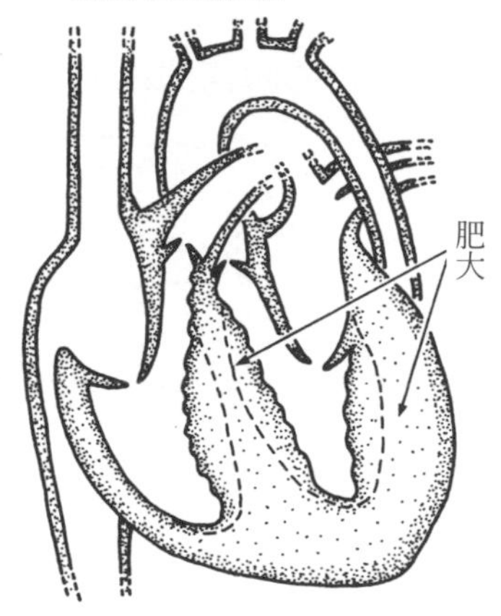


❷擴張型心肌症

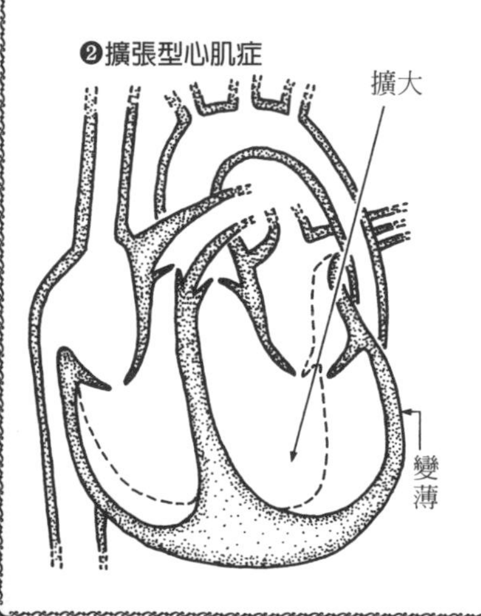


〔注〕大都具有家族性。

心臟的疾病

# 心不全

❶左心不全

原因是左心房的唧筒機能不良!!

＝正常的血液流向
＝逆流

肺

瘀血

心臟

放大圖

左心不全

血液逆流，肺好像泡在水中一樣!!

心臟像是唧筒般似的，伸縮之間將血液送往全身。

但是因為某種理由，這種唧筒機能發生障礙，無法送出足夠量的血液，這種情形就稱為心不全（心疾病的末期像)。

心不全分為急性與慢性2種，如果是急性的心不全，原因病名很多，通常所說的心不全大都是指慢性瘀血性心不全。

瘀血性心不全是心臟病的末期症狀，有以下2種分類：

**❶左心不全**…心臟左心室的收縮力孱弱，左心室內有血液積存。無處可去的血液會朝肺的方向逆流，形成心臟→←肺的循環道路，容易引起瘀血。

這時瘀血的肺就好像泡在水裡一樣，無法進行氣體交換，會出現呼吸困難的現象。

**❷右心不全**…心臟右心室的收縮力減弱，血液積存在右心室內。

結果從全身聚集而來的靜脈血無法順暢的流入心臟，因此造成靜脈系統瘀血。

但是左心室和右心室是一個相連的循環系統，所以左心不全會成為右心不全的原因，當然也可能會出現相反的情況。

心不全的原因包括瓣膜症或心肌梗塞、狹心症等心臟疾病，以及與心臟有密切關係的血管或肺的疾病〔注〕。

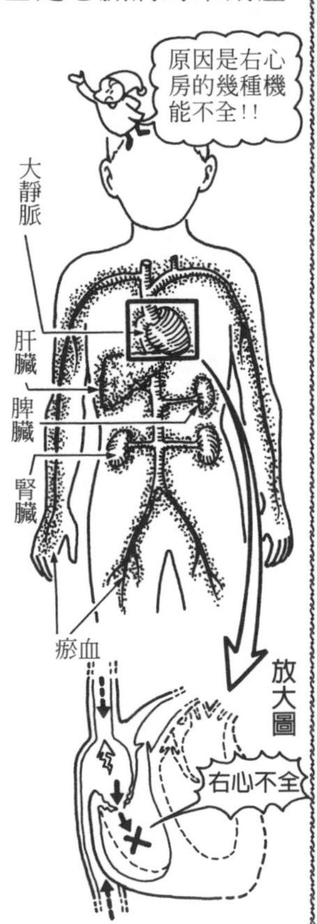


〔注〕治療法包括投與血管擴張劑、利尿劑、毛地黃等。

循環系統的疾病　**血管的疾病**

## 血管的疾病〔**動脈硬化・其1**〕　**粥狀動脈的硬化**

河川彎曲的部分如右圖所示，內側部分會形成小的漩渦，使得水流停滯。

這個停滯的部分會堆積從上游流下來的泥沙等。

**〔河川的流動〕**

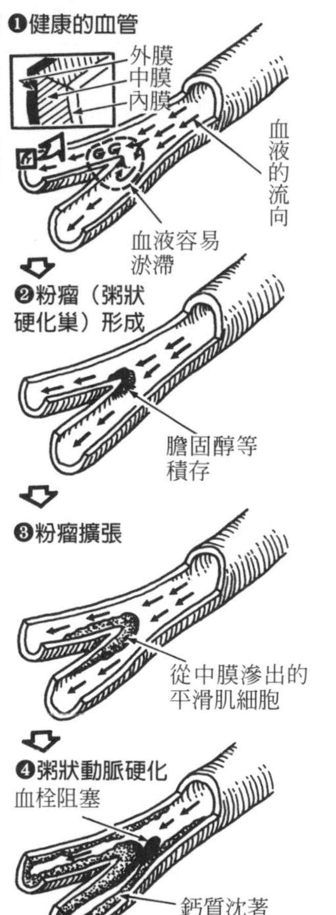


同樣的，血管彎曲、分歧的部分，血流也會出現小的漩渦，形成小水塘（左圖❶），就容易有脂肪、膽固醇等開始沈著。

血液中的白血球會吃掉膽固醇等的沈著物，加以處理。

但是如果沈著物太多吃不完，則白血球會因吃太多而撐死。白血球的屍體和沈著物最後成爲粥狀的膿，沈著在血管的內部。這個膿就稱爲**粉瘤（粥狀硬化巢）**，會使得血管狹窄、血液循環不順暢（左圖❷）。

血管壁中膜的平滑肌細胞會來到病灶處開始吃沈著物並加以處理。但是結果通常和白血球們一樣，因爲吃太多而撐死了（左圖❸）。

結果血液中的鈣質沈著於病灶，血管就好像有水泥流入一般，會變硬、變性。此外，粉瘤黏在那兒而形成凹凸不平的血管內部，特別狹窄的部分就會有血小板等附著、凝集而形成血栓，阻塞血管。

像這種因爲膽固醇等而導致血管（動脈）硬化、變性就稱爲**粥狀動脈硬化**（左圖❹）。

血管的疾病〔動脈硬化・其2〕 **細小動脈硬化**

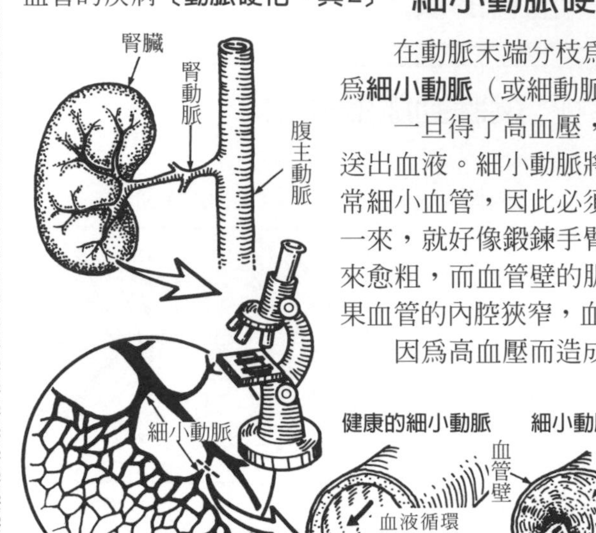


在動脈末端分枝為毛細血管之前的細動脈稱為**細小動脈**（或細動脈）。

一旦得了高血壓，血管必須抵擋較高的血壓送出血液。細小動脈將血液送達毛細血管這種非常細小血管，因此必須強力送出血液才行。如此一來，就好像鍛鍊手臂的肌肉一樣，愈來愈大愈來愈粗，而血管壁的肌肉也會逐漸變得肥厚，結果血管的內腔狹窄，血液循環不順暢。

因為高血壓而造成細小動脈變性就稱為**細小動脈硬化**。

細小動脈硬化的部位依序是腎臟、脾臟、胰臟、肝臟、腦。



血管的疾病 **動脈硬化的原因……膽固醇**

膽固醇是成為細胞或膽汁、荷爾蒙等成分的重要物質。

由食物攝取，在體內的肝臟或腸等處合成，但如果超出必要量以上，就會積存在血管內成為動脈硬化的原因。

膽固醇有好、壞之分。

▶**好膽固醇**　稱為ＨＤＬ的膽固醇，能夠清除血管內多餘的膽固醇。

▶**壞膽固醇**　稱為ＬＤＬ的膽固醇，過多會成為動脈硬化的原因。

植物性油脂中的不飽和脂肪酸能夠減少壞膽固醇、增加好膽固醇（但是椰子油除外）。

而牛肉和豬肉中所含有的飽和脂肪酸則會使壞膽固醇增加。

血管的疾病

## 與動脈硬化有關的疾病

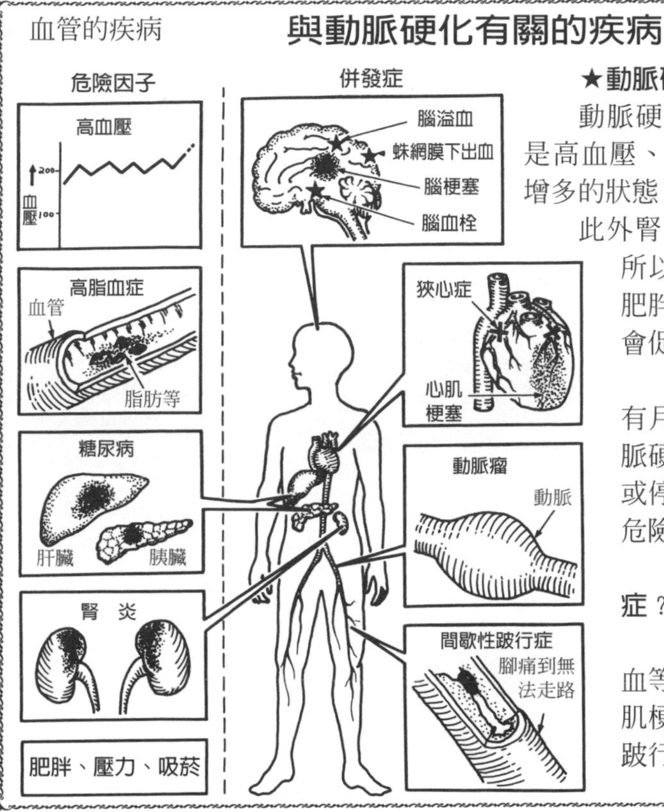


**★動脈硬化的危險因子**

動脈硬化最大的危險因子就是高血壓、高血脂症（血中脂肪增多的狀態）及糖尿病這3種。

此外腎炎也會造成高血壓，所以也是危險因子。還有肥胖、吸菸和壓力等，也會促進動脈硬化。

由於荷爾蒙的作用，有月經的女性不容易得動脈硬化，但相反的，男性或停經之後的女性則具有危險因子。

**★動脈硬化的併發症？**

動脈硬化會造成腦溢血等腦中風、狹心症、心肌梗塞、動脈瘤、間歇性跛行症等併發症。

血管的疾病

## 想要遠離動脈硬化的人……

**★營養均衡的飲食生活！**

動脈硬化並非治不好的疾病。

動脈硬化和膽固醇之間有密切的關係，所以不要攝取過多動物性脂肪〔注1〕。

此外要注意熱量，不要肥胖，爲了淨化血液要充分攝取蔬菜和水果，還要增加身體的抵抗力，補充良質的蛋白質〔注2〕。

攝取營養均衡的飲食喔！

**★運用適度的運動等創造健康生活！**

爲了避免對心臟造成負擔，一定要藉由適度的運動強化血管。

吸菸會使血管收縮，是動脈硬化的大敵。

此外，驟寒也會使得血管收縮，所以要努力做好禦寒對策。

〔注1〕魚類中所含的脂肪具有預防動脈硬化的作用。
〔注2〕昆布、海帶芽或羊栖菜等纖維較多的食品比較好。

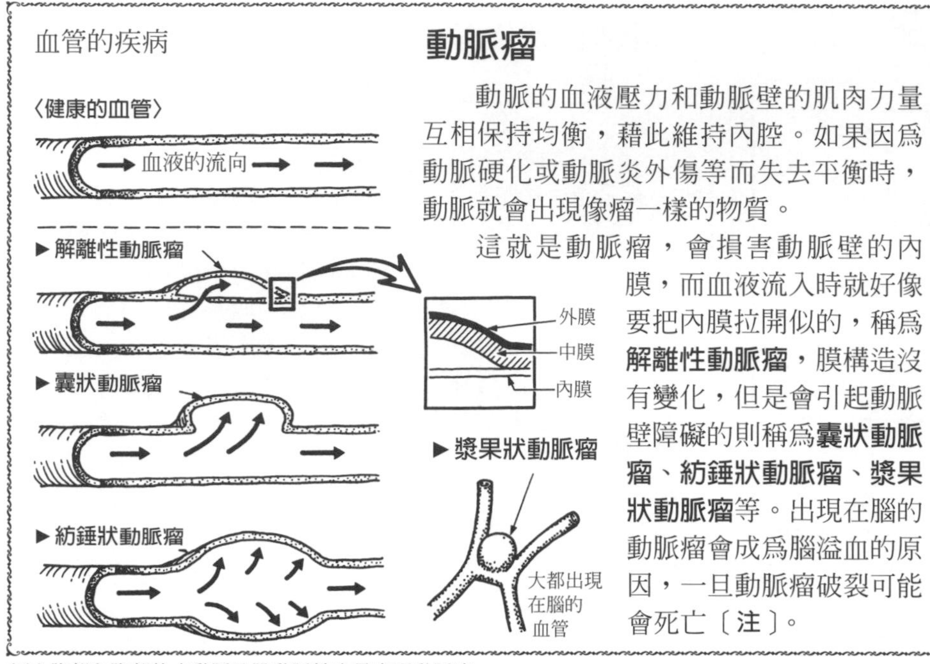


## 動脈瘤

動脈的血液壓力和動脈壁的肌肉力量互相保持均衡，藉此維持內腔。如果因爲動脈硬化或動脈炎外傷等而失去平衡時，動脈就會出現像瘤一樣的物質。

這就是動脈瘤，會損害動脈壁的內膜，而血液流入時就好像要把內膜拉開似的，稱爲**解離性動脈瘤**，膜構造沒有變化，但是會引起動脈壁障礙的則稱爲**囊狀動脈瘤**、**紡錘狀動脈瘤**、**漿果狀動脈瘤**等。出現在腦的動脈瘤會成爲腦溢血的原因，一旦動脈瘤破裂可能會死亡〔**注**〕。

〔**注**〕胸部和腹部的主動脈及股動脈較容易出現動脈瘤。

## 靜脈瘤

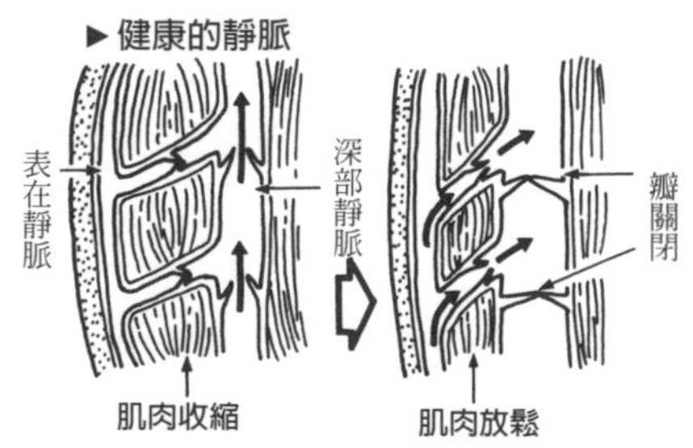


頸部和頭部的靜脈藉著重力的力量，自然的讓靜脈血回到心臟。但是其他的動脈則必須要違反重力將靜脈血送回心臟，因此這些靜脈有瓣附著，且藉著瓣與肌肉的“唧筒”作用，使得靜脈血回到心臟。

亦即當肌肉收縮時，血管被壓住，瓣張開，靜脈血朝心臟的方向送回，接著肌肉放鬆，瓣關閉防止逆流（參照上圖）。

但是，因爲血流量增大，靜脈內壓上升或瓣的機能不全、血栓等而使得血液逆流時，則接近皮膚的表在靜脈就會有血液積存。

這就是靜脈瘤，主要出現在下半身，會產生疼痛或倦怠、痙攣等現象（參照右圖）。

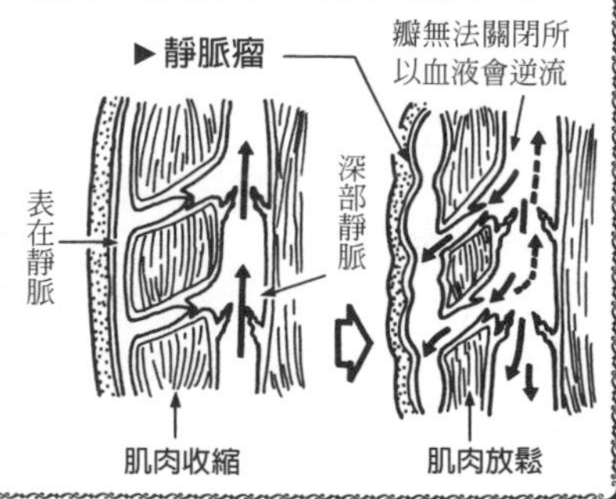

血管的疾病

## 高血壓

**血壓**是指由於血液的循環而加諸血管壁的力量。

血壓藉著心臟的收縮送出動脈的血液量（心拍出量），以及藉著血管的粗細和硬度（血管的抵抗）而產生變動。也就是說，一旦運動或壓力積存，則心拍出量和血管的抵抗性會產生變動，而血壓就會不斷的產生變化。

血壓分爲**收縮壓**（最大血壓→心臟收縮時的血壓）以及**舒張壓**（最小血壓→心臟擴張時的血壓），兩者的血壓差稱爲脈壓。

收縮壓通常爲140㎜Hg，而舒張壓爲90㎜Hg以下〔注〕。收縮壓達160㎜Hg以上，舒張壓在95㎜Hg以上（**WHO＝世界衛生組織**的規定基準）就稱爲**高血壓**。

高血壓最大的問題就是血管的抵抗增大而使得**舒張壓**上升。

原因不明的**一次性（本態性）高血壓**佔8成，但也有可能是因爲內分泌或腎臟、血管等的障礙而引起**二次性的高血壓**。根據研究，發現可能與遺傳的因素或食鹽攝取量、壓力等有關，目前已經研究到基因的部分了。

高血壓會成爲動脈硬化的原因，此外也容易併發腎臟或心臟、腦的疾病。

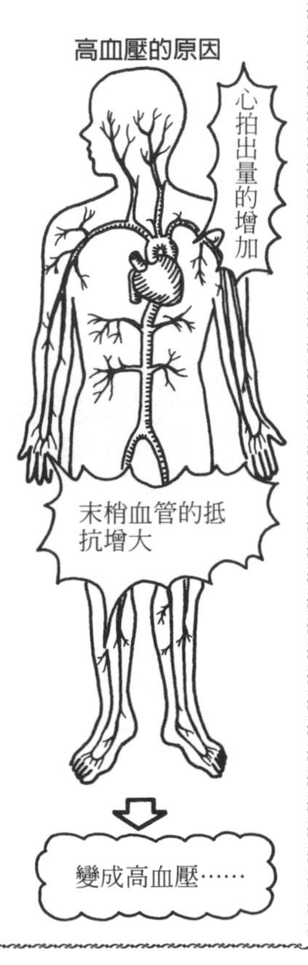


〔注〕關於血壓，詳情請參照本出版社發行的《完全圖解了解我們的身體》。

血管的疾病

## 低血壓

與高血壓相反，血壓異常降低的情形稱爲**低血壓**。

基準爲收縮壓不到100㎜Hg，會出現肩膀酸痛、頭痛、頭暈等症狀。

原因不明的稱爲**本態性低血壓**，這時不容易得腦血管障礙或心臟疾病，反而更能夠長生，所以不需要特別治療。

但是，如果有低血壓，早上起來通常會覺得很不舒服，而到了晚上卻很有元氣，因此容易出現不規律的生活。

如果是因爲內分泌或神經疾病而導致低血壓（**症候性低血壓**），則必須先治療原因疾病。

循環系統的疾病

# 血液的疾病

血液的疾病

## 缺鐵性貧血

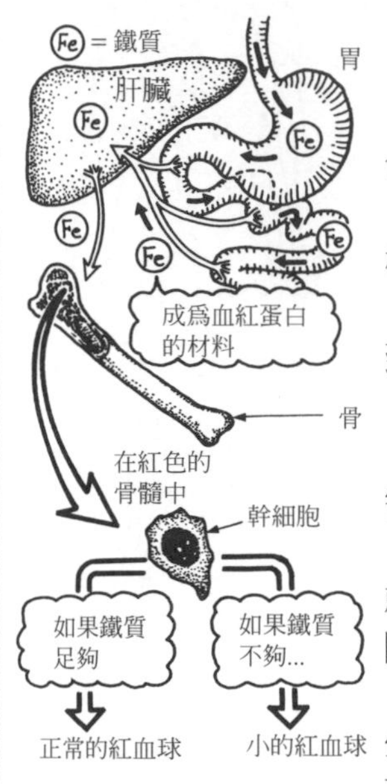


### ★氧運送到體內的構造

血液中有一種紅血球。

紅血球是由骨中紅色骨髓的幹細胞分化而成。

以被腸吸收的鐵質當成材料，會製造出一種血色素血紅蛋白。

血紅蛋白中的鐵質在氧濃度較高處與氧結合，相反的，在濃度較低處則會釋放出氧。

利用這個性質，紅血球在肺吸收經由呼吸而得到的氧，再將氧運送到身體各組織。

### ★缺鐵時會變成何種情形？

如果是健康的人，紅血球能夠不斷的將身體所需要的氧運送到各組織〔注1〕。

但是因爲某種理由而使得體內的鐵質缺乏時，就無法充分製造出血紅蛋白，則搬運氧的能力就會降低。

這時身體組織就會出現缺氧狀態，會出現頭暈、呼吸困難、頭痛等各種毛病（**缺鐵性貧血**）。

原因包括胃潰瘍、大腸癌等，會造成少量慢性出血，這時必須找出出血的原因進行治療。

此外，食物中的鐵質缺乏〔注2〕或胃的低酸症所引起的鐵吸收不足也是原因，這時投與鐵劑比較有效。

▶**健康時**…紅血球中的血紅蛋白與氧結合

▶**缺鐵性貧血**…無法運送足夠量的氧

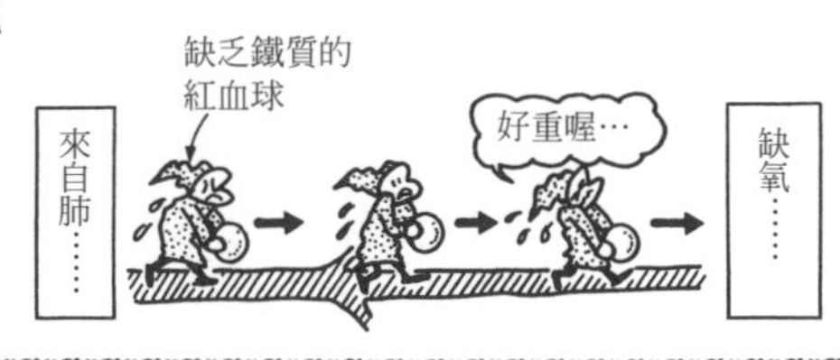


〔注1〕成人體內的鐵約有7成都在血紅蛋白中。
〔注2〕尤其是成長期的兒童和懷孕中的女性，更需要大量的鐵質。

血液的疾病

# 惡性貧血

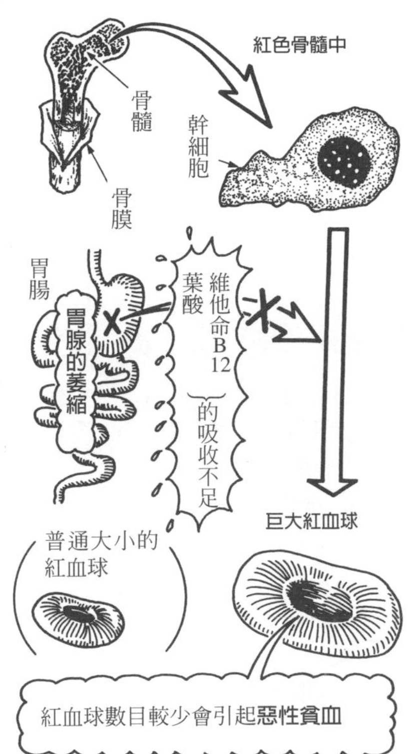


**★惡性貧血的產生？**

紅血球是從紅色的骨髓中製造出來的，但是這時除了鐵質之外，還需要其他的維他命等。

尤其是缺乏維他命B12、葉酸時，會使得紅血球異常增大〔注〕。

紅血球數目減少使得壽命變短，容易破裂，這時紅血球搬運氧的能力就會降低，進而因為缺氧而引起各種毛病。

這就是**惡性貧血**，只要投與維他命B12、葉酸就能夠減輕症狀。

原因包括去除壁細胞的胃手術或壁細胞萎縮而形成的維他命B12的吸收阻礙、缺乏葉酸等。

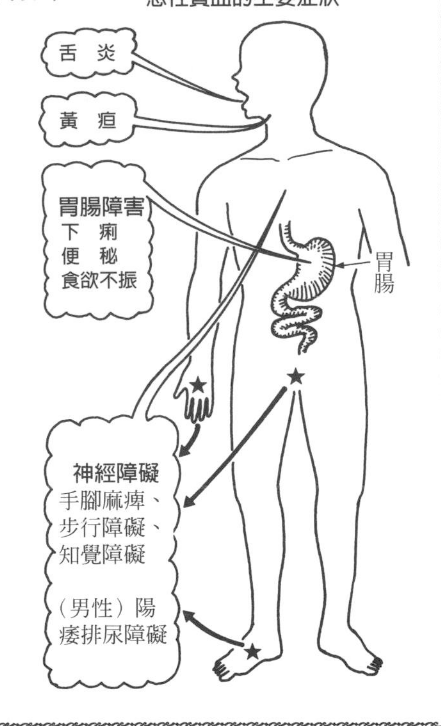


**★惡性貧血的症狀？**

頭暈或起立性昏眩、頭痛等貧血症狀之外，還有舌腫脹（舌炎）以及黃疸的症狀。

嚴重時會侵襲到骨髓，會出現手腳麻痺、步行障礙等神經症狀。

神經症狀只要投與維他命B12就可以了，這時即使投與葉酸也無啥效果。但光是補足缺乏的部分並不算是根本的治療法。

〔注〕紅血球的增殖與DNA合成有關，而葉酸的代謝異常或維他命B12的缺乏會阻礙DNA的合成。

血液的疾病

# 溶血性貧血

成人的紅血球是在紅色的骨髓中製造出來的。

只有紅血球的血紅蛋白、血色素能夠將氧搬運到體內。

男性紅血球的壽命約130日，女性約110日。

結束生命的紅血球由肝臟、脾臟、骨髓的細胞加以破壞（溶血）。

但是壽命因爲某種的理由縮短，使得紅血球的破壞加速時，會因血紅蛋白流失而引起貧血，這就稱爲**溶血性貧血**〔注〕。

這時紅血球容量本身很正常，但是直徑較小，且厚度比平常增加很多。

增厚的紅血球只要稍微摩擦或撞擊就會被溶解掉。

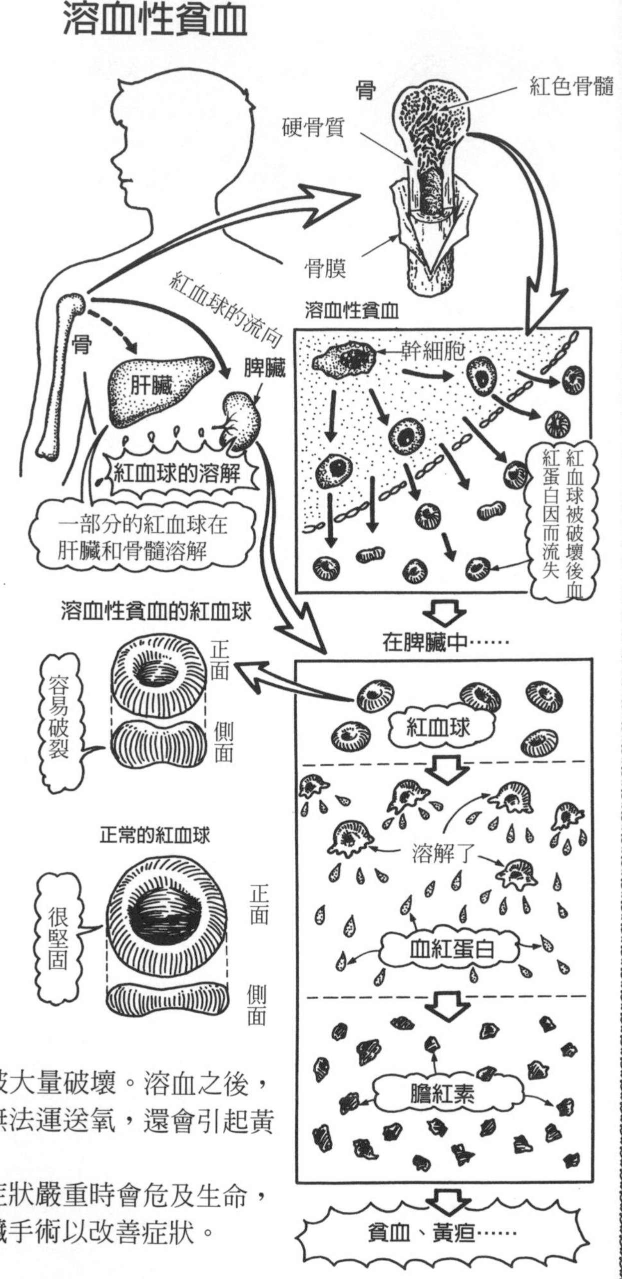


罹患溶血性貧血時，脾臟的紅血球容易被大量破壞。溶血之後，血紅蛋白變成膽紅素，無法運送氧，還會引起黃疸。

這些貧血和黃疸等症狀嚴重時會危及生命，必須進行輸血或摘除脾臟手術以改善症狀。

〔注〕原因有先天性的或自體免疫或後天性的。

血液的疾病

# 再生不良性貧血

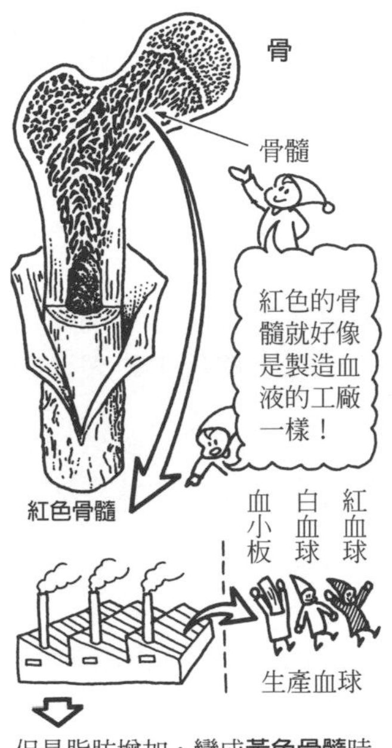

**★紅色骨髓與黃色骨髓**

骨的骨髓中，帶有紅色的會製造出紅血球、白血球、血小板等血球，具有如工廠般的作用。

兒童幾乎所有的骨髓都是紅色的，但是隨著年齡的增長，紅色骨髓細胞會逐漸被脂肪細胞所取代。

脂肪髓略帶黃色，因此無法製造出血球。

**★何謂再生不良性貧血？**

紅色骨髓被黃色脂肪髓所取代，這是一種無可避免的老化現象。

但是因爲某種理由，有時黃色的脂肪髓會異常增加。

這時就好像原本在工作的工廠關閉一樣，因此體內的血球不足，會引起各種毛病。

這就是**再生不良性貧血**，有先天性的，也有X光、藥劑等所引起的，不過大都原因不明〔**注**〕。

症狀包括因紅血球減少而引起的貧血（右圖Ⓐ´），或者是因白血球減少而造成對抗感染的抵抗力降低（右圖Ⓑ´），或因爲血小板的減少而造成的止血力降低（右圖Ⓒ´）等。

治療法必須依賴骨髓移植或藥物療法、輸血等等。

〔**注**〕此外，也可能因爲免疫異常等而引起，被視爲是一種難病。

血液的疾病

# 續發性貧血

也可能因爲其他疾病而引起貧血。這一類貧血就稱爲**續發性貧血**（或是二次性貧血），原因如下：

**❶出血**…血液大量流失，體內的血液不足而引起。

因爲外傷或手術等而引起大出血時，最初體溫和血壓降低，脈搏跳動次數增加（休克狀態）。

幾天之後就會出現貧血現象。

另外，雖然出血量較少，但如果長期持續出血就會引起貧血。此外，也可能會有慢性出血的現象。

這是因爲胃或十二指腸潰瘍而導致的出血，或痔瘡出血、喀血、血尿等。此外，雖然有個人差，但是月經過多也會成爲貧血的原因。

**❷肝臟的疾病**…缺乏製造血液所需要的鐵質、維他命類、蛋白質等而引起的貧血。

**❸感染或發炎**…因爲感染等而引起發炎時，爲了增加抵抗力需要大量的血液。

**❹惡性腫瘤**…主要原因爲癌症等惡性腫瘤而引起的出血或紅血球的破壞。

**❺內分泌的異常**…幫助製造血球所需要的蛋白質荷爾蒙分泌異常，成爲貧血的原因。

**❻腎臟的疾病**…老廢物積存在血液中，促進紅血球生成的荷爾蒙不全也會引起貧血。

**❼懷孕**…爲了供給胎兒大量的營養而導致貧血。爲續發性貧血的主要原因。

**續發性貧血的原因**

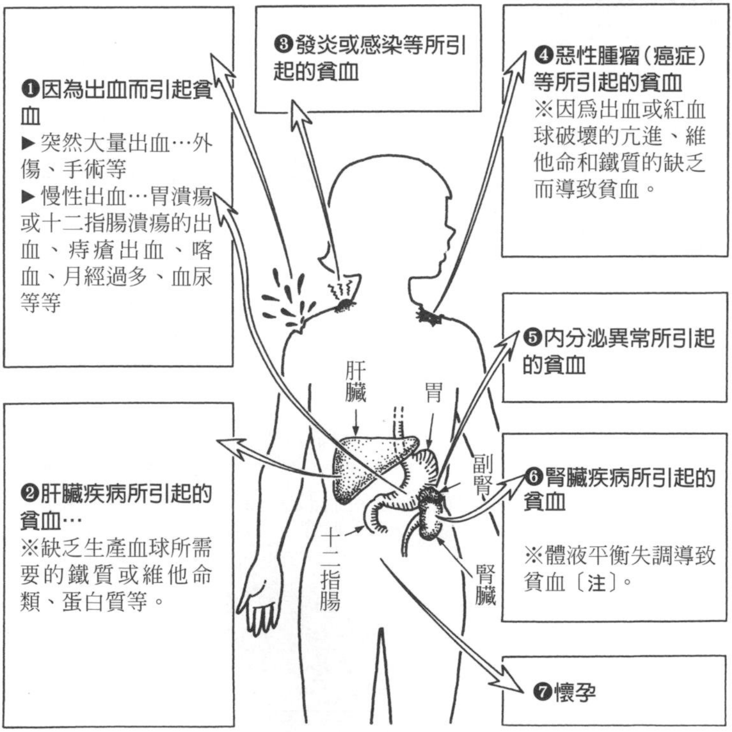

〔注〕因爲紅血球生成素的產生及功能不良所致。

血液的疾病

# 血友病是何種疾病？

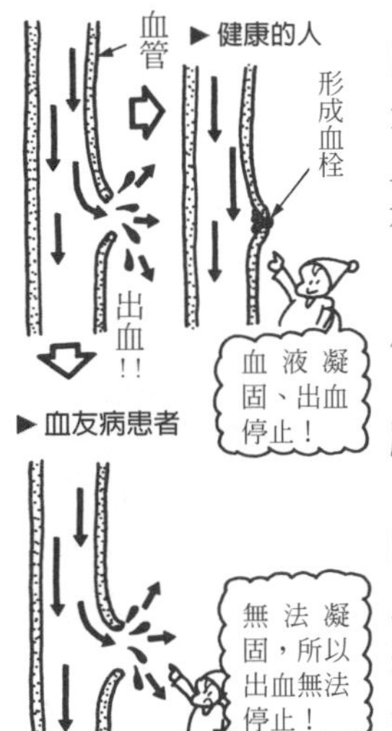


若是健康的人，一旦出血時就會形成血栓堵住傷口。這是血液中所含的凝固因子發揮了作用，而天生欠缺凝固因子的人〔注1〕，受傷出血時就會血流不止。像這種出血性的疾病就稱為**血友病**，幾乎都出現在男性的身上。（先天性凝固障礙症）。

容易出血的部位包括腳脖子和頸部、膝等關節，反覆出血就會漸漸導致關節變形，無法動彈。

此外，也會經常發生顱內出血或是髂腰肌（在大腿的肌肉）出血、流鼻血、齒肉出血等。

必須給予血友病的患者凝固因子。可以利用輸血或投與血液中必要成分的血液製劑以進行治療。這時，很可能會感染HIV〔注2〕，或肝炎等副作用，但只要經過加熱、殺菌，就不用擔心這個問題了。

〔容易出血的部位〕

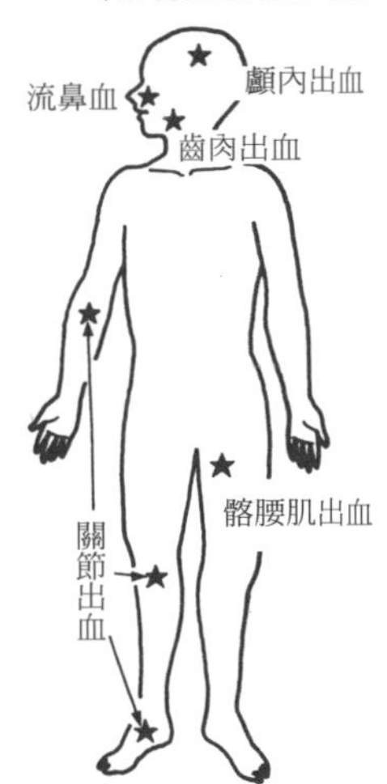


人類的基因有23組46條（1組＝2條），第23組的基因因男女的不同而有不同，男性為XY，而女性為XX。其中的X基因可能會遺傳血友病，所以有血友病的男性會發病，而女性只要有1條X基因正常就不會發病（**參照下圖**）〔注3〕。

〔注1〕欠缺凝固因子中第Ⅷ因子的人會得血友病A，欠缺第Ⅳ因子的人會得血友病B。
〔注2〕一種免疫不全的病毒。愛滋病的原因。
〔注3〕決定性別的基因，造成伴性遺傳，因此男孩就容易發症，而女孩則很少出現。

血液的疾病

# 白血病

### ★DNA

人類的身體是由無數個細胞所構成的。

DNA…在細胞核中傳達遺傳情報的物質
RNA…讀取遺傳情報的物質〔注1〕

細胞不斷分裂，數目不斷增加，促進身體的成長。

肌肉細胞製造肌肉，而骨骼細胞製造大量的骨骼。

一開始各細胞中就具備了製造與自己同樣物質的“情報”。

傳達“情報”的就稱爲**基因**，其在細胞體中，本體爲DNA核酸。

### ★形成白血球的構造

白血球也是藉著DNA的遺傳情報而複製出來的。

DNA的情報稱爲RNA，也是在核中的物質（核酸）（參照右圖❷）。

基於情報合成製造出白血球的蛋白質以製造白血球（參照右圖❸、❹）。

DNA可以複製白血球。〔注2〕

### ★為何會得白血病？

這個遺傳情報因爲某種原因而不完善，或是欠缺其中某一部分（參照右圖①）。

這時RNA就會複製錯誤的情報而產生異常的DNA（參照右圖②、③）。

因此造成白血球的異常增殖而形成**白血病**這種**血癌**。

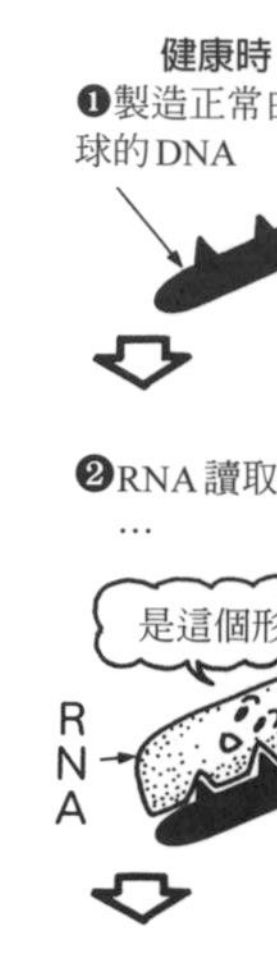

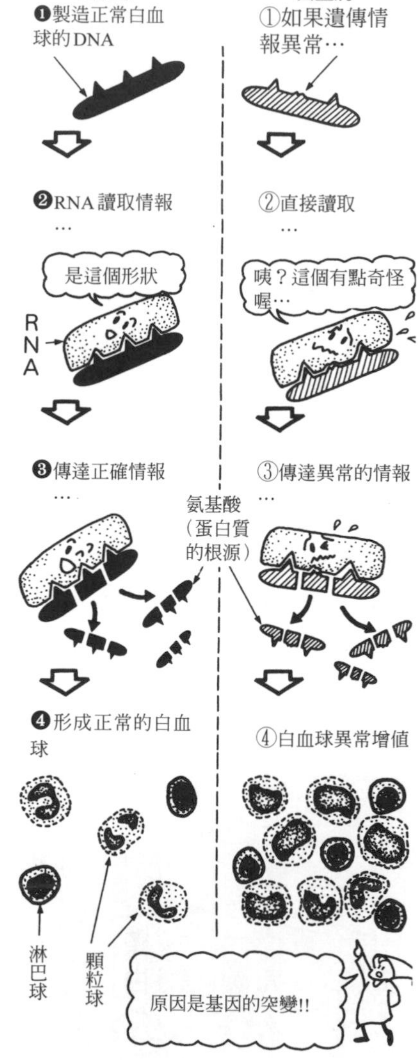


〔注1〕細胞核及細胞質中都有RNA，分類爲傳令RNA、核糖體RNA以及轉移RNA等3種。
〔注2〕關於基因的構造請參照本出版社所發行的《完全圖解了解我們的身體》。

血液的疾病

# 白血病的種類

▶血液的樣子…健康時

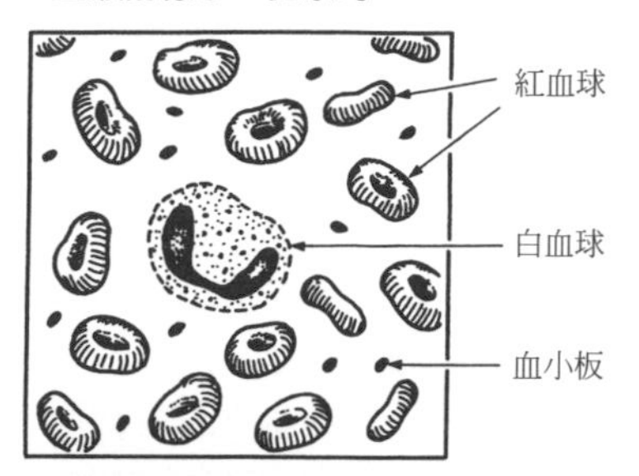


▶白血病時

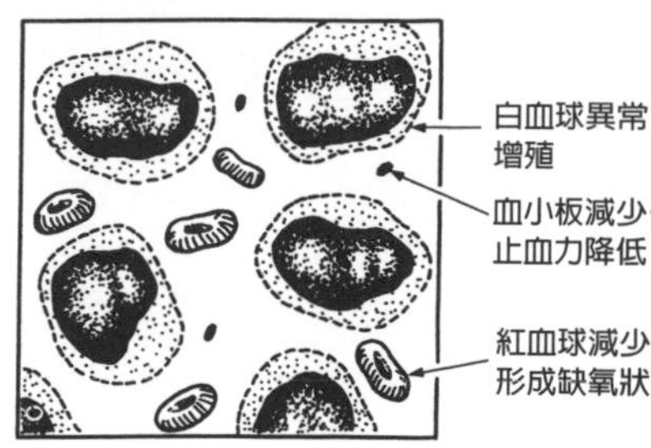


**★白血球的成長方式**

白血球等血球由骨中的骨髓處製造出來。

首先，骨髓中的**造血幹細胞**先分成**骨髓芽球**和**淋巴芽球細胞**。

芽球是未成熟（未分化）的白血球，繼續增殖、成熟，各自成長爲顆粒球或淋巴球等白血球。

**★白血病的分類**

白血病是白血球異常增殖，而且不光是骨髓，也會擴展到其他部位的一種血癌。

增值的白血球依成長階段的不同而有以下2種分類：

**❶急性白血病**…還未分化，只是芽球增殖。異常增殖的白血球會阻礙紅血球及血小板等的成長。

因此會有貧血和出血傾向，此外會因爲顆粒球生成降低而產生感染症、發燒。

另外還會浸潤骨骼、淋巴腺、肝臟、脾臟，破壞其機能。

**❷慢性白血病**…因分化、成熟的白血球增殖而造成的。

症狀通常比急性白血病輕微，經過慢性期之後會轉化爲急性白血病。

此外，增殖的白血病也可以分類爲**骨髓性（顆粒性）白血病及淋巴性白血病**，各自有急性與慢性之分。

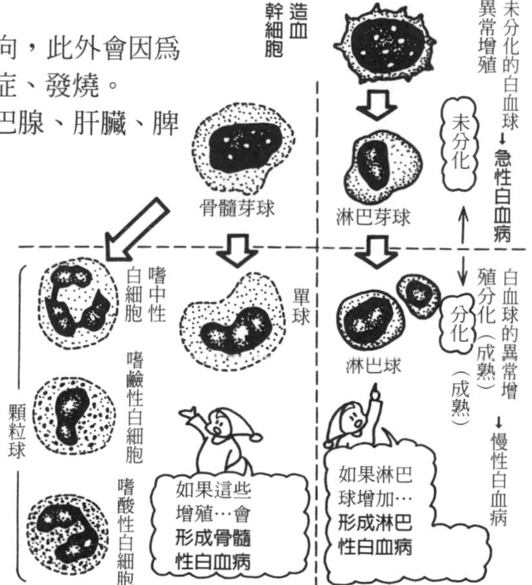

血液的疾病

## 白血病的原因與對策

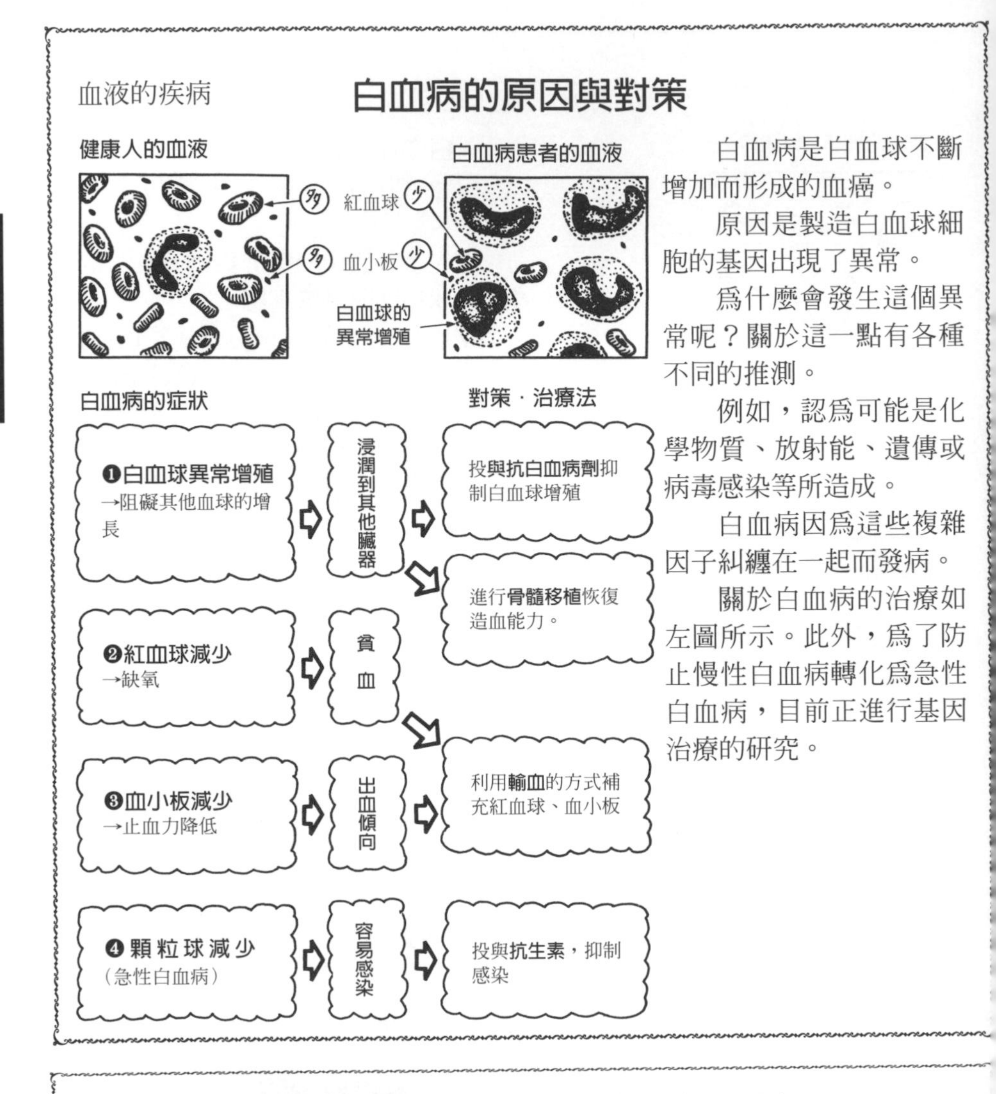


白血病是白血球不斷增加而形成的血癌。

原因是製造白血球細胞的基因出現了異常。

爲什麼會發生這個異常呢？關於這一點有各種不同的推測。

例如，認爲可能是化學物質、放射能、遺傳或病毒感染等所造成。

白血病因爲這些複雜因子糾纏在一起而發病。

關於白血病的治療如左圖所示。此外，爲了防止慢性白血病轉化爲急性白血病，目前正進行基因治療的研究。

血液的疾病

## 何謂骨髓異形成症候群（MDS）？

這是中高年齡者經常出現的疾病，因骨髓的造血機能衰退，而紅血球、白血球、血小板減少的疾病。

稱爲**骨髓異形成症候群**（MDS），原因不明〔**注**〕。

這個疾病大都會轉移成急性白血病，也就是所謂**前白血病狀態**。

治療方面會進行輸血或投與副腎荷爾蒙劑，如果已轉爲急性白血病也必須進行治療。

〔注〕最近的說法爲可能是基因突變而造成的。

血液的疾病

# 惡性淋巴瘤

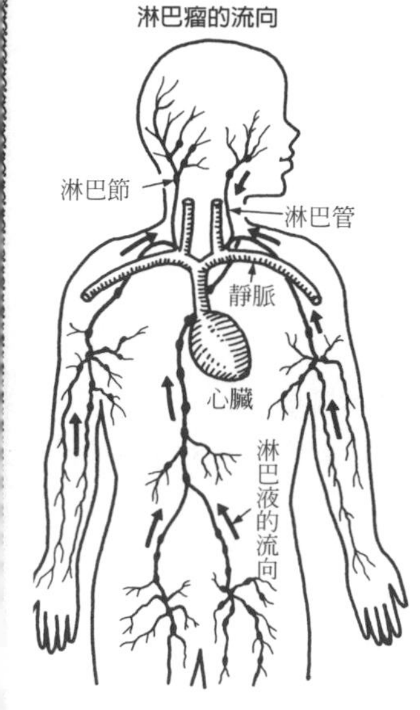


**★淋巴節有何作用？**

我們體內有遍佈如網眼般的淋巴管。裡面有淋巴液流通，而淋巴液中含有淋巴球。

淋巴球包括T淋巴球與B淋巴球，各自負責免疫反應以及保護身體免於感染。

淋巴球大量聚集起來就形成了淋巴節，好比是全身的過濾裝置，能夠擊退病原體等。

淋巴節會大量存在於肺等臟器通往淋巴管的出入口，或者是腋窩、腹乳溝部等部位。

惡性淋巴瘤

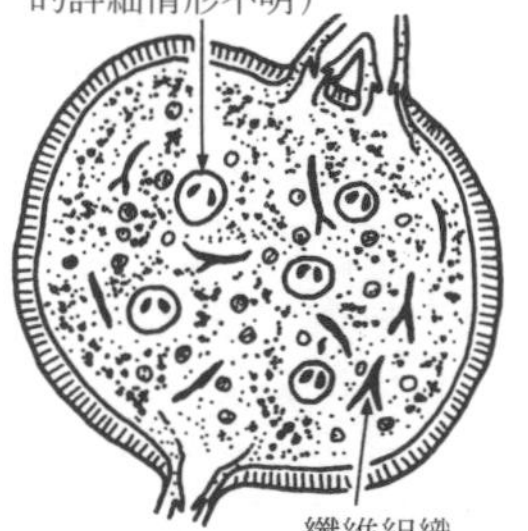


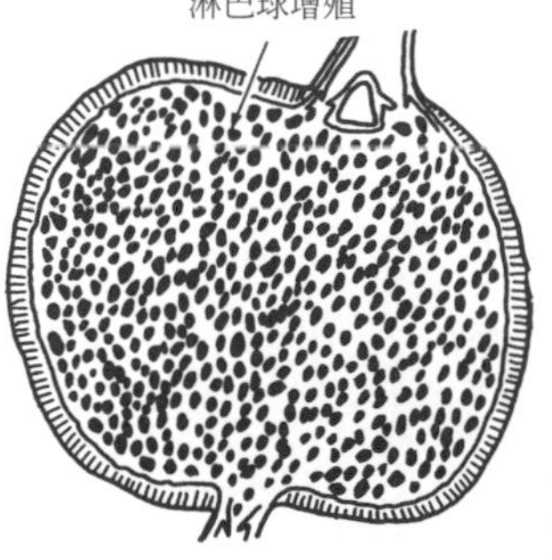


**★惡性淋巴瘤的種類**

淋巴節中的淋巴球因爲某種理由而異常增殖的疾病就稱爲**惡性淋巴瘤**，分類如下，依種類的不同，治療法及復元情況的推測也不同。

**❶霍奇金病**…稱爲Reed-Sternbergy細胞（RS細胞）的異常形狀細胞會出現的淋巴瘤。

配合疾病擴散的方式（病期）進行放射線療法或化學療法〔**注**〕。

**❷非霍奇金病**…淋巴球不斷增殖，大約佔惡性淋巴瘤的9成，會出現發燒、肝臟和脾臟肥大、體重減輕等現象。治療時主要是採用化學療法。

惡性淋巴瘤是淋巴球不斷增殖的疾病，但是與白血病不同，其增殖是發生於淋巴節中。推測原因可能是淋巴球基因缺陷所造成的。

〔注〕投與化學藥品的治療法

血液的疾病

# 多發性骨髓瘤

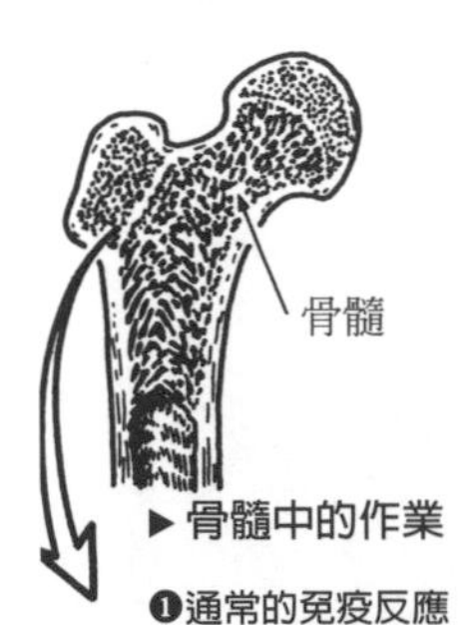


▶骨髓中的作業

❶通常的免疫反應

多發性骨髓瘤

❷不斷增殖1種形質細胞→會阻礙其他血球細胞的成長

❸其他的病原體侵入時→得感染症

**★骨髓製造出來的東西是什麼？**

骨髓會製造出紅血球、白血球、淋巴球等血液成分。

其中，淋巴球有B淋巴球和T淋巴球2種，能夠幫助免疫反應。

（當體內有病原菌入侵時，淋巴球就會製造出抗體封住病原體的毒素，這種反應稱為**免疫反應**。）

**★引起多發性骨髓瘤的構造**

淋巴球中的B淋巴球是成熟、分化的形質細胞。

形質細胞會製造出抗體（免疫球蛋白），而1種抗體只能與特定的毒素（抗原）結合，對其他的毒素無效（左圖❶）。

因此必須製造出各種不同的形質細胞以應付侵入身體的各種病原體，如果能辦到這一點就沒問題了。但是因為某種原因，可能會不斷產生或增殖1種形質細胞（左圖❷）。

這就是**多發性骨髓瘤**，這種增殖的形質細胞會阻礙正常免疫球蛋白或紅血球、血小板等的製造產生。

因此，當病原體侵入而無法形成免疫時就容易引起感染症（左圖❸）。

此外，因為紅血球的減少，也會引起缺氧。

另外骨的破懷繼續進行時，會因為骨溶解而造成高鈣血症或骨變化、骨折等。

只能製造出1種免疫球蛋白的疾病稱為M蛋白血症〔**注**〕。

治療法則是以使用化學藥品的化學療法為主。

〔注〕M是「單一」的英文簡寫，因為只能對1種抗原產生反應。此外，免疫球蛋白是由蛋白質所構成的，因此稱為「M蛋白血症」。

# 第4章

# 泌尿系統的疾病

循環系統的疾病

# 腎臟的疾病

腎臟的疾病

## 何謂腎炎？

一旦得了扁桃炎等感染症，體內的白血球會製造抗體對付病原菌所產生的抗原（毒素）。

抗體、抗原結合，封住其毒力[注1]。而這個抗體、抗原結合而成的物質就稱爲**免疫複合體**（右圖❶）。

免疫複合體通過血管，在體內循環（右圖❷）。無法在腎臟過濾血液時被過濾出來，因此就會沈著在腎小球的細胞壁（右圖❸）。

免疫複合體與細胞壁融合（右圖❹），且白血球等也會滲出，最後這個部分就會引起發炎（右圖❺）。

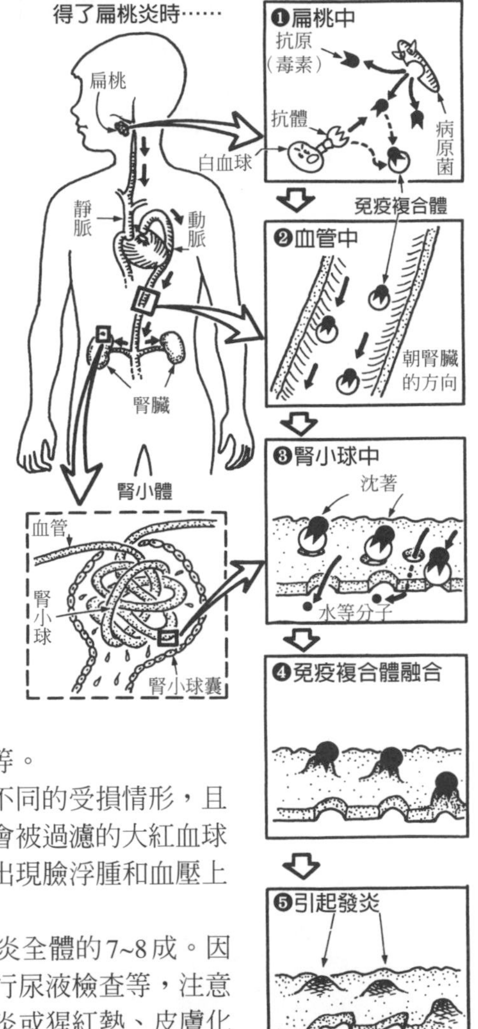


因爲感染症而使得腎臟的腎小球發炎的疾病就稱爲**急性腎炎**（急性腎小球腎炎）。如果急性腎炎一直無法治好，慢性化之後就會變成**慢性腎炎**。

腎炎的症狀包括血尿和蛋白尿等。

腎小球依發炎症狀的不同而有不同的受損情形，且過濾血液的“濾網”變粗，平常不會被過濾的大紅血球和蛋白質都會被過濾出來。因此會出現臉浮腫和血壓上升等現象。

在扁桃炎之後發生的腎炎佔腎炎全體的7~8成。因此如果得了扁桃炎就必須仔細的進行尿液檢查等，注意有無併發腎炎。此外，可能因爲肺炎或猩紅熱、皮膚化膿等而引起腎炎[注2]。

〔注1〕稱爲免疫反應。
〔注2〕治療法爲必須靜養，並進行食物療法（限制鹽分、蛋白質）。

腎臟的疾病

# 何謂腎不全？

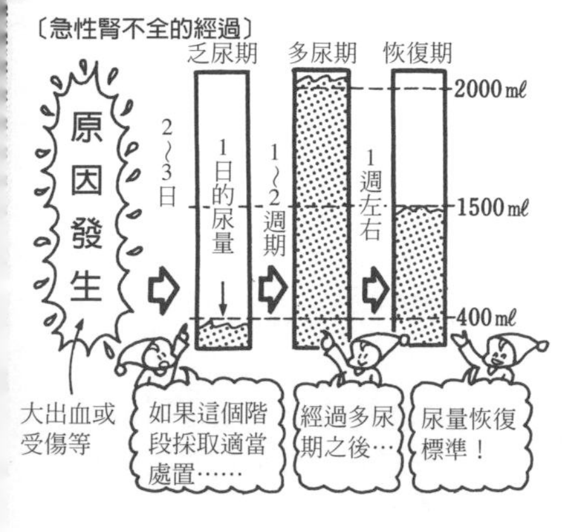


## ★急性腎不全

腎臟具有過濾血液、去除有害物質的機能，而這些有害物最後會成爲尿排出體外。

但是因爲突發的理由，這個機能無法順暢發揮作用時而使得尿極端減少，這就是**急性腎不全**[注1]。

出血或心臟疾病等所導致的體液循環不全爲**急性腎不全**的主因，此外，腎臟組織受損或尿路出現結石也是原因之一。

通常1天排出的尿量爲1500ml，而得了急性腎不全時可能變成400 ml以下（**乏尿期**）。這個時期必須去除成爲原因的的障礙，同時進行限制蛋白質、鹽分攝取量的食物療法，且要靜養。這時1天的尿量會排出2~3公升（**多尿期**），而腎功能也會逐漸恢復。因此急性腎不全是可以治癒的疾病。

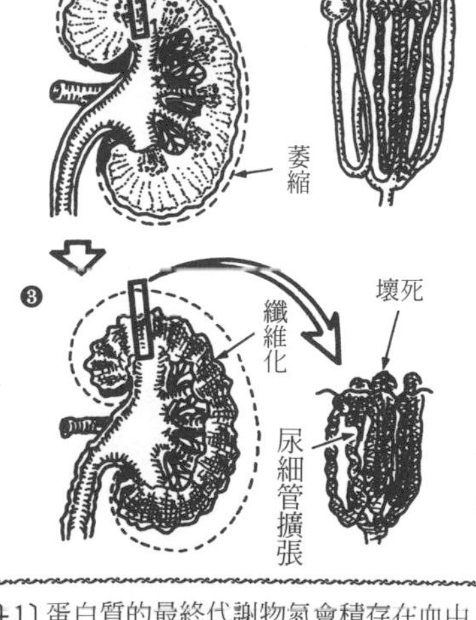


## ★ 慢性腎不全

因爲腎炎等腎臟病惡化而導致去除血中有害物的腎功能產生了損害。

腎臟是非常強健的器官，即使有些衰弱，但卻沒有自覺症狀。因此，可能察覺不到因爲腎炎而使得腎小球或尿細管壞死（細胞死亡）而放任不管。

受損的腎臟最後會萎縮、硬化。腎功能衰退7~8成時，就完全無法發揮濾網的作用，會使得有害物聚集血中。這就是**慢性腎不全**，會引起頭痛或貧血、意識障礙等尿毒症狀[注2]。

**慢性腎不全**的治療必須以人工的方式過濾體液、加以淨化，所以要採用**透析療法**，且必須嚴格限制蛋白質的攝取量。

注1〕蛋白質的最終代謝物氮會積存在血中，破壞體內水分和鹽分的平衡。
注2〕併發症包括骨炎和骨軟化症等。

腎臟的疾病

# 何謂透析療法？

❶血液透析

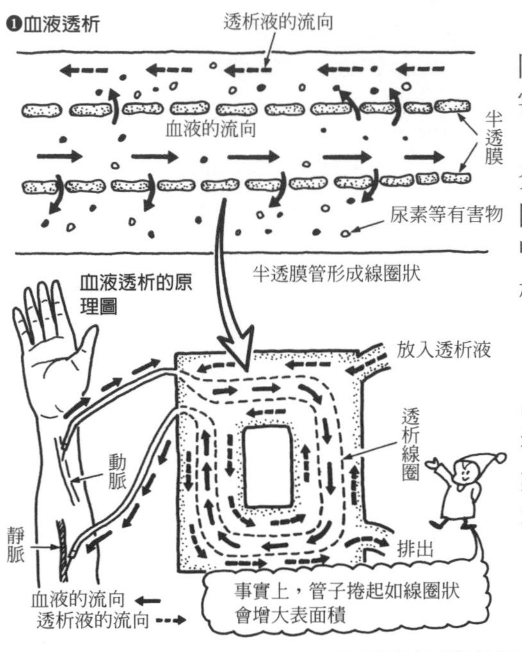


慢性腎不全和急性腎不全不同，無法完全治癒。當腎功能損害9成以上時，就會得尿毒症。

體內所產生的老廢物無法完全過濾，如果放任不管會死亡，因此必須使用半透膜的管子代替腎臟來去除老廢物，這就是"透析療法"。[注1]

## ❶血液透析（HD）

先讓患者的血液經由動脈釋出到體外，然後通過周圍有透析液存在的半透膜管子，這樣就能夠使得血中的有害物（尿素）等和多餘的水分滲出到管子外。

這是利用只讓水分子或尿素等小分子通過的半透膜性質來進行。

透析液的濃度與正常血液大致相同，而介於患者的血液和半透膜之間，當兩者濃度相同時，半透膜就能夠使血中的多餘物質（尿素）等朝著透析液的方向滲出[注2]。因此，不斷的讓透析液流過使新的液體接觸血液就能夠去除血中的有害物，而淨化的血液可以再度回到患者的靜脈[注3]。

❷腹膜透析

透析液
尿素等有害物
腹膜…濾網的作用。
內臟等的組織
腹膜
腹腔
導管
1次注入1.5~2ℓ

## ❷腹膜透析（PD）

腹膜具有與半透膜同樣的性質，因此可以讓透析液進入患者本身的腹腔內，讓蓄積在體內的有害物（尿素）等和多餘的水分透過腹膜朝著透析液的方向滲出。

大約每30分鐘回收1次骯髒的透析液，再注入新的透析液，1天反覆進行5、6次這項操作，藉此去除有害物[注4]。

〔注1〕1週通常進行2~3次透析療法。〔注2〕這個現象稱爲滲透壓。
〔注3〕使用藥劑防止血液凝固，因此可能會造成出血傾向、感染或引起心不全和骨障礙。
〔注4〕在自宅進行的連續攜帶式腹膜透析（APD）已完成了。如是急性腎不全也必須接受透析療法。

## 腎臟的疾病 一旦罹患腎臟病，為什麼要限制蛋白質？

蛋白質包含在肉、魚和大豆等食物中，對於人類組織的主要成分而言，是相當重要的營養素。

蛋白質在體內被利用後的老廢物，亦即剩下的殘渣就是氨。氨的毒性很強，因此必須在肝臟將其變成毒性較弱的尿素。

尿素溶解於血液中，隨著血液循環運送到腎臟，在此過濾，溶解於尿中排出體外。

蛋白質最後會分解爲尿素排出體外。

健康的人血液中會含有尿素。

一旦得了腎臟病，腎功能不良無法順暢排出尿素時，尿素蓄積在血中就會導致尿毒症。

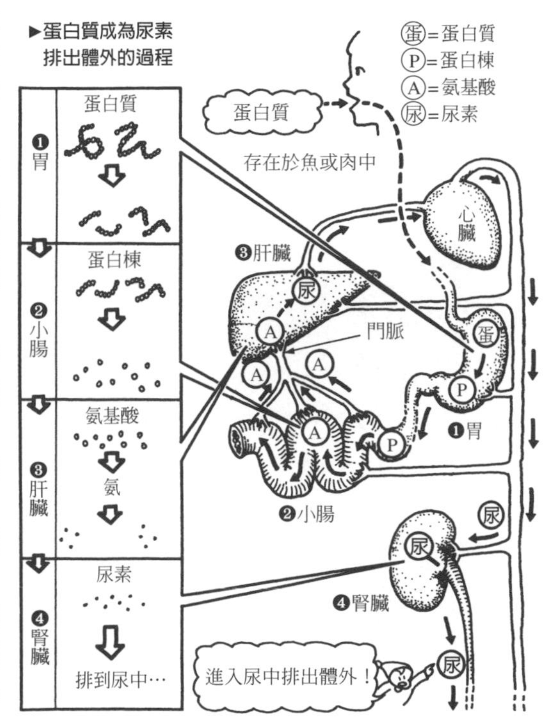


這時必須藉著透析療法代替腎臟過濾尿素等老廢物，以淨化血液。

但是不可能像腎臟一樣，24小時不眠不休的進行透析。在日常生活中，只要將障礙降低到最低限度就可以了。1週大約進行2~3次透析。

因此，要盡可能限制蛋白質的攝取量，以避免體內產生尿素積存的現象。

爲了測定血中的尿素量，必須調查血中尿素氮量。尿素中含有氮。

人在安靜狀態下，如果空腹時的氮量在1分升（1公升的10分之1）中超過20毫克，就可以斷定腎功能有毛病[注1]。

但是，不見得得了腎臟病就一定要限制蛋白質。像腎變病症候群會將大量蛋白質排到尿中[注2]，所以必須攝取高蛋白食加以補充。

〔注1〕此外還要檢查鉀、鈉的量或肌酸酐（蛋白質的代謝物）的量。
〔注2〕當腎臟的腎小球細胞膜產生病變時，平常不會過濾出來的蛋白質會被排到尿中的一種疾病。

腎臟的疾病

# 腎臟病與鹽分的關係

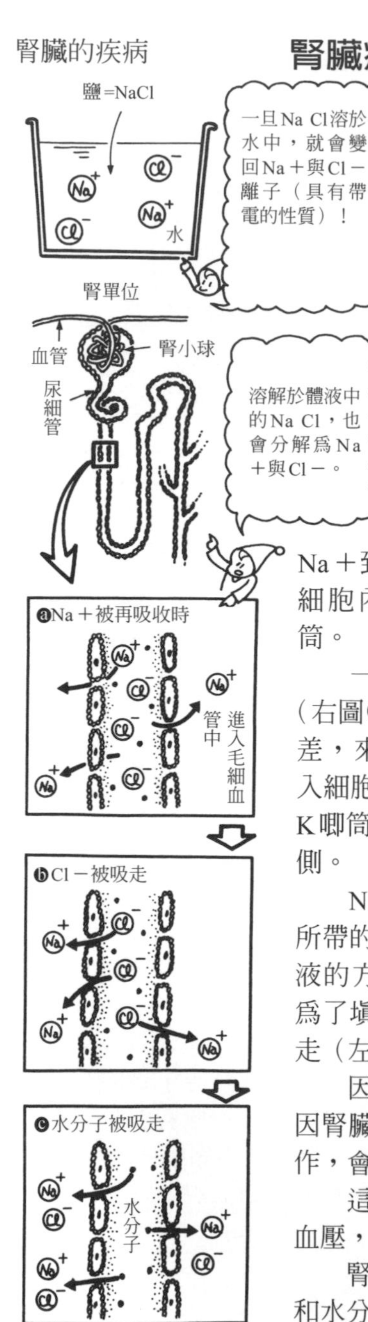


**★鹽在體內會變成何種情況？**

藉由飲食等所攝取的食鹽（氯化鈉）溶於水中時，鈉的陽離子（Na＋）與氯的陰離子（Cl－）會分解爲帶電的物質。這時在水中分解爲離子的物質就稱爲電解質。

**★Na＋的再吸收構造？**

食鹽進入體內時，溶解於血液和細胞液當中，就會分解爲Na＋和Cl－。腎臟尿細管的細胞具備了讓通過細胞膜分子的Na＋到細胞外，而由K＋進入細胞內加以取代的Na- K唧筒。

Na＋再吸收的構造

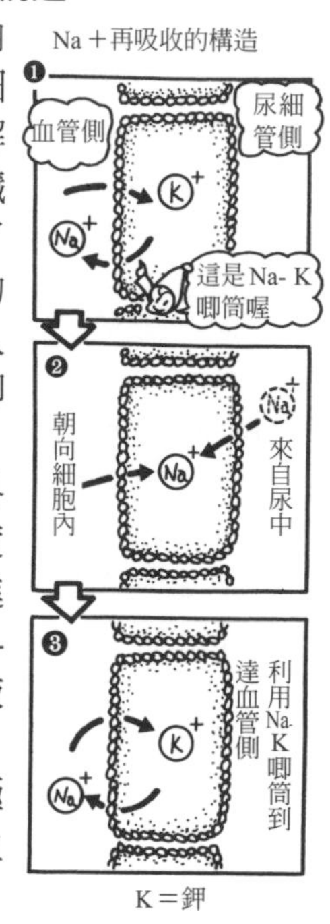


K＝鉀

一旦Na＋到達細胞外（右圖❶），這時爲了塡補濃度差，來自尿中的Na＋就會進入細胞內（右圖❷）。此時Na-K唧筒會再將Na＋吸收到血液側。

Na＋再被吸收之後，陰極所帶的電力就會將Cl－拉向血液的方向（左圖Ⓑ）。接著，爲了塡補尿與血液之間的濃度差，水分子也會被拉走（左圖Ⓒ）。

因此，Na＋或水分由尿細管再吸收，但是如果因腎臟病而腎功能不良時，這個系統無法順暢的運作，會使得大量的水分積存在細胞內。

這就是**浮腫**，是腎臟病的主要症狀。如果有高血壓，有時也會出現。

腎臟病患者如果出現浮腫時，就必須限制鹽分和水分的攝取量。

腎臟的疾病

## 何謂腎盂炎？

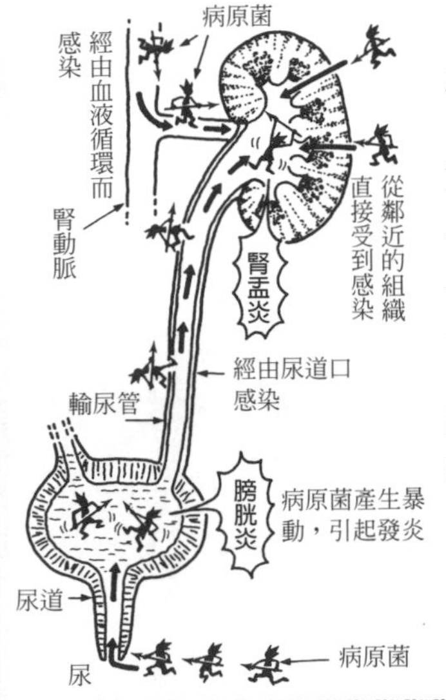


腎盂是位於腎實質（皮質與髓質）與腎尿管之間的器官。

當腎盂受到大腸菌與葡萄球菌的感染時，腎盂會發炎、發燒的疾病就稱為**腎盂炎**。感染經路以尿道先感染，然後波及到膀胱和輸尿管，最後上行到腎盂為主。女性與男性相比，泌尿道較短且接近肛門，所以很容易感染[注1]。

此外，也可能因為血液運送病原菌而造成感染，或是從鄰近的組織直接受到感染。

當發炎症狀波及到腎實質時，就稱為**腎盂腎炎**[注2]。

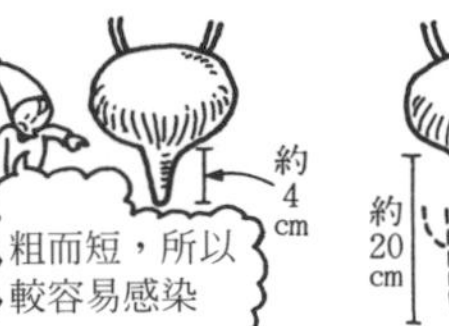


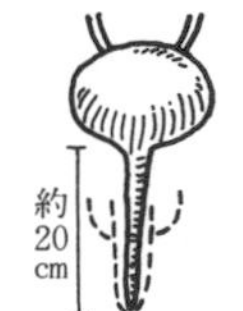


〔注1〕此外，陰道和尿道容易有大腸菌附著的人，也容易因為性交等而造成感染。
〔注2〕分為急性與慢性，有時候會引起高血壓或腎不全。

腎臟的疾病

## 何謂水腎症？

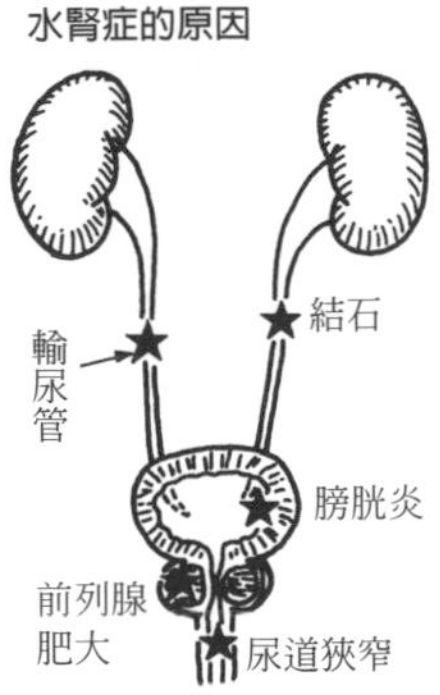

水腎症的原因

因為膀胱炎或尿路結石、前列腺肥大等而排尿不順暢，這時尿積存在腎盂，使得腎盂發脹。

發脹的腎盂受到壓迫，導致腎實質（皮質與髓質）變薄，會引起腎功能障礙，無法順暢排出老廢物。

這就是**水腎症**，如果不進行適當的處置，可能會變成尿毒症[注]。

治療水腎症時，首先要治療成為尿閉（排尿不順暢）的原因疾病。病情無法改善時則必須動腎盂的整型手術。

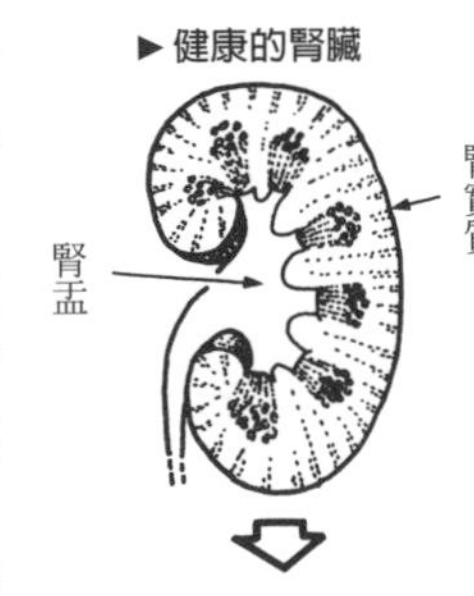


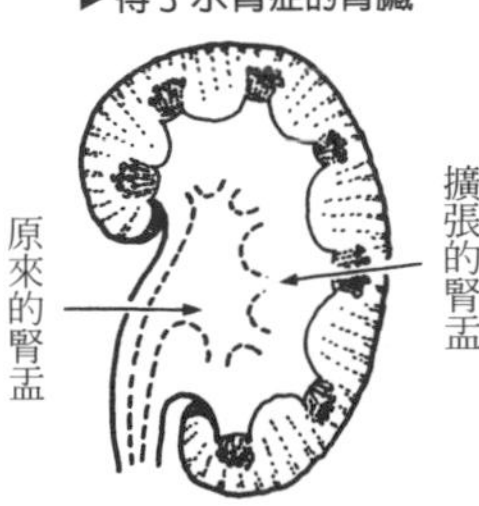


〔注〕病情初期會出現血尿或腰痛，再加上感染，可能會造成發高燒等症狀。

腎臟的疾病

# 腎臟以外的尿路疾病

腎臟的疾病

## 何謂尿路結石？

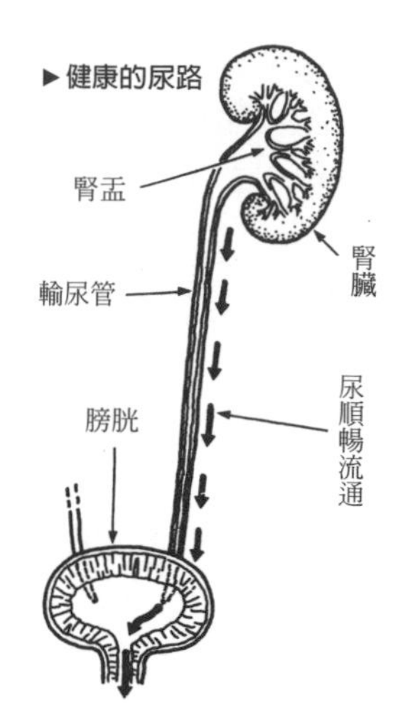

尿中含有鈣及尿酸等各種物質。

健康的人如果排尿順就沒有問題，但是當水分不足或因為疾病而尿量減少、異常變濃時，尿中有物質排出，凝集在細菌或黏液的周圍而結晶化，最初是小的結晶，但是逐漸增大，最後會阻塞輸尿管，這就是（尿路）結石。

夏天時，由於大量排汗導致尿液變濃所以容易形成結石。

此外，因為工作上或人際關係的煩惱等而造成"壓力"過大時，也會促進結石的形成。

結石大多是尿中的鈣積存而造成的，此外，蛋白質代謝（在體內分解）時所產生的尿酸或胱氨酸等積存也會形成結石。

如果結石出現在腎臟中，不會出現嚴重的症狀。

可是一旦阻塞輸尿管時，就會使得腎臟部以及側腹產生劇痛。

結石會損傷尿路的組織而形成血尿。

要去除結石必須攝取大量的水分，利用尿沖掉結石是最好的。但如果還是無法去除，那麼，就必須動外科手術來去除了。

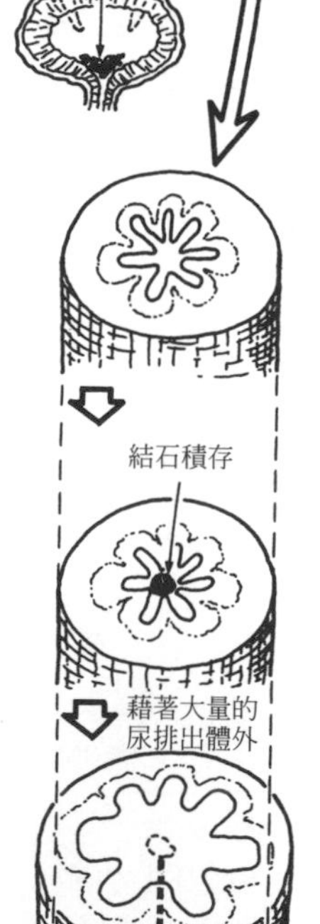


〔鹿角狀結石〕

腎臟的疾病

# 前列腺肥大症

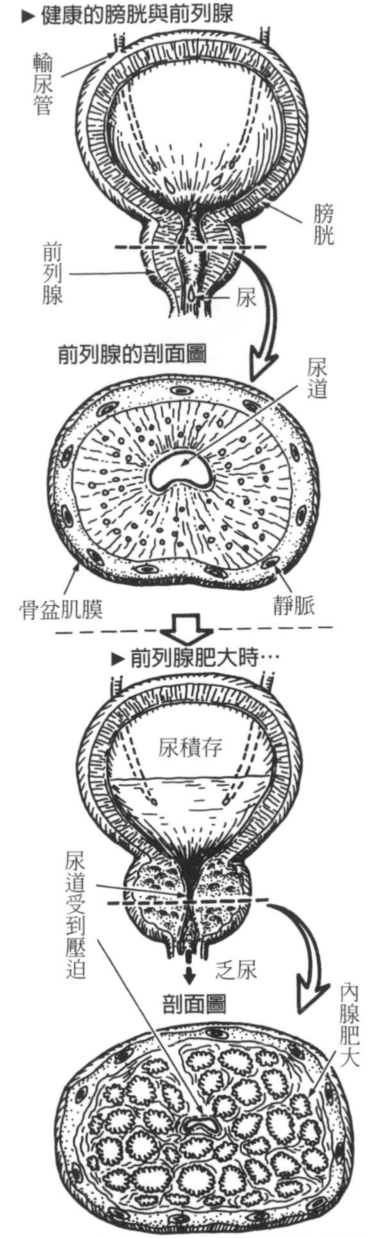

▶ 健康的膀胱與前列腺

前列腺的剖面圖

▶ 前列腺肥大時…

剖面圖

前列腺是男性才有的器官，在膀胱的出口處，像圍繞住尿道的形狀，會分泌精液的一種成分。

這個前列腺因爲某種理由而肥大，壓迫尿道使得排尿不順暢，就稱爲**前列腺肥大症**。年長的男性尤其容易有這種煩惱。

前列腺爲什麼會肥大呢？至今不明。不過據說可能和性荷爾蒙（男性荷爾蒙或女性荷爾蒙）平衡失調有關。

據說前列腺組織的一部分含有女性組織（子宮）的退化體。因此年紀大的老爺爺，其男性荷爾蒙的分泌量減少，結果女性荷爾蒙的比例升高，有些專家認爲可能因此而刺激了潛在性的女性組織，所以使得前列腺增大。（一般人認爲男性只有男性荷爾蒙，但事實上男性也具有微量的女性荷爾蒙，而女性也不只有女性荷爾蒙，也會有一些微量的男性荷爾蒙。）

肥大的前列腺壓迫膀胱，立刻就會產生尿意，可能會半夜起來上好幾次廁所。此外，尿滴滴答答的還停留在膀胱中，所以會有殘尿感的痛苦。嚴重時，受壓迫的尿道周圍會瘀血，甚至會出現血尿。如果不做適當的處置，還可能會引起尿毒症。

爲了促進排尿，醫師會利用導管（非常細的管子）導尿，大多這樣做就能夠自然排尿。如果這麼做病情還是無法改善，則必須利用外科手術去除肥大的前列腺[注]。但前列腺是生成精液的重要器官，所以動手術前一定要尊重患者的意願，愼重行事才好。

〔注〕也可採用抗男性荷爾蒙的療法，或利用內視鏡手術切除肥大部分，還有利用雷射光照射的療法。

# 第5章

# 神經系統的疾病

神經系統

# 腦的疾病

腦的疾病

## 腦梗塞

〔健康的腦〕

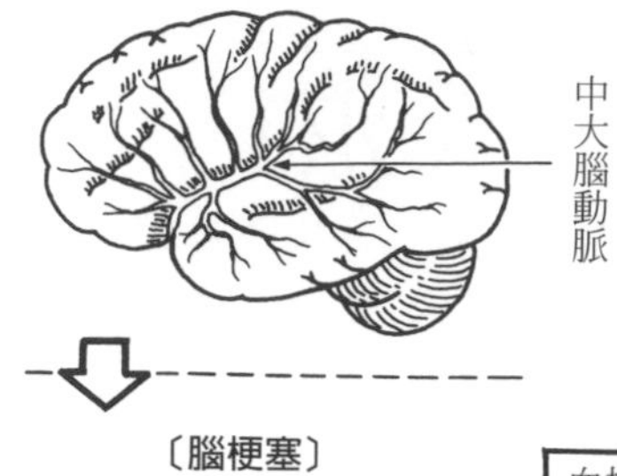


〔腦梗塞〕

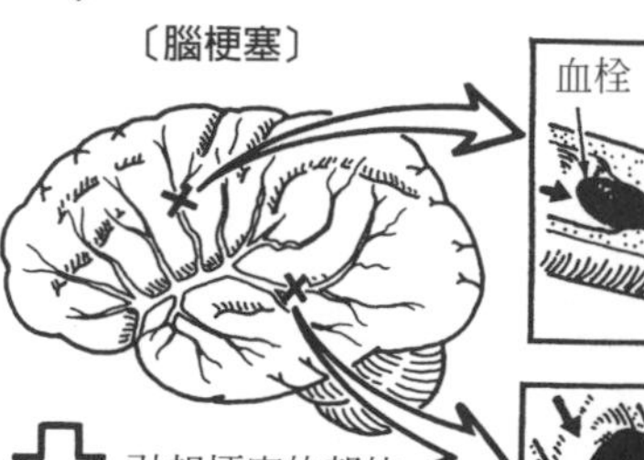


引起梗塞的部位

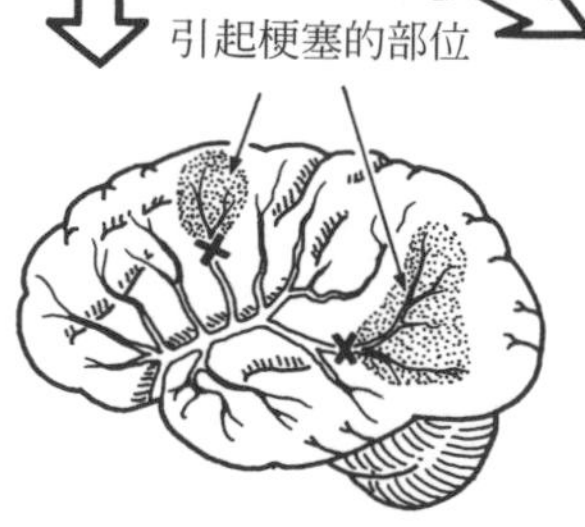

腦經由腦動脈得到營養和氧。這個動脈因為某種障礙而阻塞，這個區域的組織就會壞死（細胞壞死）。

這就是**腦梗塞**，分為腦血栓造成的腦梗塞和腦栓塞造成的腦梗塞。

▶**腦血栓症**…腦動脈硬化形成血栓，阻礙血液循環而引起腦血栓症[注1]。

▶**腦栓塞症**…心臟或粗的動脈所形成的血栓剝落，在被沖掉的途中阻塞了腦動脈而引起。與腦血栓症不同，動脈壁不會出現動脈硬化的現象[注2]。

大腦依部位的不同，掌管的機能也各有不同（參照下圖）。因此，腦梗塞因起引部位的不同而有不同的狀態。

例如。如果是掌管大腦語言部分出現梗塞，就會出現失語症的症狀。而掌管運動的部分出現腦梗塞，就會造成步行障礙[注3]。

手和腳的麻痺或是意識障礙等，如果24小時以內停止就稱為**暫時性腦虛血症**。事後不會殘留症狀，但是大多不久之後就會出現腦梗塞，因此必須接受精密檢查。

引起腦梗塞危險性較高的疾病包括高血壓、糖尿病、心臟病等等。

**▶大腦的機能及大腦與梗塞部位的關係**

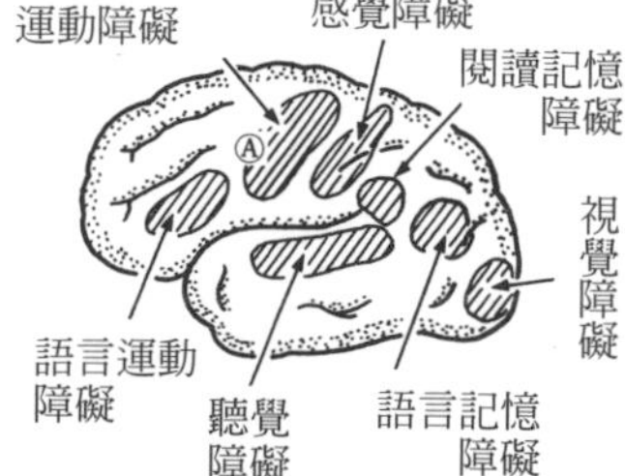


例如，Ⓐ的部位出現梗塞時，運動能力就會產生障礙。

〔注1〕雖然沒有出現意識障礙，但是約半數會發生在安靜（如睡眠等）時。
〔注2〕容易造成心房細動（一種心律不整的現象）或半膜症等大梗塞。
〔注3〕此外，因為血流障礙而引起的腦深部梗塞稱為小型腦梗塞，會引起麻痺或痴呆等等。

腦的疾病

# 腦溢血

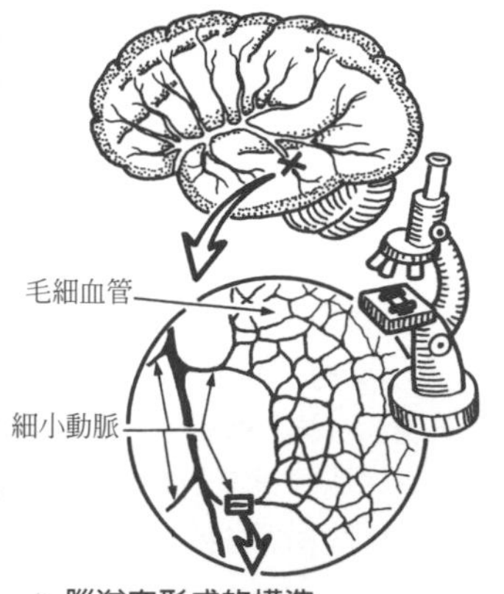


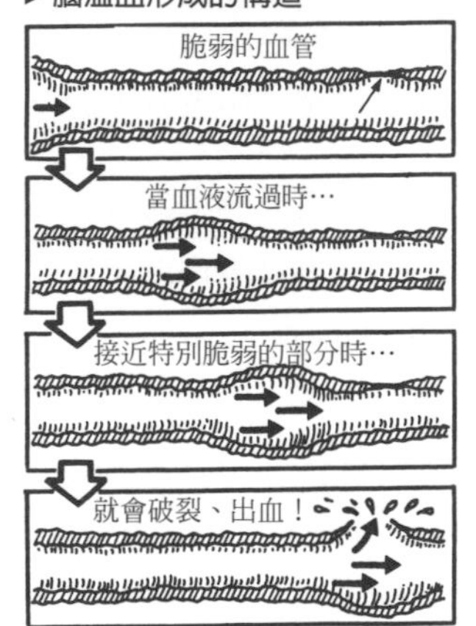


**★引起腦溢血的原因？**

長年因高血壓症而痛苦的患者，其將營養和氧送到腦的腦動脈也容易會變得脆弱。

這個變性特別容易發生在細小動脈，動脈壁由於長年忍受高血壓，終致壞死。

**變脆弱的動脈壁會製造出動脈瘤**等，最後無法忍受**高血壓**時會破裂，造成腦中的出血現象[注1]。

這就是**腦溢血**，出血部位的腦組織受到破壞，會引起各種毛病。

腦溢血大多都是因爲高血壓而引起，此外，也會因爲白血病等出血性疾病或腦動脈的畸形、外傷等而引起。

**★引起腦溢血的部位與症狀的關係？**

腦溢血的發作會因引起腦溢血部位的不同而有以下的不同狀況：

Ⓐ**大腦溢血**…引起意識障礙。此外，如果出血部位在大腦的右半側會造成左半身麻痺，如果是出現在左半側就會造成右半身麻痺。而出血部位所掌管的機能也會產生障礙[注2]。

例如掌管語言的部位出血就會引起語言障礙。

Ⓑ**丘腦溢血**…意識障礙的程度較強，會發高燒、出現知覺障礙，也會出現運動障礙。

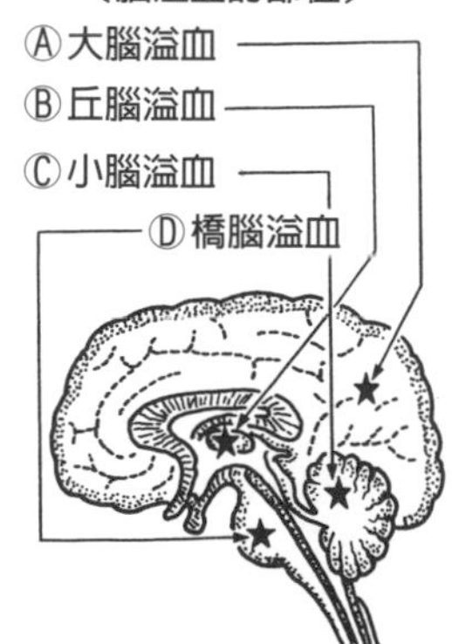


Ⓒ**小腦溢血**…會有噁心和頭暈的現象，站也不行坐也不行。嚴重時會陷入昏睡狀態。

Ⓓ**橋腦溢血**…會突然出現昏睡狀態。此外手腳麻痺，呼吸或深或淺造成呼吸困難（陳-施呼吸〔潮式呼吸〕，由中毒引起的呼吸困難和呼吸停止交替發生的腦及心臟病症）。

劇烈運動、興奮或突然的寒冷等而引起的血壓上升容易使腦溢血發作。

注1〕部位依序爲大腦的被殼和丘腦、橋腦、小腦。
注2〕大腦所掌管的機能請參照前頁右下圖。

腦的疾病

# 何謂蜘蛛網膜下出血？

〔側面圖〕

大腦皮質 軟膜 蜘蛛網膜 硬膜 骨組織 蜘蛛網膜下腔 硬膜下腔

〔從下方看的圖〕

前 後 脊髓 小腦

大腦的表面有很多皺襞，這些部分會增大表面積。

腦的**軟膜**的皺襞溝緊密貼合，不斷的擴展，而在其外的**蛛網膜**不斷延伸，讓溝能夠不斷的擴展。軟膜與蛛網膜之間的溝會形成縫隙。

這個縫隙就稱爲蛛網膜下腔，如果不是腦而是這個部位出血，就稱爲蛛網膜下出血。

蛛網膜下出血的原因包括在腦動脈形成的動脈瘤、滲出的血液或動脈瘤破裂所造成的。

腦動脈中的腦底動脈環最容易形成腦動脈瘤，包括先天性的或是動脈硬化而引起的[注]。

▶**腦底動脈環**…容易形成動脈瘤的部位

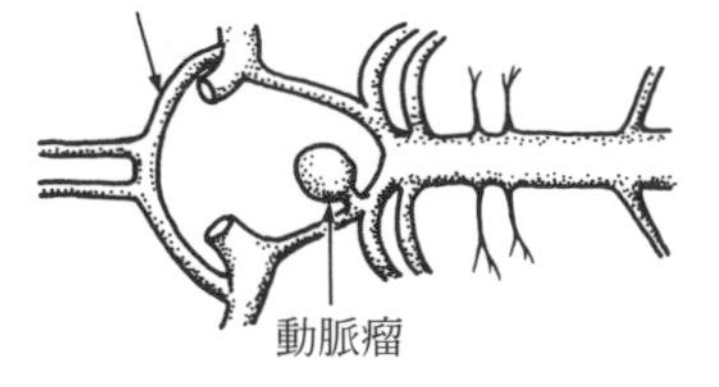


〔動脈瘤的治療法〕

**❶用夾子**

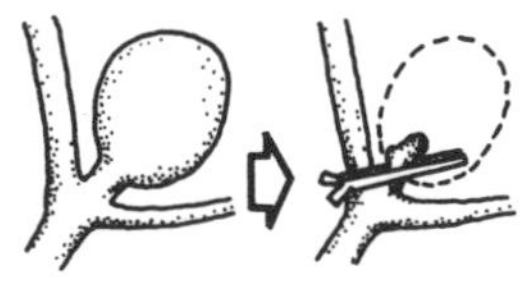

**❷包起來避免破裂**

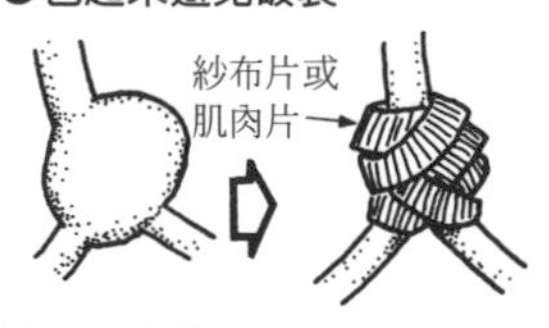


**❸上下夾住**

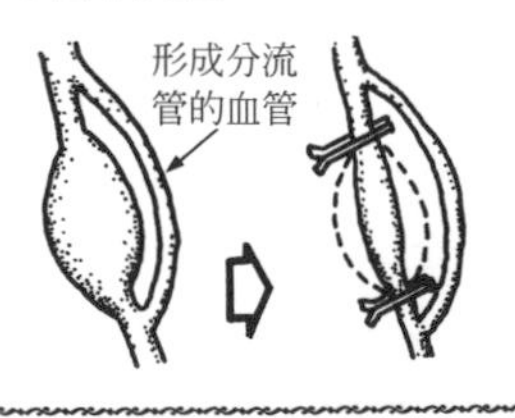


動脈瘤必須動以下的外科手術。

**❶使用夾子**…用非常小的夾子夾住動脈瘤的柄防止破裂（右圖❶）。

**❷包住**…如果沒有柄，則用紗布片或肌肉片等包住動脈瘤防止破裂（右圖❷）。

**❸上下夾住**…如果有形成分流管的血管可以供給組織血液，則夾住動脈瘤的上下防止破裂（右圖❸）。

如果是動脈瘤以外的原因，例如腦溢血波及到蛛網膜下腔或外傷時，也會引起蛛網膜下出血。不管是哪一種情況，都會出現劇烈頭痛和意識障礙等現象。

〔注〕症狀大多是劇烈的頭痛以及意識障礙，而單側麻痺較容易發生在下肢。此外，出血後有可能再出血，且會引起腦血管的攣縮或水腦症。

腦的疾病

## 何謂硬膜下出血？

〔腦的剖面圖〕

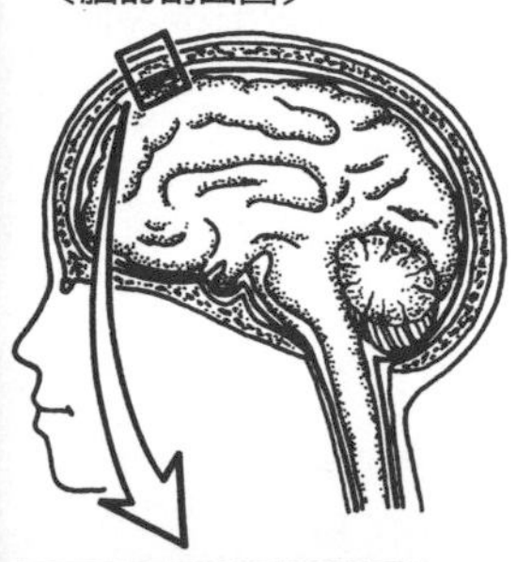

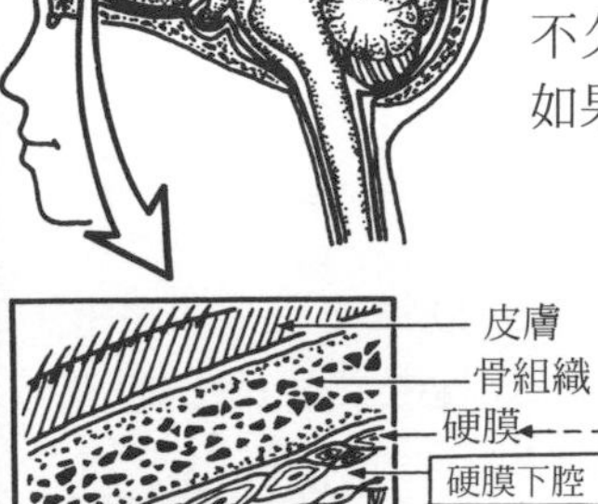


腦是由**髓膜**包住。髓膜是由**軟膜**、**蛛網膜**、**硬膜**所構成，蛛網膜和硬膜之間稱爲硬膜下腔[注1]。

因爲腦的外傷等而引起腦血管破裂，**硬膜下腔**出血，這就稱爲**硬膜下出血**。大多是輕微的頭部受傷，不久之後（大約1～2個月）就會出現痴呆等症狀，如果放任不管會引起意識障礙、身體麻痺[注2]。

治療方法爲動外科手術，去除凝固的血塊。

硬膜下出血也是習慣喝酒的人和高齡者較容易發生的疾病。

此外，肝功能衰退的人或血友病患者等得了出血性疾病的人，症狀更容易惡化。

〔注1〕顱內出血包括腦外傷所引起的出血或是硬膜外出血、硬膜下出血、腦實質內血瘤等等。
〔注2〕因爲汽車意外事故等而引起的急性症狀，會持續昏睡，大約有半數會死亡。

腦的疾病

## 何謂腦腫瘤？

不光是腦實質，連髓膜、血管或顱骨等形成的腫瘤都叫**腦腫瘤**。

腦腫瘤原因不明，此外並沒有說哪個特定的年齡特別容易發生。

一般症狀是頭痛、噁心。此外，抽筋（癲癇）也是主要症狀之一。

例外，依形成腫瘤部位的不同，而有以下的特殊症狀。

**Ⓐ大腦腫瘤**…大腦依部位的不同所掌管的機能也不同，所以由腫瘤部位所支配的機能就會受損。例如，如果支配運動的部位形成腫瘤，就會引起手腳麻痺。

**Ⓑ小腦、腦幹的腫瘤**…失去平衡感，食不知味。

**Ⓒ腦下垂體腫瘤**…引起荷爾蒙分泌異常，容易得糖尿病等。

**Ⓓ髓膜腫瘤**…主要會成爲癲癇的原因。

〔主要的腦腫瘤〕

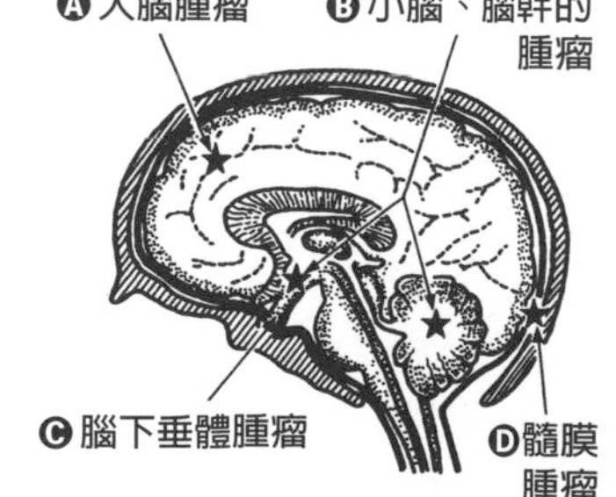

腦的疾病

## 何謂腦炎？

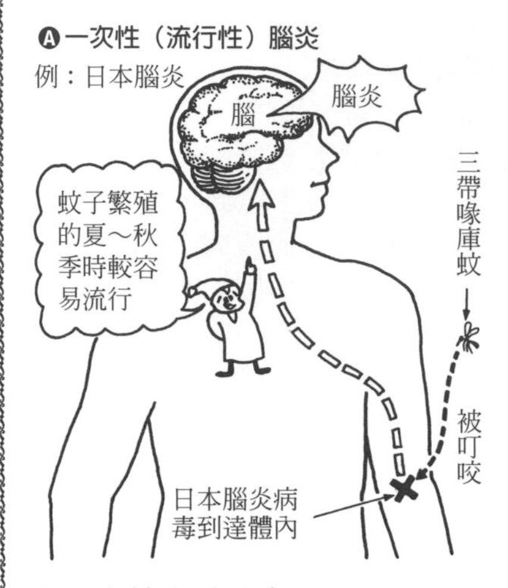


腦炎是因爲病毒的感染而出現在腦的發炎症狀。

腦炎大致分爲以下2種：

**Ⓐ一次性（流行性）腦炎**…原因爲病毒感染腦組織。

國內最常見的就是日本腦炎（參照左圖），這是由三帶喙庫蚊爲媒介而傳染的疾病。

在蚊子繁殖的夏季到秋季非常流行，不過實際上被蚊子叮咬而發病的人，300人中只有1人。而且老年人和兒童較容易發病。

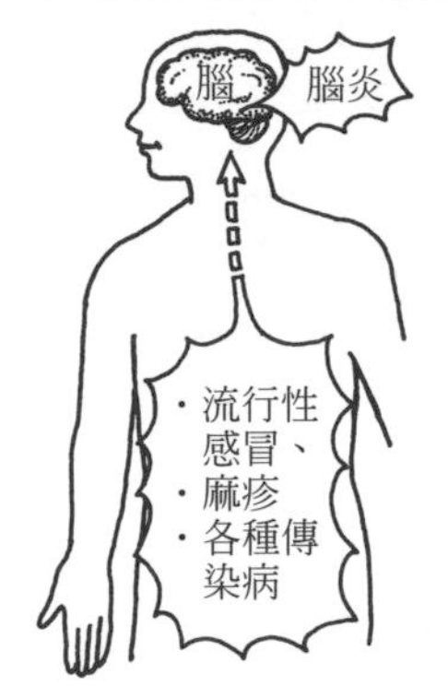


此外，還有**嗜睡性腦炎**或**單純泡疹腦炎**等。

**Ⓑ二次性（續發性）腦炎**…流行性感冒或麻疹、德國麻疹等傳染病可能會併發腦炎。

腦炎會使受到侵害的腦的部位所掌管的機能產生障礙[注]。主要症狀包括頭痛、嘔吐、意識障礙、手腳麻痺等。

〔注〕關於大腦各部位所司管的能，請參閱112頁的解說。

腦的疾病

## 何謂腦浮腫？

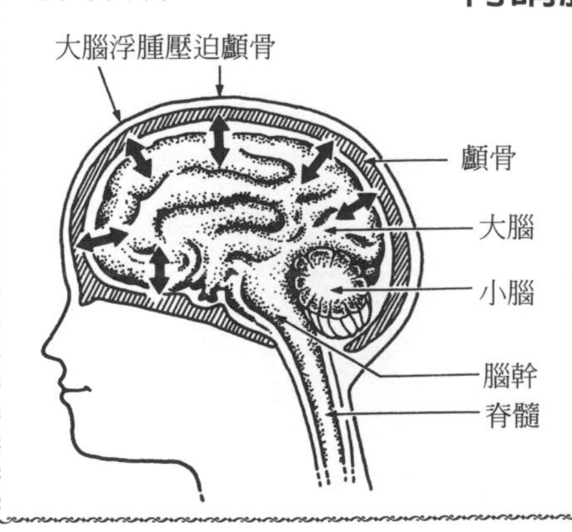


腦腫瘤或腦溢血等會引起代謝障礙，腦組織積存了大量的水分，這就稱爲**腦浮腫**。

這時腦會變大、膨脹，腦的顱骨是由硬殼保護的，因此會被擠壓變形。

此外，小腦和腦幹會受到壓迫，機能受阻，出現意識障礙或呼吸困難。

腦的疾病

# 何謂帕金森氏症？

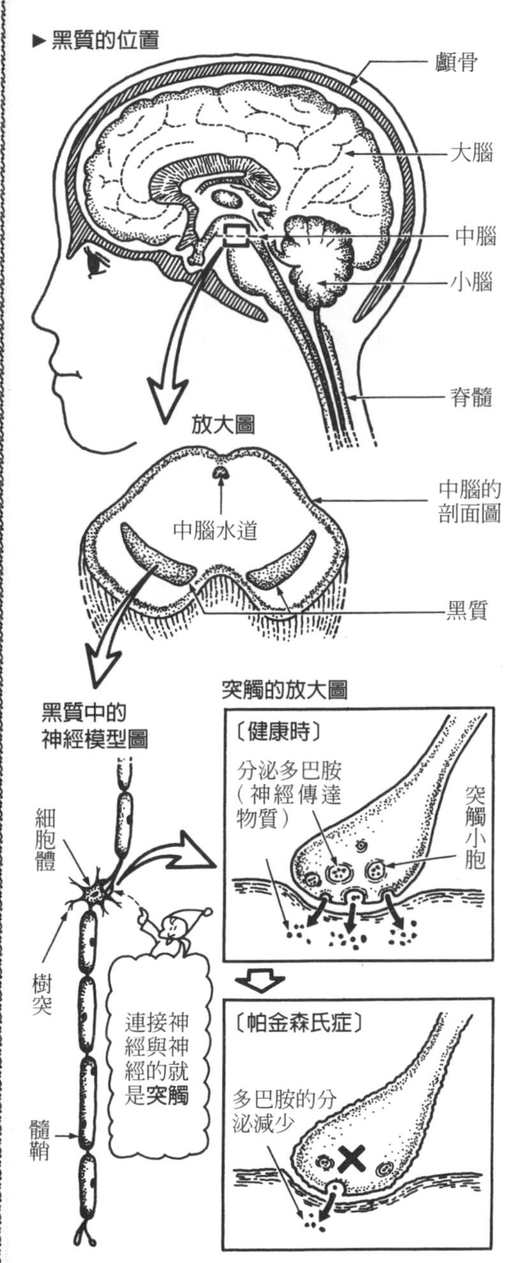


這是中高年齡層較容易出現的疾病。沒有特殊的理由，但是腦卻出現障礙，手腳顫抖、肌肉僵硬、動作遲緩的疾病。

除了先前所列舉的症狀之外，**帕金森氏症**還會發生步行障礙[注1]以及冒汗、表情僵硬的現象（假面具一樣的顏貌）。

病情緩慢進行，嚴重時若無他人照顧無法過日常生活。

帕金森氏症是因爲中腦有**黑質**這種灰白質積存而引起的病變。

黑質有神經細胞聚集，而這個細胞含有黑色素，所以看起來是黑色的。

當黑質產生病變時，會阻礙神經物質多巴胺的分泌，而出現手腳顫抖等帕金森氏症特有的症狀。

除了多巴胺以外，血清素等神經傳達物質也與此有關。

爲什麼會引起病變？目前不得而知。不過關於帕金森氏症的治療，只要是投與L-多巴（會在體內變化爲多巴胺）或是藉著外科手術緩和症狀[注2]。

此外，腦炎的後遺症也會出現與帕金森氏症同樣的症狀，總稱爲帕金森氏症候群。

〔注1〕往前傾，腳蹭地。
〔注2〕此外還需要飲食療法及精神療法等。

腦的疾病

# 何謂腦性小兒麻痺？

〔腦性麻痺的原因〕

❶生產前

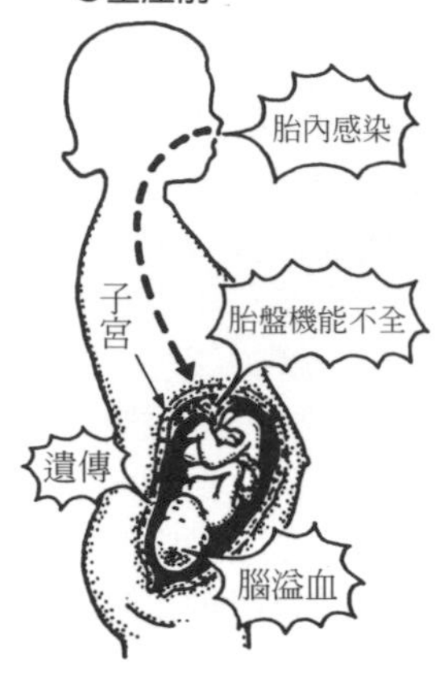


❷生產時

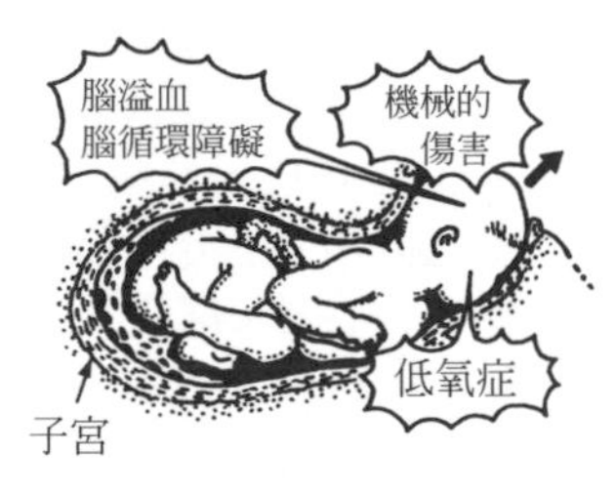


❸生產後（大約4週內）

腦性小兒麻痺是指腦在發育過程中，因為受到某種障礙，結果出現運動障礙或語言障礙以及癲癇發作等症狀的疾病[注1]。

原因如下：

**❶生產前**（在母親肚子裡的時候）…母親得了感染症或是胎盤的功能不良，胎兒出現腦溢血等原因。此外也可能是遺傳造成的。

**❷生產時**…腦因為難產等受損而陷入低氧症。

**❸生產後**…感染或是重症黃疸等。

其中最多的就是❷生產時的原因，佔整體的6成。❶生產前的原因佔3成，而❸生產後的原因約佔1成。

腦性小兒麻痺的症狀包括手腳的肌肉麻痺、僵硬，無法抓東西或是走路（**僵直型**，參照右圖）。

麻痺包括雙手雙腳麻痺的四肢麻痺，或是右側與左側的單側手腳麻痺，還有雙腳麻痺和成對麻痺，最多的是四肢麻痺和單側麻痺。

除了僵直型之外，還有精神緊張時會出現不隨意運動的**手腳徐動型**，不過有時兩者也會混合出現[注2]。

腦性小兒麻痺的典型例

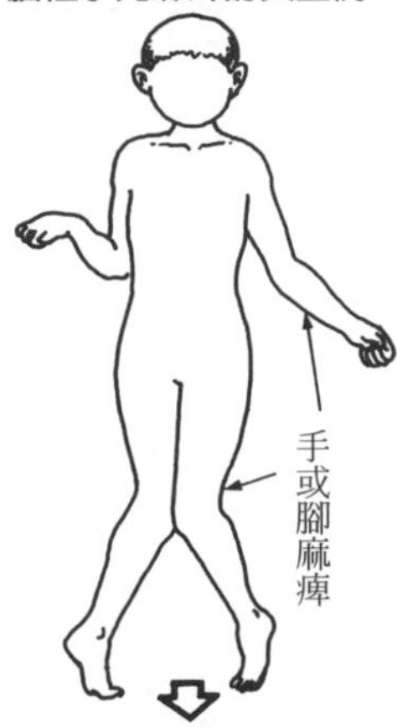


麻痺產生的構造

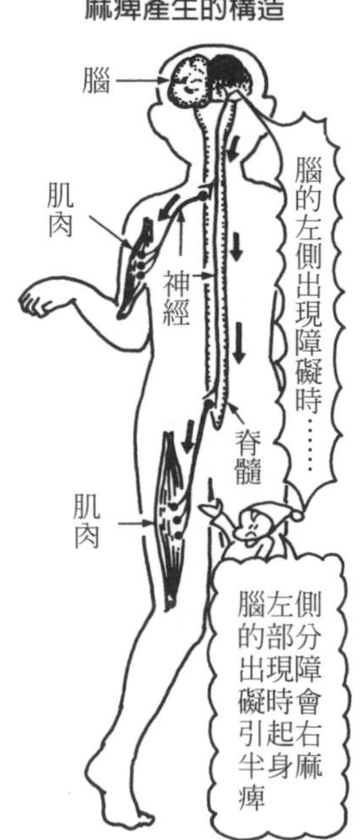


〔注1〕從受孕開始到出生後4週這段時期，一旦出現腦障礙，症狀就不是暫時性的而會長久持續下去。
〔注2〕大多是因為站立或步行異常等才會察覺到疾病，所以2歲前容易被忽略，要多注意。

神經系統的疾病

# 脊髓的疾病

脊髓的疾病

## 何謂脊髓炎？

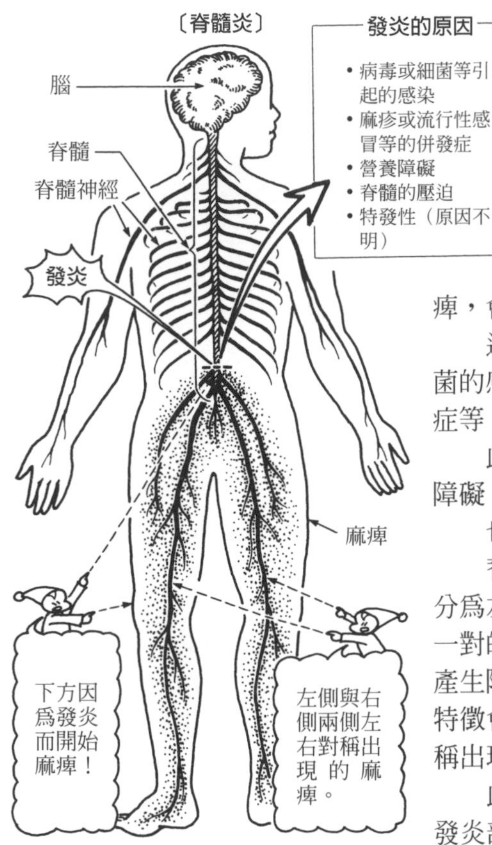


脊髓是從脳延伸到腰附近的神經纖維束。

脊髓會將一組一組的脊髓神經從左右分枝出來。

脊髓神經各自分爲感覺神經與運動神經，遍及全身。如果脊髓因爲某種理由而發炎，則這些神經就會麻痺，會引起感覺障礙或運動障礙。

這就是**脊髓炎**，原因包括病毒或細菌的感染，麻疹或流行性感冒等的併發症等。

此外還有缺乏維他命而引起的營養障礙，或是外傷等而導致的脊髓壓迫。

也有原因不明的脊髓炎。

脊髓神經分爲左右一對一對的，因此產生障礙時，特徵會左右對稱出現障礙。

此外，因發炎部位的不同，特徵容易出現在下方（接近足的位置）。

病情逐漸痊癒時，麻痺的障礙部位通常會朝腳接近逐漸下行。

相反的，如果障礙部位朝頭的方向上行，可能會侵襲到呼吸中樞，最後導致死亡。

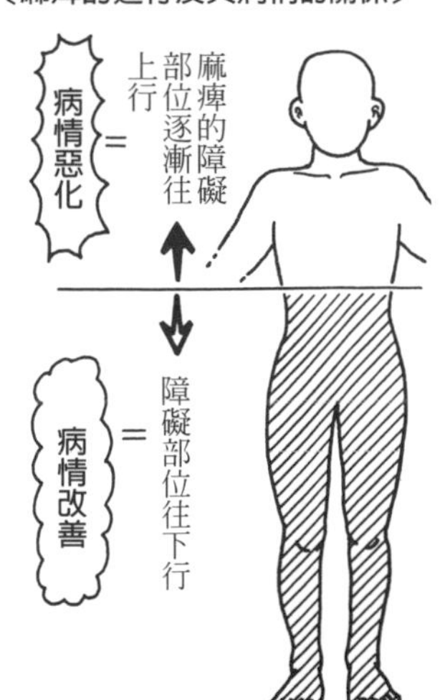


〔注〕這是原因不明的疾病，稱爲特發性的疾病。

脊髓的疾病

## 何謂急性脊髓前角灰質炎（小兒麻痺）？

急性脊髓前角灰質炎也稱爲小兒麻痺，是由脊髓灰質炎病毒造成的。

❶急性脊髓前角灰質炎患者的糞便和痰中摻雜著脊髓灰質炎病毒，衛生狀態不佳時，可能使其他的人經口感染。

這個疾病剛開始時幾乎不會出現任何症狀。

〔引起急性脊髓前角灰質炎（小兒麻痺）的構造〕

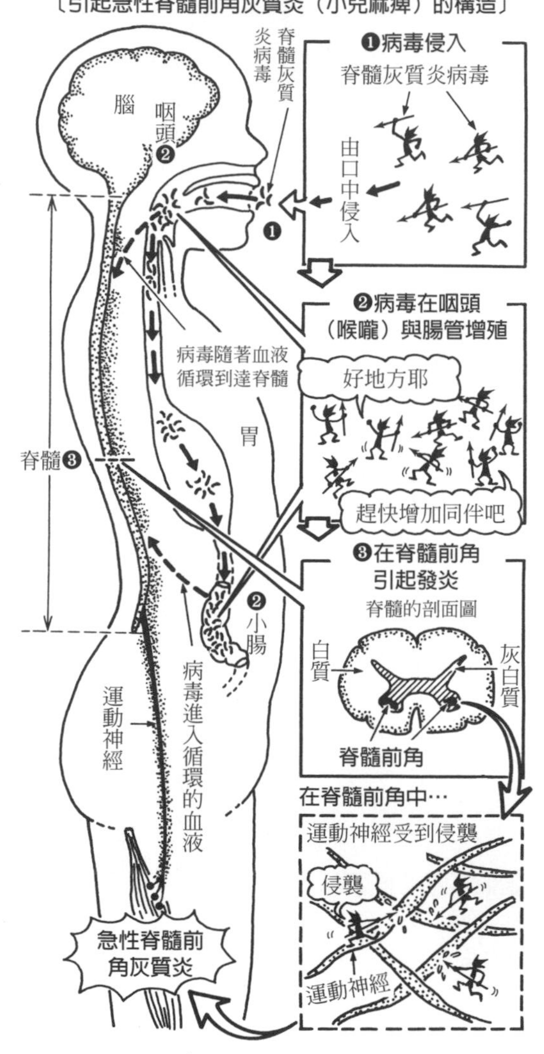


這就是所謂的**不顯性（無症狀）感染**。

❷但是當病毒的威力增強時，就會開始在咽頭（喉嚨）或腸管中增殖。

這時會出現發燒或消化不良等輕微症狀（**不全型**）。

接著病毒會摻雜在糞便或痰中排出體外。

❸病毒增加時會進出血管中。

隨著血液循環到達脊髓，而在其前角（參照左圖）築巢。

這時除了不全型的症狀之外，還會出現噁心和頭痛等症狀（**非麻痺型**）。

前角有運動神經通過，因此增殖的病毒最後就會侵襲到這個神經使其麻痺。

這就是**麻痺型**的急性脊髓前角灰質炎，會引起步行障礙[注]。

此外，如果侵襲到腦髓，會變得無法呼吸而死亡，但這種病情惡化爲麻痺型的例子很少。

〔注〕也稱爲脊髓性小兒麻痺。

# 第6章

# 內分泌腺系統的疾病

內分泌腺系統的疾病

# 荷爾蒙的疾病

荷爾蒙的疾病

## 何謂糖尿病？

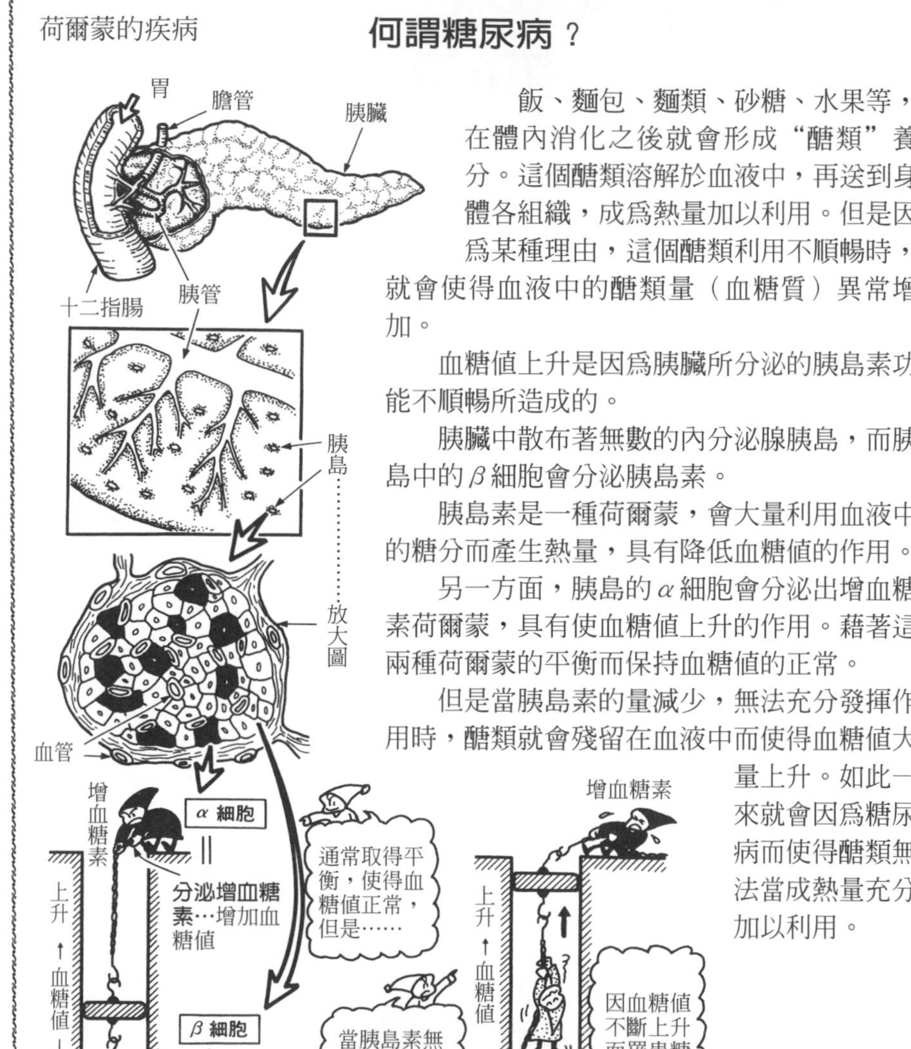


飯、麵包、麵類、砂糖、水果等，在體內消化之後就會形成“醣類”養分。這個醣類溶解於血液中，再送到身體各組織，成爲熱量加以利用。但是因爲某種理由，這個醣類利用不順暢時，就會使得血液中的醣類量（血糖質）異常增加。

血糖值上升是因爲胰臟所分泌的胰島素功能不順暢所造成的。

胰臟中散布著無數的內分泌腺胰島，而胰島中的 $\beta$ 細胞會分泌胰島素。

胰島素是一種荷爾蒙，會大量利用血液中的糖分而產生熱量，具有降低血糖值的作用。

另一方面，胰島的 $\alpha$ 細胞會分泌出增血糖素荷爾蒙，具有使血糖值上升的作用。藉著這兩種荷爾蒙的平衡而保持血糖值的正常。

但是當胰島素的量減少，無法充分發揮作用時，醣類就會殘留在血液中而使得血糖值大量上升。如此一來就會因爲糖尿病而使得醣類無法當成熱量充分加以利用。

荷爾蒙的疾病

## 糖尿病名稱的由來

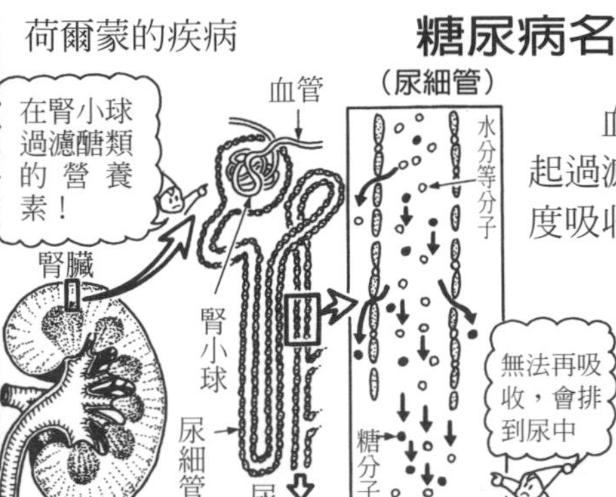


血液在腎臟的腎小球過濾時，和水分一起過濾出來的養分（醣類等）會被尿細管再度吸收。

而殘留下來的就成為尿，血液中的醣類過多時，尿細管雖然可再吸收但是如果來不及完全吸收，則尿中會出現糖分。產生血糖值較高的糖尿，因此稱為糖尿病。

荷爾蒙的疾病

## 控制糖尿病的胰島素

糖尿病是胰臟所分泌的胰島素荷爾蒙機能不全所造成的。

糖尿病很難完全治癒。

投與胰島素[注]控制病情就沒有問題了。投與適當的胰島素可以使血糖值不會上升，也不會對日常生活造成任何阻礙。

投與胰島素使得血糖值下降之後，如果用餐太遲就會導致低血糖狀態，引起昏睡等現象。所以要隨身攜帶一些糖果，在出現低血糖症狀時含在口中可以幫助血糖上升。

荷爾蒙的疾病

## 糖尿病的症狀與併發症

### ★ 糖尿病的症狀為何？

得了糖尿病之後，除了尿中出現糖分，且1天的排尿次數和量都會增加。

醣類無法充分當成熱量活用，因此容易疲倦，會有空腹感。且尿量增加，所以會覺得口渴。此外也會出現性慾減退、月經不順的情形。重症時，即使吃很多還是很瘦。

### ★ 何謂併發症？

代表性的就是視力障礙、動脈硬化、腎不全等，此外還有神經障礙、知覺過敏等等。

〔糖尿病的併發症〕

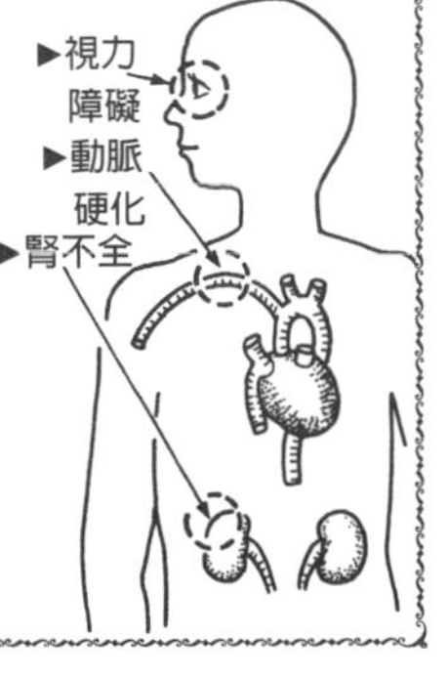


〔注〕一旦服用胰島素會被胃破壞，因此必須經由靜脈注射。

荷爾蒙的疾病

# 突眼性甲狀腺腫



**★甲狀腺荷爾蒙的功能**

進入體內的營養與經由呼吸而得到的氧，結合而產生熱量。

這種現象即稱爲代謝，由甲狀腺分泌的荷爾蒙（甲狀腺荷爾蒙）具有促進代謝旺盛的作用。

甲狀腺在喉嚨附近，在要進入氣管的位置，是一個屬於內分泌腺系統的器官。

甲狀腺細胞會吸收血液中的碘，也會與氨基酸結合製造出甲狀腺荷爾蒙。

這個荷爾蒙儲藏在甲狀腺的濾泡中。

腦將刺激甲狀腺的荷爾蒙送來之後，甲狀腺荷爾蒙就會釋放到血液中，運送到全身。

**突眼性甲狀腺腫病的症狀**

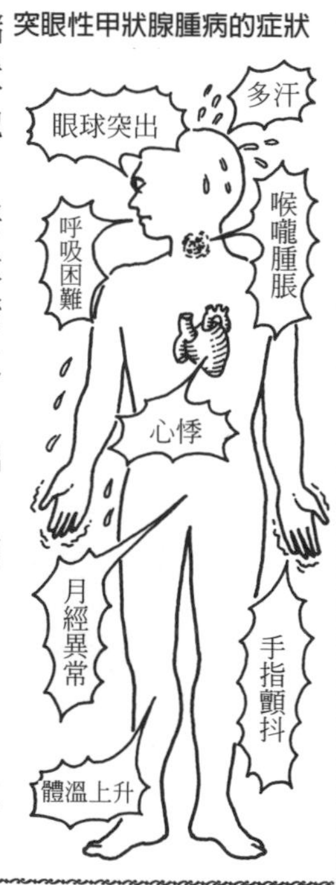


**★甲狀腺荷爾蒙的分泌量過多時，會有什麼症狀出現？**

甲狀腺荷爾蒙分泌過多時，會出現心悸、呼吸困難、心律不整、輕微發燒等症狀，此外也容易流汗。

亦即什麼都沒做就會像運動過似的，代謝旺盛。

這就是**突眼性甲狀腺腫病（甲狀腺機能亢進症）**，女性較多見，但原因爲何目前不得而知。

此外還會有眼球突出的現象，據說這和體內所產生的免疫物質有關[注]。

〔注〕一般而言，老人的症狀比較輕微，所以大都是因爲心律不整（心房細動）才會發現。

荷爾蒙的疾病

## 何謂甲狀腺炎？

甲狀腺因爲細菌等而引起感染就稱爲甲狀腺炎。

甲狀腺炎分爲急性、亞急性、慢性，其中急性（伴隨化膿）的情形非常罕見。

▶**亞急性甲狀腺炎**…甲狀腺荷爾蒙大量分泌，代謝異常升高。

▶**慢性甲狀腺炎**…甲狀腺濾泡（塞滿荷爾蒙，像小袋子一樣）萎縮，而形成塞滿淋巴液的濾泡[注]。

甲狀腺荷爾蒙的分泌量降低，也會產生甲狀腺機能低下症。

甲狀腺
發炎
放大圖

▶亞急性甲狀腺炎
濾泡
血管
甲狀腺荷爾蒙過剩

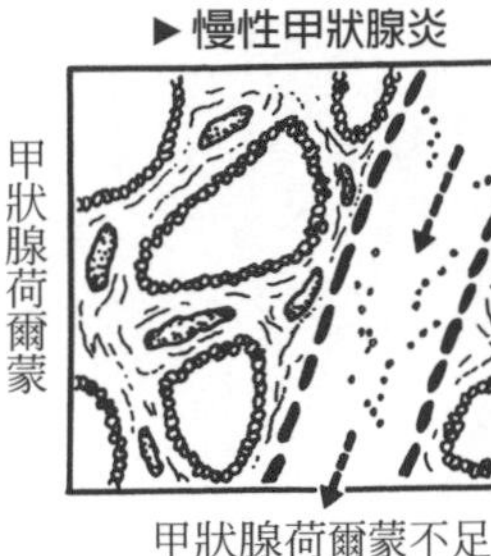


〔注〕也稱爲橋本病，是一種自體免疫疾病。以中老年的女性較多見。

荷爾蒙的疾病

## 何謂甲狀腺機能低下症？

**甲狀腺機能低下症的症狀**

浮腫
體溫降低
甲狀腺腫脹
皮膚乾燥
甲狀腺荷爾蒙不足
精神活動遲鈍
便秘

因爲慢性甲狀腺炎等而使得甲狀腺荷爾蒙的分泌量不足，進而引起各種毛病。

甲狀腺荷爾蒙具有使代謝旺盛的作用，一旦缺乏則代謝力就會不佳。

症狀首先爲身體浮腫，上眼瞼的浮腫尤其明顯。此外還會出現皮膚乾燥、手腳冰冷以及甲狀腺腫脹等現象。

覺得身體倦怠，無氣力。治療法爲投與甲狀腺荷爾蒙。

原因幾乎都是稱爲**橋本病**的甲狀腺炎，先天性的則是**矮呆病**[注]。

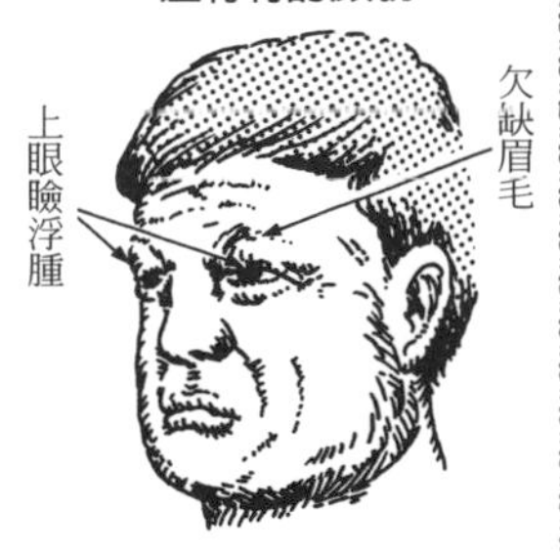


〔注〕所謂的矮呆病就是意味著幼小的基督教徒。天生得這種疾病的孩子大多非常的溫馴，因此給予這個病名。會出現精神和身體發育的障礙。

荷爾蒙的疾病

位於腦的腦下垂體器官，前葉會分泌成長荷爾蒙。

這個荷爾蒙會對全身細胞發揮作用，促進成長。

成長荷爾蒙於睡眠時分泌。

如果腦下垂體前葉出現腫瘤或發炎，就會不斷的大量分泌成長荷爾蒙。

這時已經停止成長的大人，其手指、腳趾等身體末端部分就會肥大化。

這就是**末端肥大症**，除了手腳之外，眉弓（長眉毛處）或下顎也會突出。

此外，成長期的孩子則會不斷長高，形成**巨人症**。

成長荷爾蒙分泌過分會抑制胰臟分泌胰島素，因此容易引起糖尿病[注]。

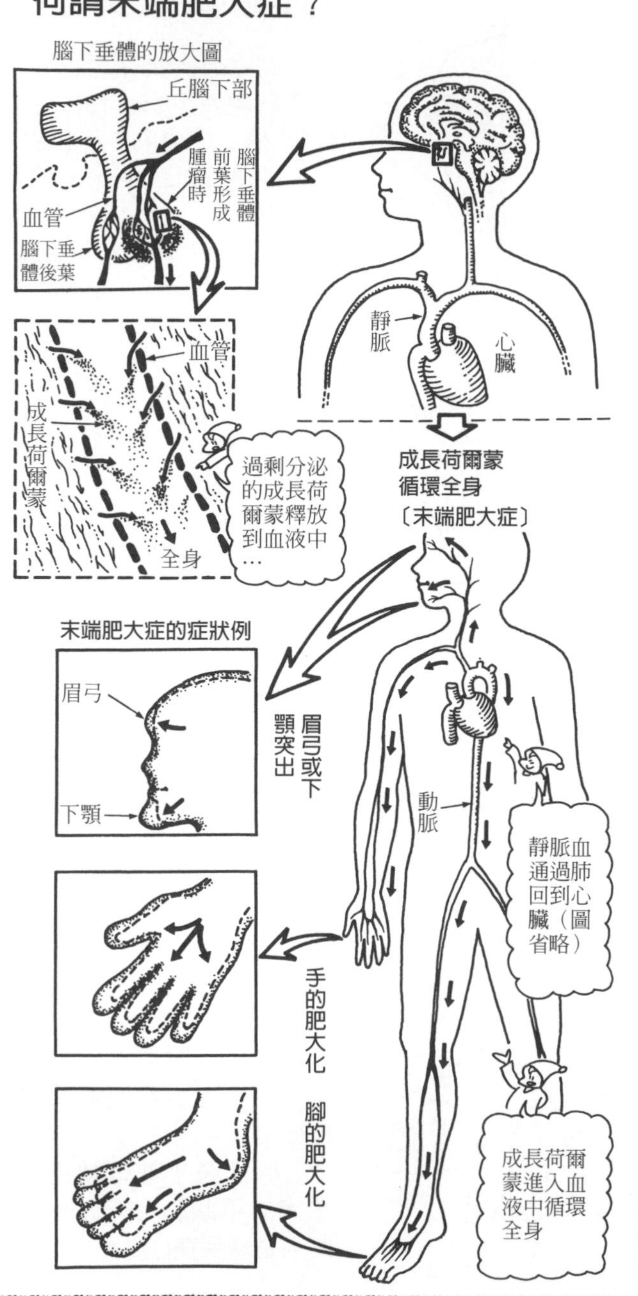


〔注〕此外也會出現動脈硬化、高血壓、視力減退、頭痛等腦的壓迫症狀。

荷爾蒙的疾病

## 何謂腦下垂體侏儒症？

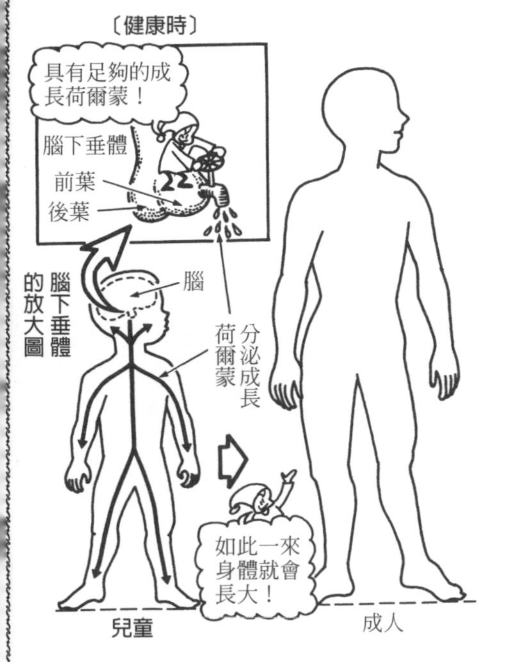


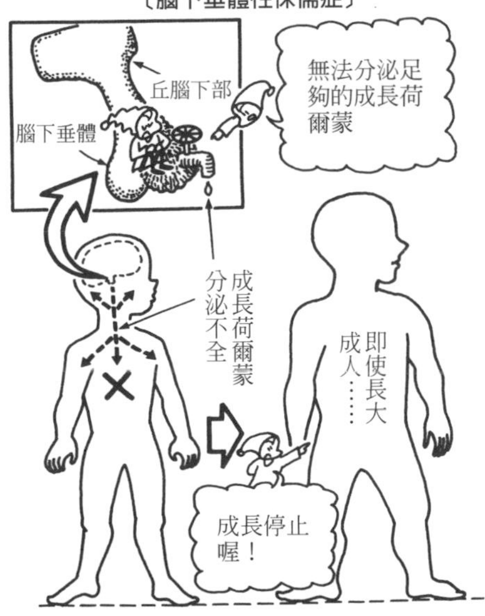


腦下垂體前葉分泌成長荷爾蒙。

成長荷爾蒙會對全身的骨骼和肌肉發揮作用，促進成長。

成長荷爾蒙是由蛋白質所構成的，其構造則因各種動物的不同而有不同。

因此，即使將狗或貓的成長荷爾蒙投與人類也是無效的。

健康的人會分泌足夠成長荷爾蒙，所以身高會長高、手腳會長長，能夠順利成長[注1]。

因為某種理由，這個成長荷爾蒙可能停止分泌。

這時成長停止，即使已經是大人了，身高卻還是和兒童一樣[注2]。

此外，完全不會出現第二次性徵（男性的變聲或是長鬍子，女性皮下脂肪附著形成圓潤的女性體型）等現象[注3]。

不過智能的發育是正常的。

這種因為成長荷爾蒙分泌不全而引起的成長阻礙就稱為**腦下垂體性侏儒症**。

原因包括腦下垂體形成腫瘤、發炎，或基因異常等。

不過大半都是原因不明的特發性。

治療腦下垂體侏儒症最有效的方法就是投與化學合成的成長荷爾蒙。

〔注1〕最近盛行對於荷爾蒙的基因研究。
〔注2〕此外，有時也會引起其他的荷爾蒙分泌障礙，也是原因之一。
〔注3〕有時會造成低血糖。

荷爾蒙的疾病

## 副腎分泌的荷爾蒙及其異常

**★副腎是何種器官？**

副腎位於左右腎臟上部，三角形的內分泌器官。

其內部有內側髓質和外側皮質，各自會分泌荷爾蒙。

**★副腎髓質荷爾蒙的功能**

髓質會分泌**腎上腺素**與**降腎上腺素**[注1]。

身體遇到精神緊張或是寒冷、缺氧等危險時，腎上腺素會使得心跳次數增加、醣代謝旺盛，促進熱量產生來應對危險。

降腎上腺素的功能就是使身體末梢血管收縮，使血壓上升。

**★副腎髓質荷爾蒙的異常**

其他的神經細胞也會分泌副腎髓質荷爾蒙。

因此，當副腎機能不良時也不會造成很大的影響。

但是，當副腎皮質荷爾蒙因爲腫瘤等而分泌過剩時，就會引起高血壓、高血糖、頭痛等毛病。

**副腎髓質荷爾蒙**

- ▶**腎上腺素**…使心跳次數增加，促進醣代謝的亢進。
- ▶**降腎上腺素**…使血壓上升。

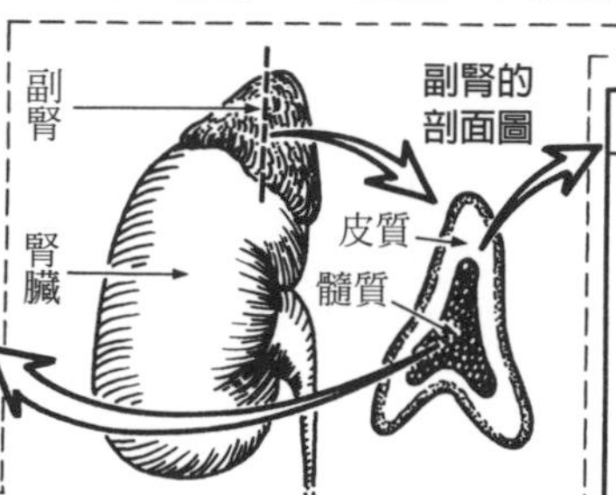


**副腎皮質荷爾蒙**

- ▶**糖質荷爾蒙**…消除壓力。
- ▶**電解質荷爾蒙**…調節血中的鹽分量。
- ▶**副腎性性腺荷爾蒙**…刺激性腺。

**★副腎皮質荷爾蒙的功能？**

副腎皮質會分泌類固醇荷爾蒙。

▶ **醣質荷爾蒙**…由腦下垂體分泌的副腎皮質荷爾蒙的作用而分泌出來。

出現外傷、疾病、精神緊張等壓力時，爲加以對抗而分泌這種荷爾蒙，以調節血糖値和抗發炎。

▶ **電解質荷爾蒙**…對身體組織，尤其是腎臟產生作用，促進鹽分的再吸收，保持體內的鹽分量。

▶ **副腎性性腺刺激荷爾蒙**…合成蛋白質，以及促進男性化。

**★副腎皮質荷爾蒙異常所引起的疾病**

**〔克興氏症候群〕**因爲糖質荷爾蒙（類固醇）分泌過剩而引起。

中心性肥胖（手腳不胖，只有軀幹發胖）會出現月經不順、糖尿病、高血壓等症狀。

原因包括腦下垂體所引起的或是副腎本身有毛病。

**〔阿狄孫病〕**原因爲類固醇荷爾蒙不足。會出現疲勞感、食慾不振、色素沈著、噁心症狀[注2]。

〔注1〕此外，也稱爲EPINEPHRINE以及NOREPINEPHRINE。
〔注2〕因爲電解質荷爾蒙過剩，會造成原發性醛甾酮過多症（低鉀症）。

荷爾蒙的疾病

## 何謂尿崩症？

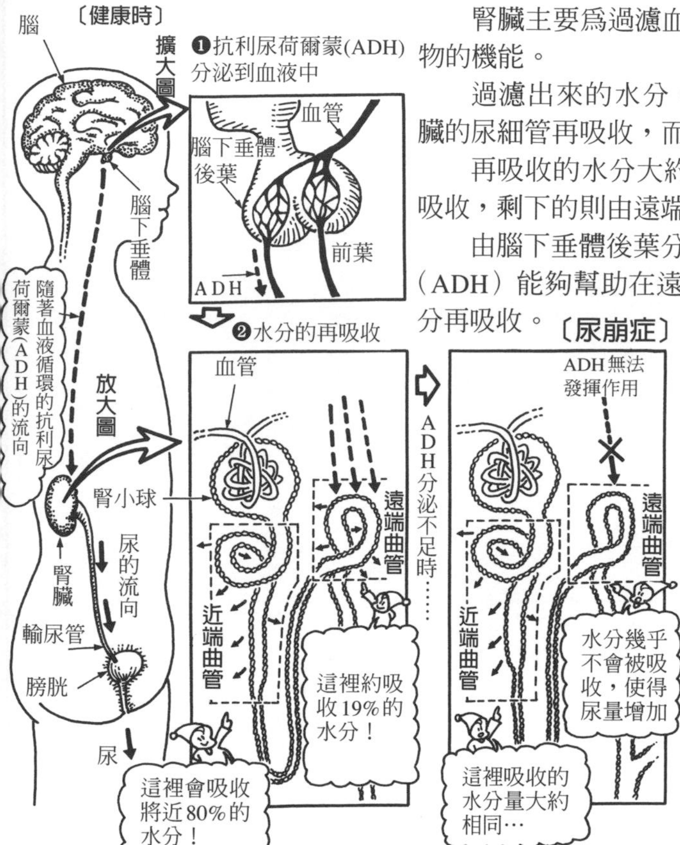


腎臟主要爲過濾血液，具有去除有害物的機能。

過濾出來的水分，約百分之99由腎臟的尿細管再吸收，而百分之1成爲尿。

再吸收的水分大約8成由近端曲管再吸收，剩下的則由遠端曲管進行吸收。

由腦下垂體後葉分泌的抗利尿荷爾蒙（ADH）能夠幫助在遠端曲管所進行的水分再吸收。

如果腦下垂體因爲腫瘤或發炎而使得ADH分泌不足時，會阻礙水分的再吸收，則1日的尿量可能會達到10公升以上[注]。

這就是尿崩症，只須投與ADH就能有效加以治療。

〔注〕主要症狀包括多飲與多尿。

荷爾蒙的疾病

## 何謂抗利尿荷爾蒙分泌異常症？

腦疾病、惡性腫瘤會使得抗利尿荷爾蒙（ADH）持續過剩分泌。

這就是**抗利尿荷爾蒙分泌異常症**，會阻礙排尿。

這時體內水分積存，血液中的鈉含量相對降低（低鈉血症）。

嚴重時血壓上升、腦浮腫，甚至會造成昏睡、痙攣、嘔吐等症狀。

治療法爲限制水分，同時努力治療原因疾病。

# 第7章

# 感覺系統的疾病

感覺系統的疾病

# 眼睛的疾病

眼睛的疾病

## 眼睛可以看到顏色的構造

### ★顏色發生的構造

在天氣好的日子到戶外散步時，看到藍天、看到綠樹，令人心曠神怡。

事實上，這種藍色、綠色是經由光的能量來決定的。

例如，紅色的花會反射紅色的光，因此在我們眼裡看來是紅色的。

光具有如波浪般的形狀，依波長短的不同，所以看起來可能是紅色或藍色的（參照上圖）[注]。

### ★眼睛識別顏色的構造及毛病

進入眼中的光會刺激網膜。

網膜中有錐體與桿體視細胞。桿體可以感覺到光的明暗，而錐體則能夠識別顏色。

錐體會與紅、藍、綠三色反應，而這些組合就能夠識別各種的顏色。

例如看到綠色的葉子時，葉子反射的綠色光進入眼中，在網膜內刺激與綠色產生反應的錐體，而錐體就會將這個刺激變成電氣信號，透過視神經而送達到腦，讓我們認知到顏色。

當錐體功能不良無法識別顏色時，就會造成**色盲**。

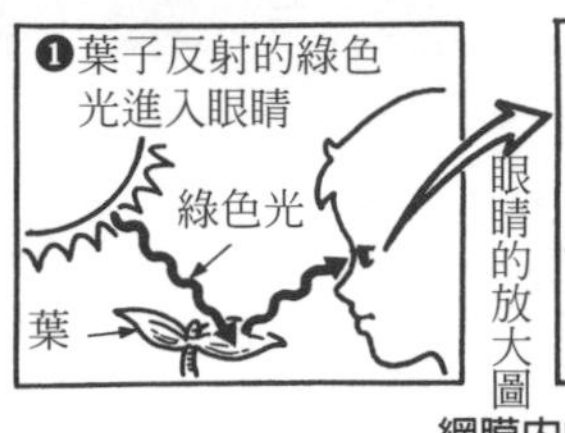


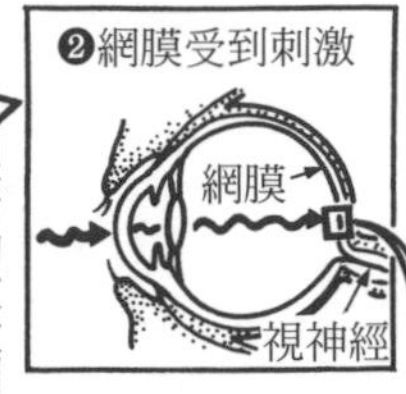


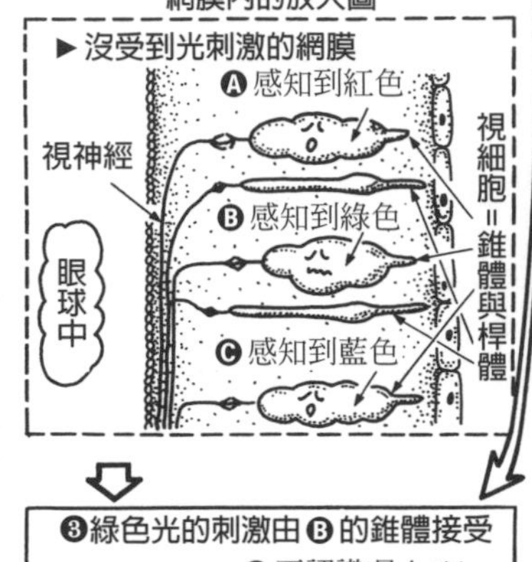


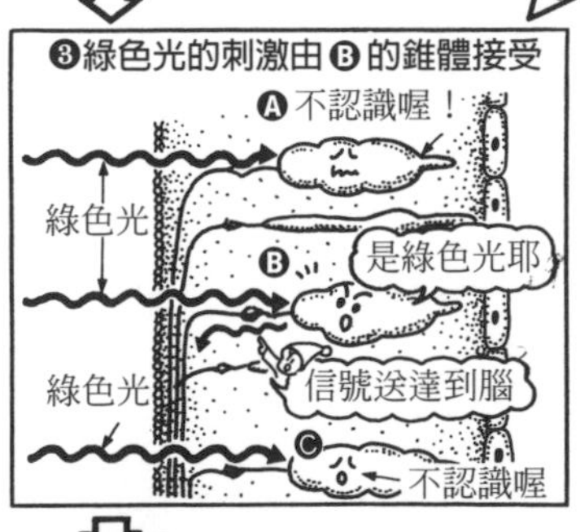

〔注〕如果波長的長度約0.000418㎜就是紫色，約0.000474㎜就是藍色，約0.000523㎜就是綠色，約0.0005? ㎜就是黃色，約0.000607㎜就是橙色，約0.000677㎜就是紅色。

眼睛的疾病

# 色　盲

眼睛的水平切面圖

光

網膜

Ⓐ　Ⓑ

周邊部　中心部　周邊部

桿體較多　錐體較多　桿體較多

▶比喻為花園的話……

顏色看得很清楚

蟲

視野周邊是用桿體看，因此顏色看得比較不清楚。

……但移動的東西看得很清楚!!

## ★在視野之中每個人看法不同

人體首先是由在視網膜的視細胞掌握進入眼中的光的刺激，這個刺激變成電氣信號，送達到腦，這時才能夠認識到物體的顏色、形狀等。

在視細胞有錐體、桿體這2種細胞。

錐體是感覺顏色的細胞，在網膜中大多分布在中心附近的黃斑處，愈往周邊數量愈少。

桿體是感知光暗的細胞，無法清楚辨別顏色，與錐體相反，愈往眼膜周邊處，分布愈多。

在眼睛可看到的範圍（視野）之中，中心部分的錐體可充分發揮作用，因此對顏色的不同可一目了然。

而視野周邊則是桿體發揮作用，因此顏色變得較淡[注1]。

## ★色盲

錐體有3種，各自對紅色、綠色、藍色產生反應，藉其組合即能感知各種顏色。

錐體若功能不良，不能辨識各種顏色，就稱為**色盲**。

最多的是紅綠色盲，即感知紅色的錐體障礙（紅色色盲），感知綠色的錐體障礙（綠色色盲），無法區別紅色與綠色[注2]。

網膜中的放大圖

▶健康時

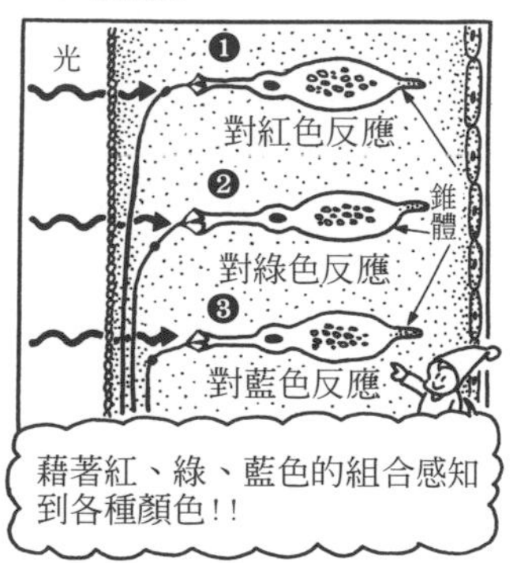


▶色盲（例：紅色色盲）

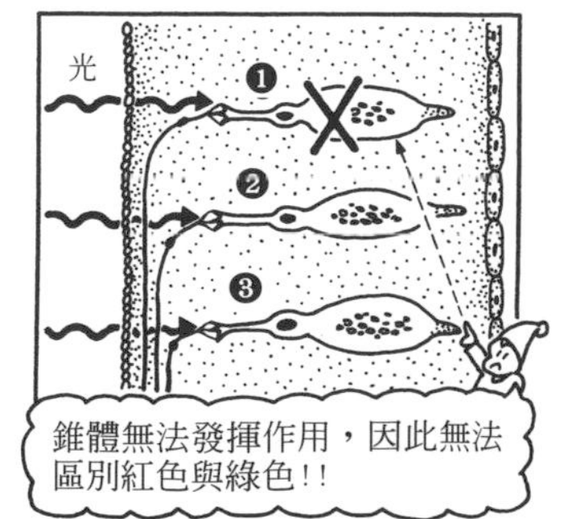


注1〕稱為生理的色盲。

注2〕完全無法辨識顏色，稱為全色盲。不過很罕見。

眼睛的疾病

## 色盲的遺傳構造

色盲是因眼睛的疾病而產生的（後天性），或是天生的（先天性）。

先天性色盲因遺傳而來，遺傳色盲的基因在決定性別的染色體中帶有X型的基因上。男性為X型與Y型，女性則為兩個X型，男性若在其X型中有色盲基因，就會色盲。

女性有兩個X型染色體，若帶有色盲基因，也會色盲。

但是女性若有一個X型染色體正常，就不會發病，會成為色盲基因保因者，生下的孩子有色盲的可能。

這就是X染色體隱性遺傳。

❶（母）XX 正常　（父）XY 色盲
女兒 XX 保因者　兒子 XY 正常
顏色看起來是正常的!!

XX, XY 在人的染色體裡，決定性別的染色體
X 具色盲基因的染色體

❷（母）XX 保因者　（父）XY 色盲
女兒 XX 色盲　XX 保因者　兒子 XY 色盲　XY 正常

❸（母）XX 保因者　（父）XY 正常
女兒 XX 正常　XX 保因者　兒子 XY 色盲　XY 正常

〔注〕關於遺傳的色盲，請參照本出版社發行的《完全圖解了解我們的身體》。

眼睛的疾病

## 色　弱

在網膜上，有感知顏色的錐體視細胞。

錐體有感知紅色的紅錐體、感知綠色的綠錐體，以及感知藍色的藍錐體。

3色組合，就能識別各種顏色，3色中若對某種顏色感覺遲鈍，就稱為色弱。

色弱很難與色盲區別，要做詳細的檢查[注]。

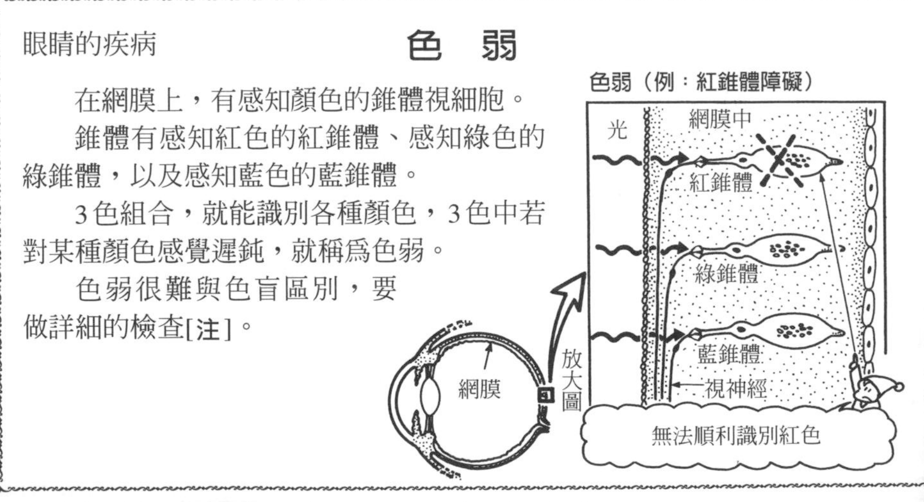


〔注〕色盲或色弱除了特殊職業（如設計師）外，不會造成太大的困擾。

眼睛的疾病

# 光之明暗的識別

**★在明亮處能看到東西的原因**

在網膜上，有**錐體**這種視細胞。

這種細胞大多分布在網膜中心附近，愈往周邊，就愈減少。

錐體在明亮的光源下，會充分產生反應，因光之波長的不同，感知的顏色有所不同[注1]。

在明亮光線照耀下看畫冊，顏色清晰，看起來很美麗（**明順應**）（左圖❶）。

**★在暗處看東西的方法**

看畫冊時若突然停電，會變成怎樣的情況？

識別顏色的錐體在暗處是無法發揮功能的。

停電之後，會覺得「一片漆黑，什麼都看不到」，而慌了手腳（左圖❷）。

但網膜除了錐體外，還有能夠識別光的明暗的桿體視細胞。

這種細胞與錐體相反，在網膜中心附近較少，愈往周邊愈多。

停電時，光度變暗，桿體就製造出感覺光的明暗的物質視紫質（左圖❸）。[注2]

如此就能看出物體的形狀了。

這種反應稱為**暗順應**，當此順應無法作用，什麼也看不到時，就稱為**夜盲症**[注3]。

注1〕光的波長與顏色的關係，請參照132頁。
注2〕製造視紫質時，維他命A能發揮重要的作用。
注3〕暗順應須花較長的時間才能適應，明順應花的時間較短。

眼睛的疾病

# 結膜炎

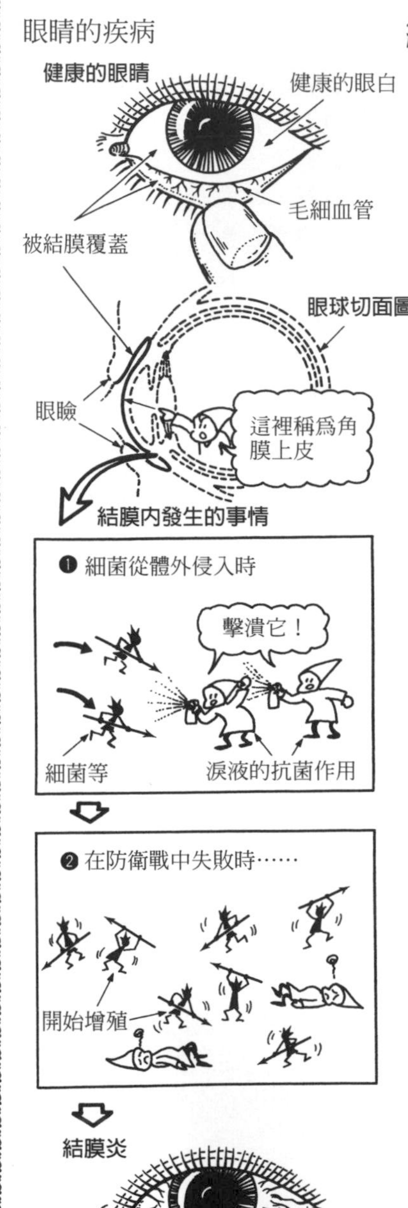


**★結膜的作用**

眼睛直接接觸外界，容易受到病原體的侵入。

防止來自外界物體侵入、保護眼睛的，就是結膜。

結膜是一種黏膜，覆蓋在眼瞼內側及眼睛表面。

眼睛表面有淚液經常加以滋潤，因此具抗菌作用，可保護眼睛避免感染。

**★結膜炎是怎麼形成的？**

平常結膜保護眼睛，但若病原體過多，或抵抗力降低時，情況就完全不同了。

侵入的病原體若戰勝淚液的抗菌作用，病原體就會大量增殖。

這時結膜就會發炎，大量充血，出現大量眼屎（**結膜炎**）。

若是由細菌或病毒引起的，則患者眼中會含有大量病原體。

因此，不要接觸沾有患者眼屎的手指或毛巾等物，要仔細消毒，保持清潔。

病毒易感染流行性結膜炎、咽頭結膜炎、出血性結膜炎，要及早治療。

此外，最近衣原體引起的結膜炎也增加了。

治療法是投與抗生素等物，通常數週即可逐漸痊癒[注]。

有的人會因化粧品、花粉、藥品等引起結膜炎，這就是過敏性結膜炎。



〔注〕結膜炎病變大多會波及黑眼球部分，稱爲角膜炎。關於角膜炎，請參照次頁。

眼睛的疾病

## 角膜炎

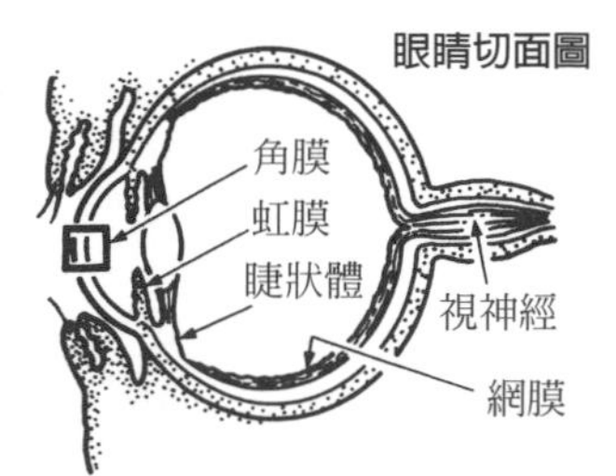


眼球前方（靠近眼瞼附近）約6分之1處，有如盤子蓋下來形狀的透明薄膜，就稱爲角膜。

角膜相當於「黑眼球」部分，在其深處虹膜的顏色，看起來像是透明的。

角膜發炎時，就稱爲**角膜炎**，眼睛感覺有異物，會覺得怕光，無法睜開眼睛，大量流淚。

角膜炎有很多種。

依一般人症狀深淺，可分爲**表在性角膜炎**（在淺處的發炎症狀）以及**深在性角膜炎**（發炎症狀波及深處）。

其中最可怕的是所謂的「眼球戳傷」這種細菌性角膜潰瘍。

這是角膜傷口感染細菌造成的。外傷過後，大約2～3天，症狀就會出現。

症狀包括眼痛、充血、視力障礙等，發炎部分出現潰瘍，嚴重時，角膜穿孔導致失明。

此外還有疱疹角膜炎、角膜眞菌症等。

**❶ 表在性角膜炎**

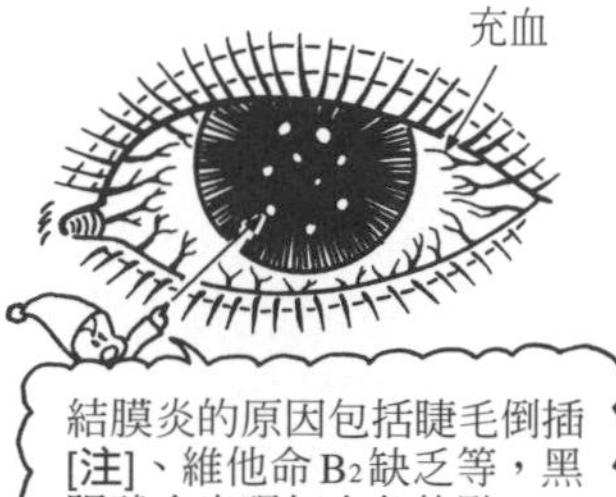


**❷ 深在性角膜炎**

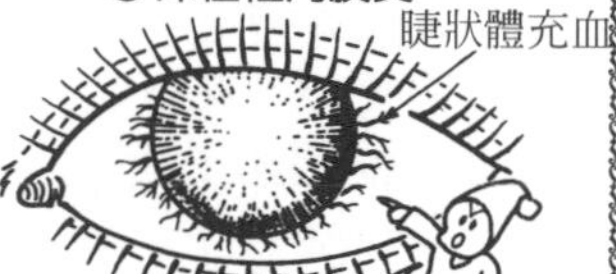


黑眼球出現灰色混濁，周圍會充血，原因是梅毒或結核。

〔注〕睫毛生長方向錯誤，經常刺激眼球，稱爲睫毛倒插。

眼睛的疾病

## 眼睛疲勞

閱讀書本，剛開始沒什麼，但經過一段時間，會覺得模糊，眼睛感覺到壓迫感。

這就是**眼睛疲勞**，嚴重時會頭痛、頭暈，無法閱讀。

原因包括近視、遠視、散光等，還有老花眼、斜視等，產生屈折異常、眼肌障礙[注]等。

當然結膜炎等，也是原因之一。

除了眼睛異常之外，高血壓、低血壓、歇斯底里、神經衰弱等，也是原因之一。

症狀在早上比較輕微，愈到傍晚愈嚴重，不算是什麼特別的疾病。

〔注〕關於近視、遠視、散光、老花眼、斜視，請參照本出版社發行的《完全圖解了解我們的身體》。

眼睛的疾病

# 麥粒腫（瞼腺炎）與霰粒腫

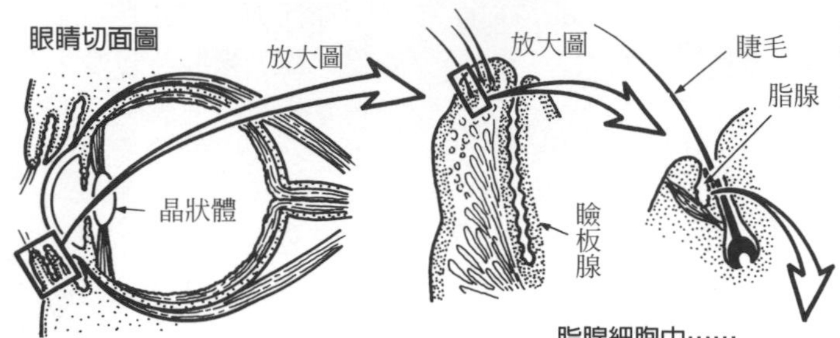


## ★麥粒腫（瞼腺炎）

淚腺分泌的淚液與瞼板腺的分泌物，能保護眼睛免於受到外界的刺激。

淚液中含有溶菌酶，具有溶解葡萄球菌等病原體的作用，能夠保護眼睛免於感染（參見P221）。

但如果病菌侵入過多，或疾病、疲勞使得體力衰退，眼睛自淨作用無法處理，進而引起發炎，會腫脹疼痛。

這類的發炎會在睫毛生長處，即睫毛腺出現，而且帶有膿，因此稱爲**外麥粒腫**（瞼腺炎），主要是由葡萄球菌引起的。

麥粒腫發生在眼瞼的瞼板腺時，稱爲內麥粒腫，與外麥粒腫有所區別。

通常1週後膿會自動排出而痊癒。

治療法是在化膿前，用沾了冰水或硼酸水的布，冷敷患部。

其次，開始化膿、流膿時，將水或硼酸水加熱，用布沾溼，溫熱患部，就能使膿迅速排出，迅速治癒。但依情況不同，有時須動手術，將膿去除[注]。

在防禦戰中失敗時

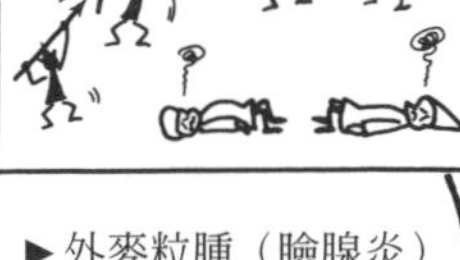

►外麥粒腫（瞼腺炎）

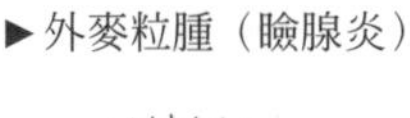

## ★霰粒腫

瞼板腺發炎，在眼瞼深處形成硬的結節（內芽腫），就稱爲霰粒腫。

形成原因至今不明，不會腫脹，也不會疼痛，通常只須切開，取出裡面的膿，就能痊癒。

霰粒腫

在眼瞼內側出現硬的結節……

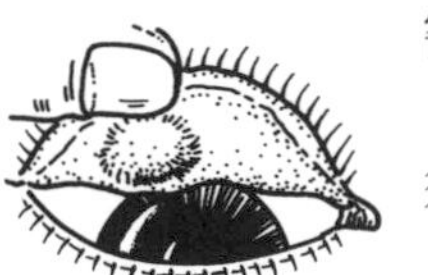

〔注〕麥粒腫若反覆出現，可能是得了貧血或糖尿病，要接受醫師診查。

眼睛的疾病

# 白內障

**★何謂晶狀體？**

眼睛裡面有直徑9毫米左右的透鏡，稱為晶狀體。

進入視界的對象物，必須經過晶狀體，在網膜組織成像。

這個映象由大腦通過視神經掌握住，就知道「這是鳥」、「那是花」。

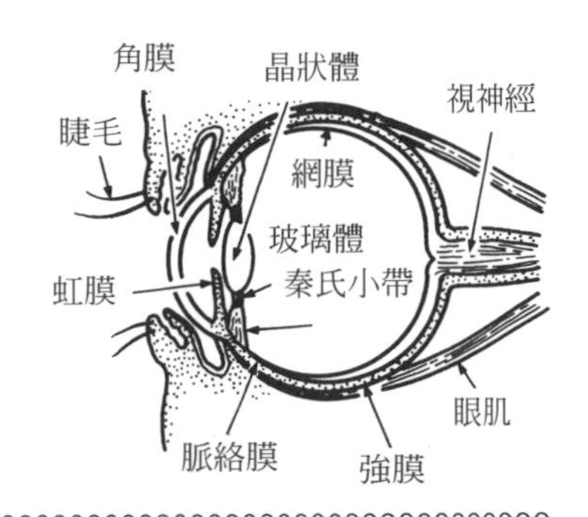


**★晶狀體透明的原因**

晶狀體為了直接將對象物正確地映在網膜上，因此必須是透明的。

晶狀體沒有血管通過。

但是晶狀體是活的，需要營養供給。

經由睫狀體組織，不斷分泌帶有營養的房水液體。

晶狀體經由房水吸收養分，才能持續生存。

**★何謂白內障**[注1]**？**

只要組織是活的，當然就會有一些死亡的細胞，或是營養殘骸。

其他組織會利用靜脈將這些廢物送出，但晶狀體沒有血管，所以老廢物無法送出，於是積存下來。原本透明的晶狀體，因此變得混濁，這就是**白內障**[注2]。

晶狀體混濁的方式分為以下幾種。

晶狀體（正面）

①

②

其中邊緣部分的混濁稱為**皮質白內障**（圖①）

此種症例最多，且不會妨礙日常生活。

不過，內側混濁時（**核白內障**），會造成視力顯著降低（圖②）。

由此可知，我們看東西主要是用晶狀體的中心部分。

白內障的比例，從60歲開始不斷增加。

只要活得夠長久，總會罹患上這種疾病。

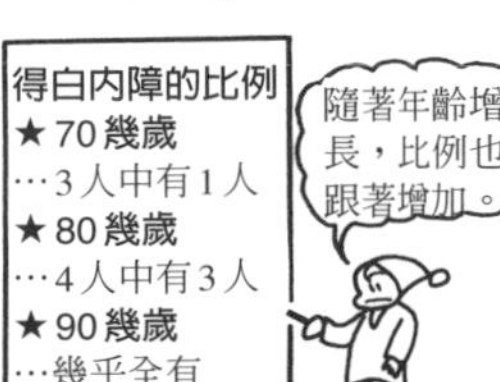


〔注1〕白內障就是晶狀體的混濁，瞳孔看起來是白的。

〔注2〕因為代謝障礙而出現的老化現象，老人性白內障就是屬於這一種。白內障因原因的不同，分為先天性、老人性、外傷性、糖尿病性等，有各種不同的種類。

眼睛的疾病

# 綠內障（青光眼形成的原因）

眼球內部充滿液體房水。房水是由睫狀體組織一點點一點點製造出來的，會不斷分泌。

房水的作用有以下兩種：

❶供給角膜和水晶體養分。

❷避免眼球因無法抵擋大氣壓而萎縮，能夠保持穩定的壓力（眼壓）。

運送養分的房水通過角膜、虹膜（變化光量的組織）交界處的隅角，經由鞏膜靜膜管（施累母氏管），流入睫狀體靜脈。

**★引起青光眼的構造**

爲了維持眼壓的穩定，進入眼球的房水量與出來的量必須相當才行，當這個平衡瓦解時，就會罹患疾病。

如果跑出來的房水量增多，眼球會萎縮（眼球萎縮），但這種例子從來沒有出現過。

進入眼球的房水量超過出來的量，這種例子反而常常出現。這種眼壓上升的病就稱爲綠內障（青光眼）。

青光眼的原因有幾種，其中原因較明確的，是繼虹膜炎之後出現的青光眼。

這是因爲發炎彎曲的虹膜根部阻塞的隅角而造成的（右圖），此時會導致房水積存。

由於周遭組織疾病而造成的青光眼，稱爲續發性青光眼。此外還有原因不明，或天生組織缺陷引起的，稱爲原發性青光眼[注]。

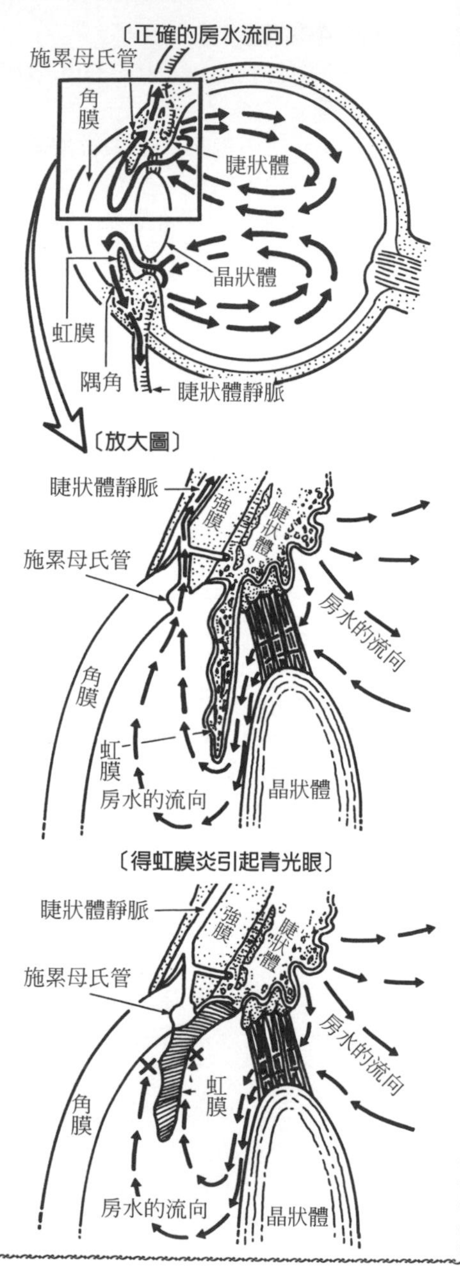


〔注〕原發性又稱爲開放性隅角青光眼與閉塞性隅角青光眼。

眼睛的疾病

## 綠內障有何種症狀？

看眼球內部，當房水液體出口被堵住，無法流到外部時，眼球內的壓力（眼壓）上升，就會引起青光眼（參照上一頁）。

慢性青光眼會有疲勞感和眼睛模糊的現象，看到光時，會看到一圈色環（虹視），視野狹窄。急性的閉塞性隅角青光眼會出現眼痛、頭痛、噁心嘔吐等青光眼發作症狀。

青光眼到了末期時，無處可去的房水只好壓迫最弱的部分，亦即視神經。

視神經是由數百萬條纖維構成的，將映在網膜上的像化爲訊號，送到大腦，是非常重要的器官。

神視經的前端（乳頭）無法忍受房水的壓力而收縮，則將訊號送達到腦的通路關閉，就會喪失視力。

目前40歲以上的人，30人當中有1人會得青光眼。在本人沒有察覺時，症狀已在進行當中，因此要接受定期檢診。

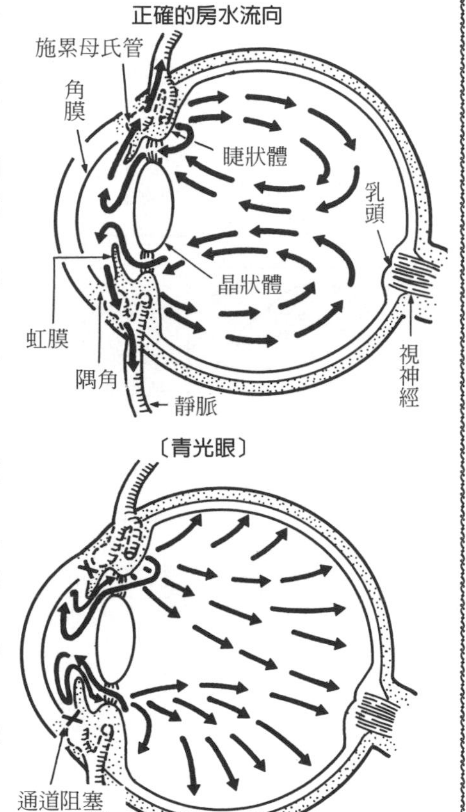


**【參考】何謂牛眼？**

幼兒的眼球內膜與大人相比，相當柔軟且具有彈性。

因此幼兒得青光眼時，因爲有房水積存，就好像氣球一樣膨脹。

從外表看起來，黑眼珠就好像牛的眼睛，因此稱爲牛眼。

牛眼大多是天生原因引起的，若放任不管，可能會失明，所以要動手術。

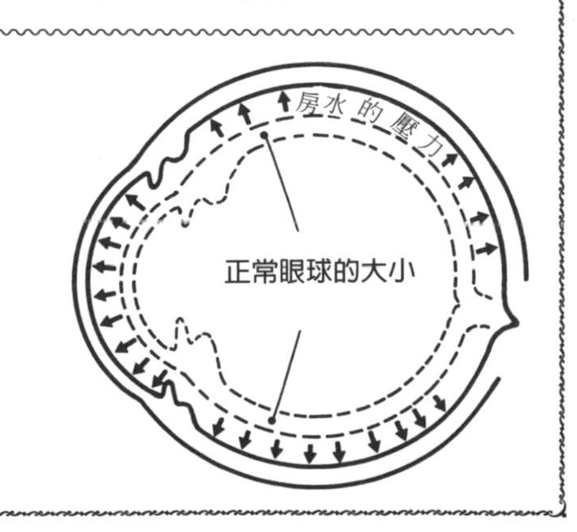

眼睛的疾病

# 網膜剝離

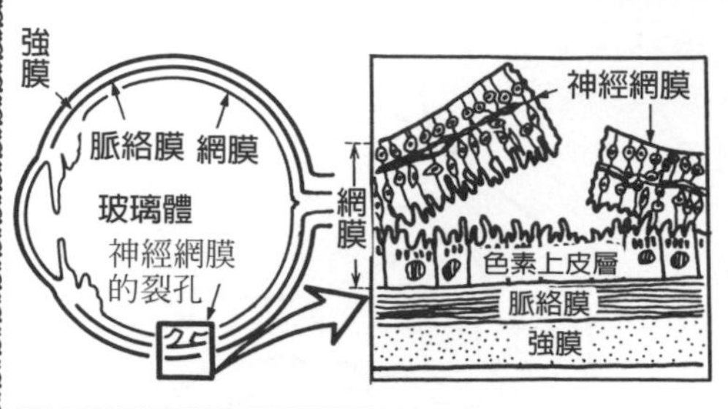


網膜大致分爲神經網膜與色素上皮層，兩者接合在一起。

隨著年齡增加，神經組織衰弱或穿孔，膠狀的玻璃體就會液狀化而滲出，使得神經網膜從色素上皮層脫落，這就是**網膜剝離**。其他網膜穿孔的原因還有很多[注]。

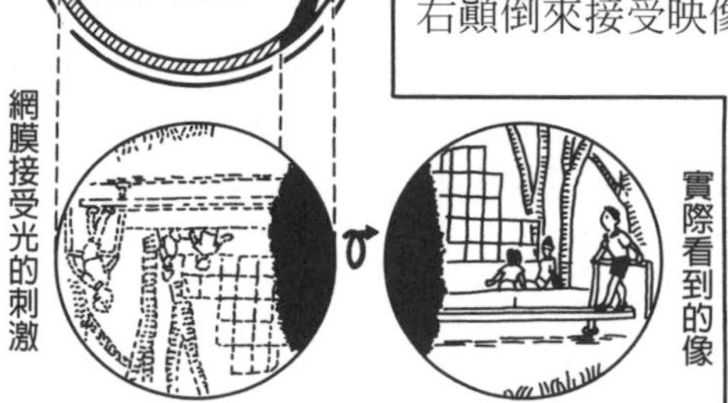


神經網膜一旦剝落，失去營養，神經就會壞死。如果這種情形發生在眼球深部（眼底），來自外界的光的情報無法傳到大腦，就會使得視野欠缺。

眼底的神經網膜將光的情報當成刺激，使上下左右顚倒來接受映像，這個刺激必須到了大腦再恢復正常的樣貌，成爲我們平常所見的映像。

因此，例如眼底右側的神經網膜神經壞死時，看起來就好左側欠缺映像（圖A）。

治療法必須動手術，補足神經網膜洞。

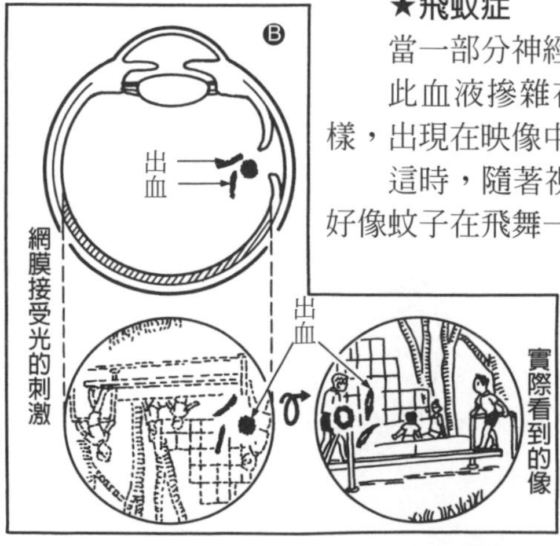


**★飛蚊症**

當一部分神經網膜破裂時，就會出血。

此血液摻雜在玻璃體當中，看起來好像灰塵一樣，出現在映像中。

這時，隨著視線的移動，影像也被拉扯，看起來好像蚊子在飛舞一樣，因此稱爲飛蚊症（圖B）。

但是，此症狀因人而異，各有不同。有的看起來像繩子，有的看起來看煤灰，有的看起來像救生圈似的。

除此之外，飛蚊症也會因爲玻璃病變或網膜裂孔等而引起。

〔注〕此外玻璃體和網膜黏連，玻璃體拉扯網膜，即使沒有穿孔也會引起續發剝離（增殖糖尿病性網膜症）。

眼睛的疾病

# 眼底出血

頭部血管

能直接觀察到眼睛深處細小血管的狀況。

### ★眼底在何處？

我們的身體就像網眼一般，血管遍布全身。

其中能直接觀察到的細小血管，就在眼球深處的眼底。

眼中的晶狀體和玻璃體是讓光通過的器官，是透明的，從眼中就可看到圍繞著眼球的血管。

眼底網膜中心部聚集著感知顏色的錐體（一種視細胞），這裡稱爲黃斑。

黃斑的感受性極高，對閱讀文字、分辨顏色而言，是最重要的部分。

網膜周邊處錐體減少，桿體這種分辨明暗的視細胞會增加。

圍繞眼睛的血管

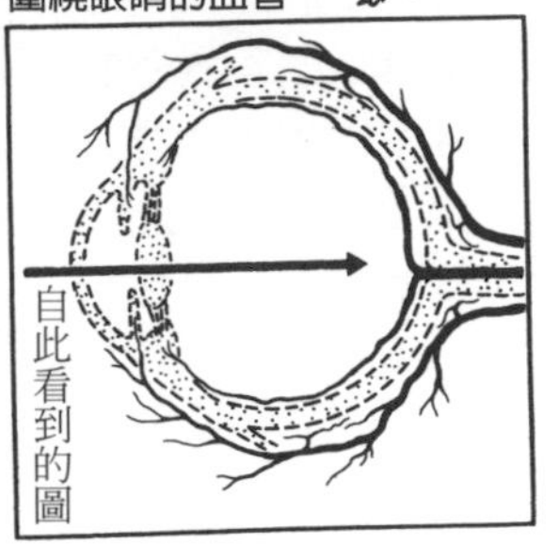


### ★何謂眼底出血？

眼底出血主要是指網膜出血。

其並非獨立的疾病，而是高血壓症、動脈硬化症等結果造成的。此外，最近認爲糖尿病也可能會引起這種症狀[注1]。

如果網膜周邊部分出血，幾乎都有自覺狀狀[注2]。若是大量出血、黃斑部出血，則有失明之虞，要及早治療使其發生的疾病。

眼底的血管

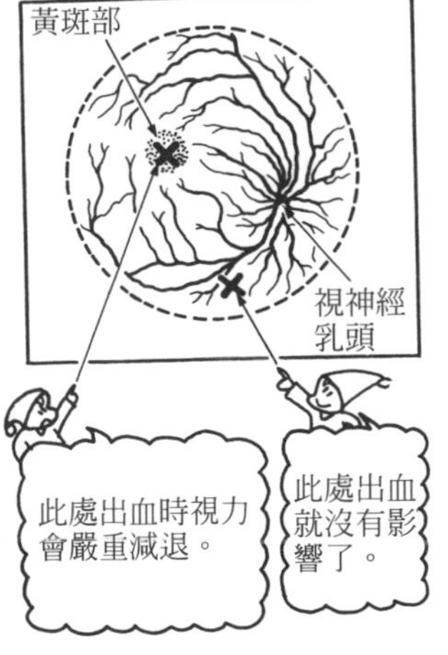


部位與出血的關係

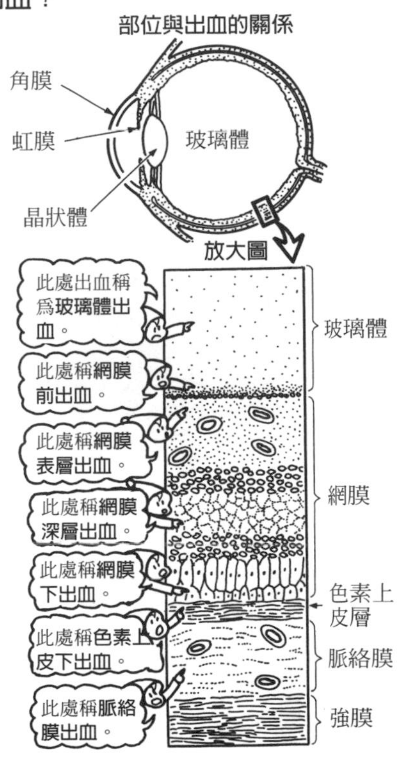


〔注1〕此外，患有腎臟病、貧血、白血病時也會出現。
〔注2〕眼前看起來好像有小蟲飛舞似的飛蚊症狀也會出現。（關於飛蚊症，請參照前一頁。）

感覺系統的疾病

# 耳的疾病【外耳．中耳．內耳】

## 耳的構造

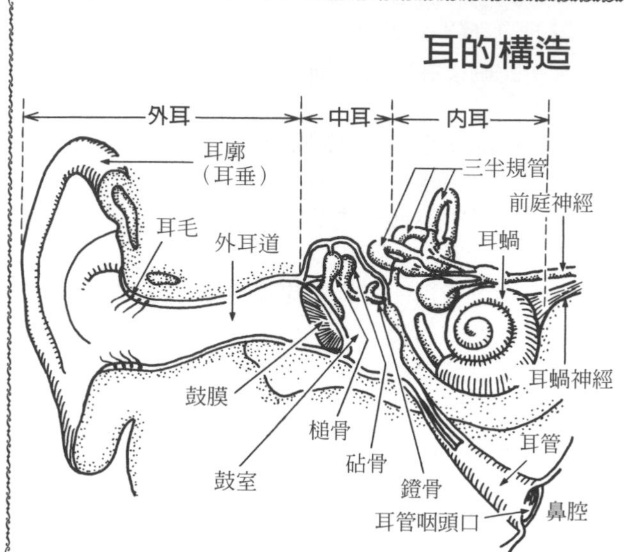


耳是由外耳、中耳、內耳三部分構成的。

外耳是從鼓膜開始的外側部分，分爲外耳道、耳廓（耳垂）。

中耳是鼓膜內側的空洞部分，由鼓室和耳管構成。耳管是扁平狀的小管，聯絡鼓室和鼻腔。

內耳則是蝸牛骨、半規管等骨的總稱[注]。

〔注〕前庭、耳蝸半神經進入腦幹。

耳的疾病

## 耳癤（急性局部外耳道炎）

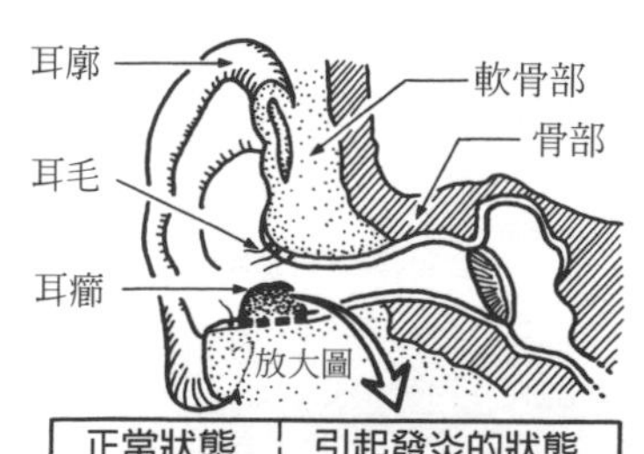


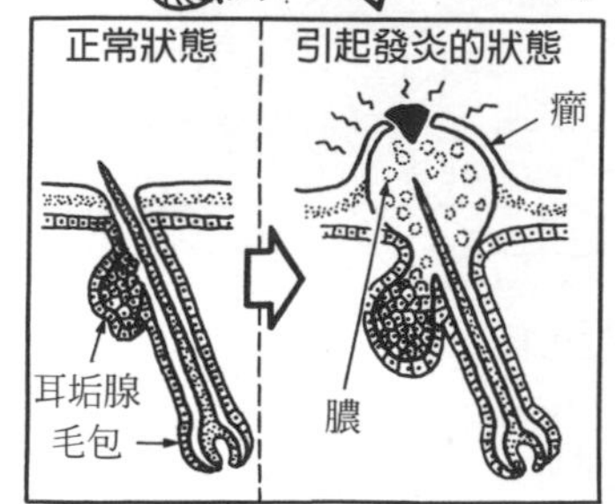


外耳道表面是皮膚，就像手腳等的皮膚一樣，會出現癤（腫包）。出現在耳的癤，就稱爲**耳癤**。

外耳道的軟骨部有很多毛包和腺（脂腺或耳垢腺），當細菌侵入，就會發炎，形成耳癤。

被不乾淨的手指戳傷或耳垢等引起的外耳道損傷，會造成細菌侵入的原因。

外耳道的皮膚再怎麼捏，也不可能拉起來，因爲癤的腫脹而勉強拉起皮膚時，耳朵就會非常地痛。

觸摸耳朵或是用力拉耳朵，疼痛會增強，如果癤出現膿，疼痛就會減輕，而逐漸痊癒。

耳的疾病

# 耳垢栓塞

〔耳垢栓塞的狀態〕

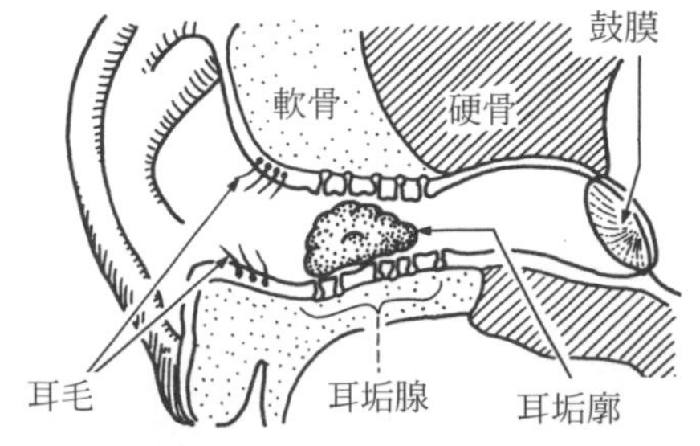


外耳道軟骨部集中了耳垢腺（從汗腺變化而來），這裡分泌出來的黏液混合皮脂或脫落的表皮，就稱為**耳垢**。

耳垢分為俗稱為粉耳的乾耳垢，與濕耳垢。皮脂分泌較多，就是濕耳垢，這是體質造成的，不算是疾病。

耳垢通常會自然排出到外耳道外，當無法排出，阻塞外耳道時，就稱為**耳垢栓塞**。耳垢不易排出，就易得耳垢栓塞。隨著栓塞程度的逐漸增大，就變成重聽。

〔耳垢製造的樣式〕

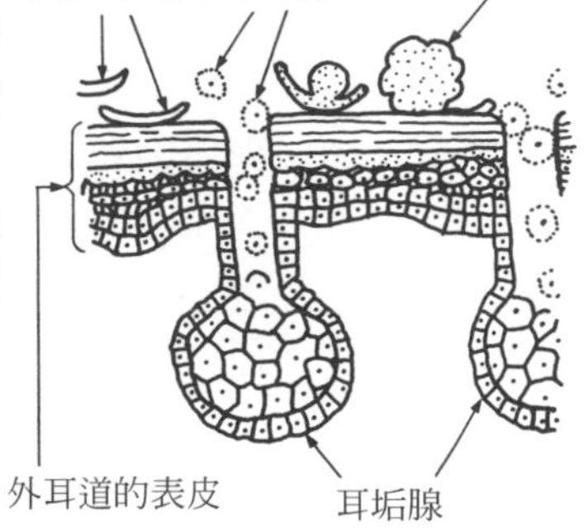


**〔清除耳垢的方法〕**耳孔深處較高處的前端（骨部）沒有耳垢腺，因此不要清掃到深處。若為濕耳垢，用掏耳勺很難去除，這時最好是用棉花棒。

**〔注意〕**如果得了耳垢栓塞，想自己去除耳垢，可能反而會將其往內推擠，損傷鼓膜或外耳道，因此要由專門的醫師去除。

耳的疾病

# 異物進入外耳道（外耳道異物）

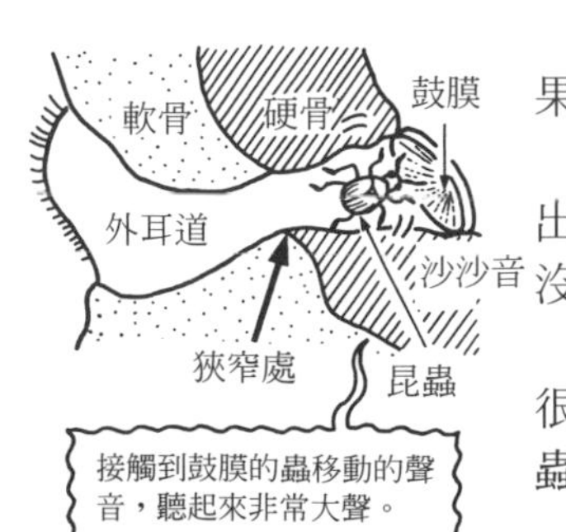


外耳道軟骨部與骨部的交接處非常狹窄，如果昆蟲、植物種子等進入此處，很難自己去除。

昆蟲進入時，可以讓耳洞對著光，將其誘出。如果進入耳內的蟲子大到無法轉向爬出，就沒辦法順利引誘出來[注]。

蟲接觸鼓膜時，會發出沙沙的聲音，聽起來很大聲，感覺很可怕，這時可以滴入橄欖油，讓蟲無法移動，然後再由醫師去除。

〔注〕小心不要使用火柴棒頭、鉛筆心等。

耳的疾病

# 鼓膜破裂

〔鼓膜的功能〕

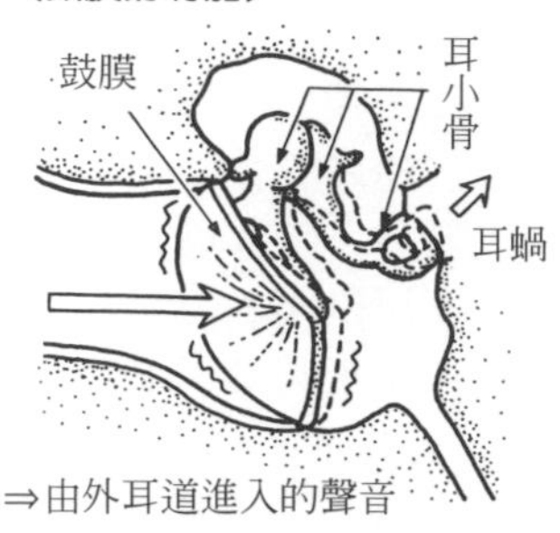


⇒由外耳道進入的聲音

### ★鼓膜的作用

鼓膜是與外耳交界處的薄膜，接受由外耳道進入的聲音而產生振動。振動藉著槓桿運動傳達到附著於鼓膜內側的耳小骨，再傳達到內耳的蝸牛（感音器官）。

### ★鼓膜為什麼會破裂

鼓膜破裂的原因包括用掏耳杓或火柴棒插入過深，因而損傷鼓膜，或是打耳光、爆炸的風暴、跳水等，由於外耳道和鼓室內激增的劇烈氣壓差，而使得鼓膜破裂。這些總稱爲鼓膜破裂。

破裂之時，會強烈耳痛、出血，以致重聽。若穿孔（破裂傷口）較小，只要不化膿，在一個月內就會自然癒合，這時要防止二次感染。如果傷口太大，就要動手術，進行鼓膜整形。

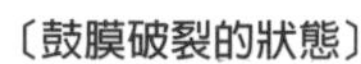
〔鼓膜破裂的狀態〕

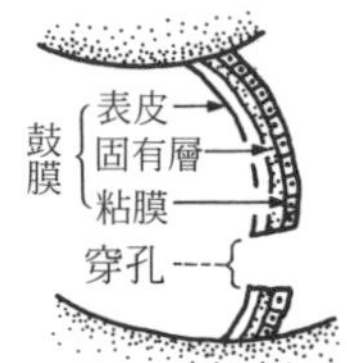


耳的疾病

# 鼓膜的修復手術（鼓膜整形術）

鼓膜整形術是在鼓膜的穿孔部移植軟骨膜或肌膜，堵住穿孔的方法。

鼓膜是表皮，由固有層（含有彈力纖維、神經纖維、血管等）及黏膜層構成。動手術剝離表層，露出固有層，在此連接移植片。

移植片固定之後，毛細血管通過，血液能夠流通，就表示手術成功。

〔鼓膜整形術〕

～切面圖～

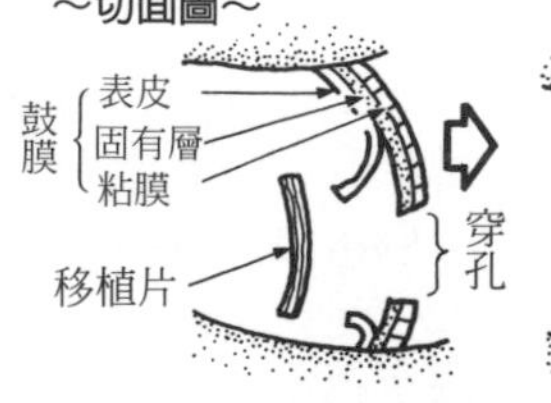


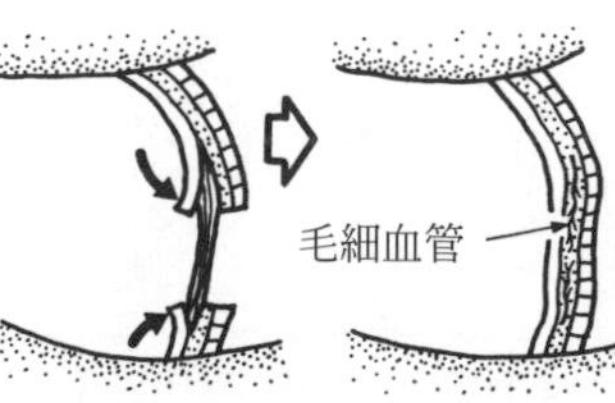


露出固有層，連接移動片。只要毛細血管流通，手術就算成功。

耳的疾病

# 急性中耳炎

急性中耳炎的感染路徑

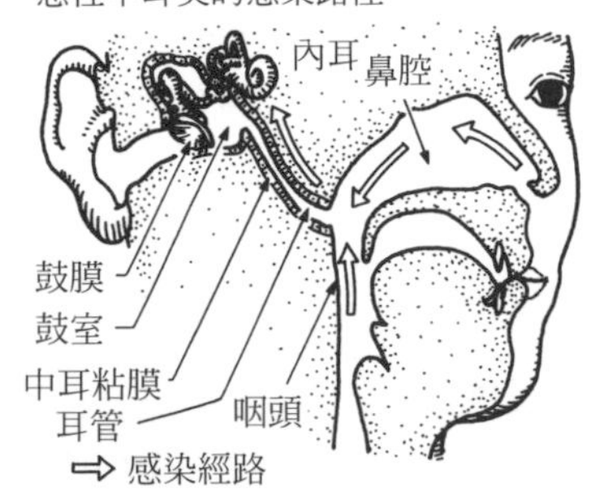


### ★何謂急性中耳炎？

通過鼻腔與中耳鼓室的耳管，能調節以鼓膜爲交界的內側鼓室內與外側的外耳道中，通過氣體的氣壓差，同時具排泄中耳內分泌物的作用。

但是一旦感冒，喉嚨、鼻子發炎，細菌就從耳管逆流，導致中耳黏膜發炎，這時就稱爲急性中耳炎[注]。

### ★急性中耳炎的症狀

由於耳管有細菌侵入，而此時耳管黏膜分泌旺盛，耳管會被黏液阻塞。

細菌侵入深處時，連鼓室內壁的黏膜分泌都會增加，開始發炎。但這時耳管已經阻塞，分泌物無法排泄掉，於是大量積存在鼓室內。

這發炎也會影響到中耳鼓膜組織，造成毛細血管血流旺盛。從外部觀察，可以發現鼓膜紅腫。

最後鼓室內充滿分泌物，會因重聽或壓迫感而強烈耳痛。

若放任不管，會使鼓膜黏膜細胞壞死穿孔，充滿的分泌物流出外耳道，從耳垂流出。

這就稱爲耳漏（耳液溢）。一旦出現耳液溢，耳的壓迫感消失，耳痛症狀也隨之停止，但並不表示急性中耳炎已經治癒。耳液溢持續發生，疾病也仍然存在。

治療方面，抗生劑比較有效。如果能抑制發炎症狀，就能停止耳液溢，鼓膜的孔也會再生。但孔變大後，很難再生，會留下重聽的毛病。

急性中耳炎通常短期內就能治癒，若症狀拖太久或反覆出現，就會變成慢性中耳炎。

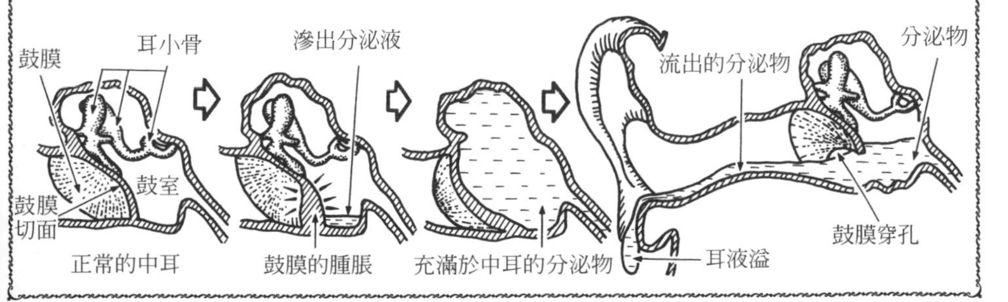


〔注〕因此，耳管較粗較短、呈水平狀的兒童容易得中耳炎。其他的感染途徑還有很少見的外耳道及發生血行的情形性。

耳的疾病

# 滲出性中耳炎

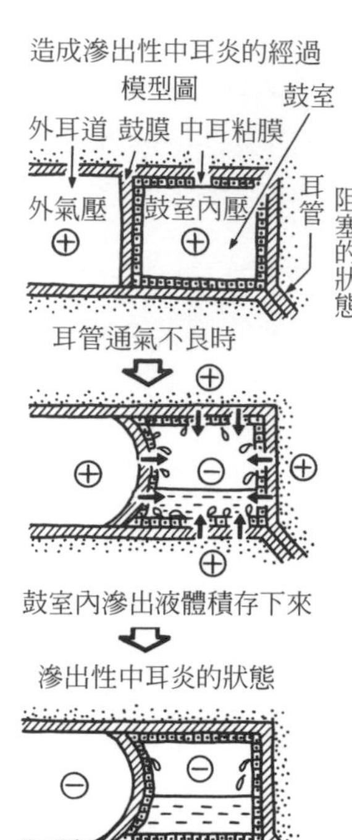


**★鼓室黏膜的皮膚呼吸**

通常鼓室內的黏膜細胞會將空氣中的氧，吸收到黏膜組織內的毛細血管處，亦即鼓室黏膜也要進行皮膚呼吸。

這時鼓室內的空氣量會減少，但是隨著嚥下（吞嚥食物），耳管張開，空氣流入，所以能保持鼓室內的氣壓與鼓室外的氣壓（外氣壓）的平衡。

**★為何會得滲出性中耳炎？**

因爲某種理由，耳管形成阻塞狀態，即使嚥下也不會張開時，空氣將無法進入，由於黏膜的皮膚呼吸，因此無法補充減少空氣。

由於鼓室內的氣壓比鼓室外低，鼓室內黏膜組織的毛細血管就會滲出血漿成分。這時形成阻塞狀態，耳管無法排泄，於是大量積存下來。

這就是滲出性中耳炎。因爲不是細菌性發炎症狀，所以不僅不會化膿，而且幾乎不會出現耳液溢流的現象。

---

**★耳管形成閉鎖狀態的原因**

**❶咽頭扁桃肥大**（幼年期較多見）導致耳管開口部壓迫。**❷鼻咽腔發炎**（鼻炎等）波及到耳管，產生發炎。**❸掌管耳管開閉肌肉的老化……**這三點是造成耳管閉鎖狀態的主要原因。

鼓室扁桃腺肥大
咽頭扁桃肥大
鼻腔
鼓膜
積存的液體
中耳粘膜
因咽頭扁桃肥大而受到壓迫的耳管開口部

**★滲出性中耳炎的症狀**

鼓室有液體積存時，鼓膜很難振動，會造成重聽[注]。

但不會自覺到重聽，因此大多不會發現得了滲出性中耳炎。

兒童把電視聲音開得很大，或者小聲問他事情，他無法回答等異常狀況出現時，父母或老師應懷疑他可能得了重聽，要把他帶到醫生處診治。

事實上，經由診斷，大多就能發現滲出性中耳炎。

〔注〕此外還有耳閉塞感耳鳴。

耳的疾病

## 內耳的問題

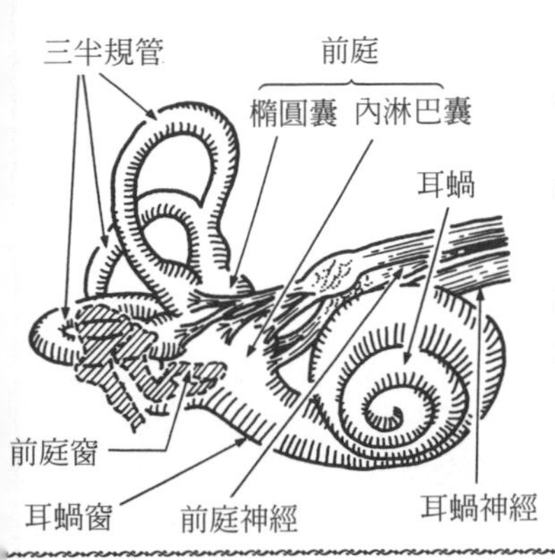


內耳分為蝸牛（蝸牛狀的器官）、前庭、三半規管等三個部分。

❶耳蝸具有感覺聲音的功能，這部分受損時，就會引起重聽或耳聾。

❷前庭、三半規管掌管身體平衡感覺，如果一部分受損，就會頭暈或身體搖晃，也容易得梅尼爾症（耳性眩暈病）[注]。

注〕會造成旋轉性、頭暈、耳鳴、重聽等疾病，原因是內耳膜迷路的內淋巴水腫。

## 耳蝸的構造

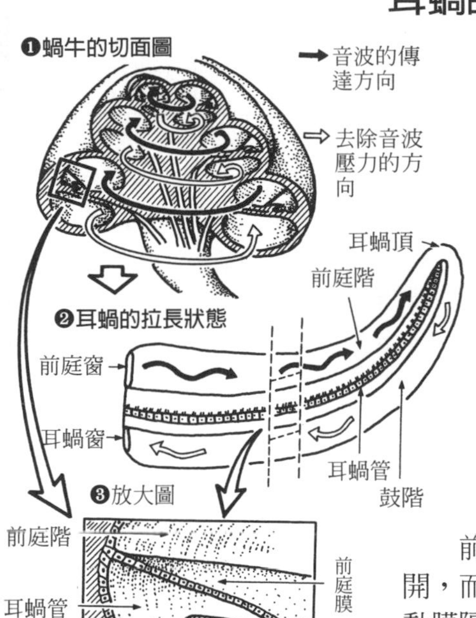


耳蝸就像蝸牛殼一樣，為2圈半螺旋狀的器官（左圖❶），拉長的話，是3cm的管狀（左圖❷），其切面分為前庭階（外淋巴）、蝸牛管（內淋巴）、鼓階（外淋巴）。

各內部充滿著淋巴液，在淋巴液中音波可以傳達。

**【音波傳達的路徑】**（由耳小骨的振動而引起）前庭窗振動時，前庭階的淋巴液會引起音的進行波，這個波傳到蝸牛頂之後，就會迴轉，然後再倒退到鼓階，使得蝸牛窗的膜振動，去除音波的壓力。

前庭階與耳蝸管是藉著薄膜與前庭膜隔開，而耳蝸管與鼓階則是藉著基底膜這種振動膜隔開（參照左圖❸）。

在基底膜有接受音波（能量），將其轉化為電氣（能量）信號的聽細胞附著（亦即不動毛，因為長有毛，也稱為有毛細胞）。

耳的疾病

# 音波變成電氣信號的構造與重聽

## 【❶ 音波驅動內耳前庭窗的構造】

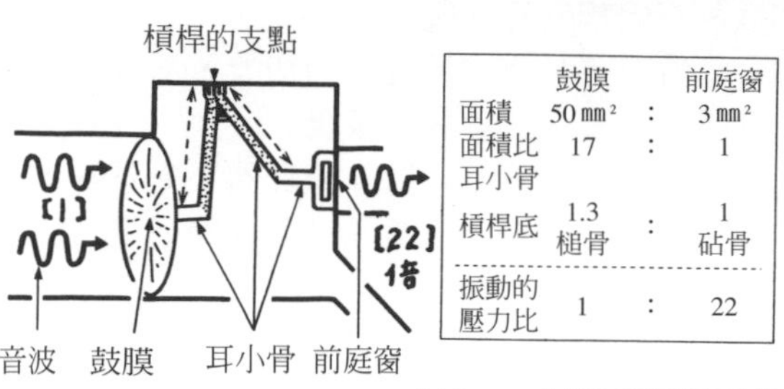


| | 鼓膜 | | 前庭窗 |
|---|---|---|---|
| 面積 | 50 ㎜² | : | 3 ㎜² |
| 面積比<br>耳小骨 | 17 | : | 1 |
| 槓桿底 | 1.3<br>槌骨 | : | 1<br>砧骨 |
| 振動的壓力比 | 1 | : | 22 |

音波使得鼓膜振動的壓力集中在鼓膜大約在1/17的前庭處，因此增強爲17倍，再藉著耳小鼓的槓桿運動，增強爲1.3倍，因此傳達到前庭窗時，音波的壓力總計約22倍。

## 【❷-1 基底膜與音波共振的情況】

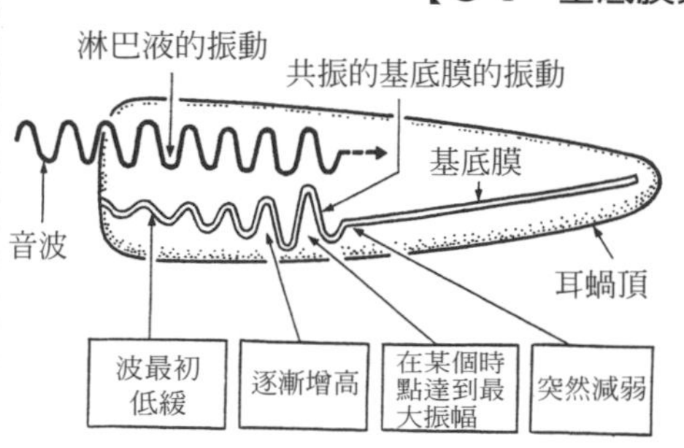


音波使得前庭窗振動時，在耳蝸內的淋巴液也會引起振動，而這個波會使得基底膜開始產生共振。

首先是緩慢地共振，慢慢地增加振幅，到了某個時點，到達最大振幅，在此位置的聽細胞受到刺激，使得音波（能量）轉換爲電氣（能量）的信號後，波就突然消失了。

## 【❷-2 能夠分辨音之高低的構造】

(HZ) 赫　高音　中音　低音
20,000　8,000　4,000　2,000　1,000　500　250　125　50　20

高音的音波

在此位置形成最大振動的是10000赫的音

中音的音波

在此位置形成最大振動的是1300赫的音

低音的音波

在此位置形大最大振動的是300赫的音

高音是因爲音波的能量較大，只須較少振動數，就能使基底膜產生最大振幅，再加上音波波長較短，行經距離也較短，因此在接近耳蝸入口處的基底膜引起最大振幅。

相反地，低音則是因爲音波能量較小，所以雖然在基底膜引起了最大振幅，但必須振動好幾次。再加上音波波長較長，前進距離也比較長，因此到了接近蝸牛頂的基底膜，才產生最大振幅。

因爲音的周波數而形成出現最大振幅的部位不同，所以可分辨出20～2萬赫的音。

## 【❸　聽細胞將音波轉換為電氣信號的構造】

音波共振，基底膜振動時，附著於基底膜的聽細胞開始搖動，聽細胞的不動毛（感覺毛）開始扭曲。這個扭曲使聽細胞產生電氣（能量）的信號，送達到耳蝸神經。

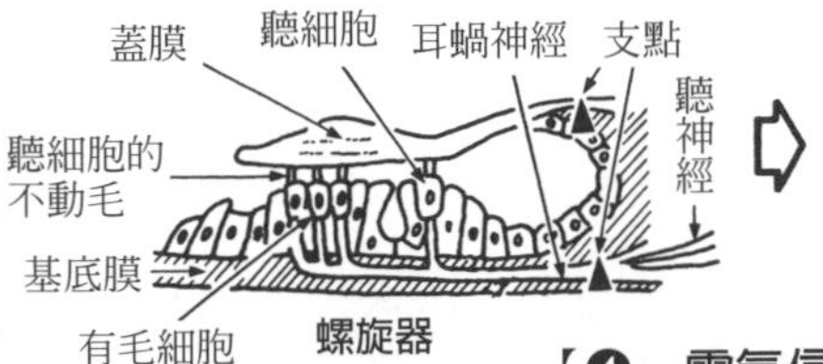

## 【❹　電氣信號傳達到腦的構造】

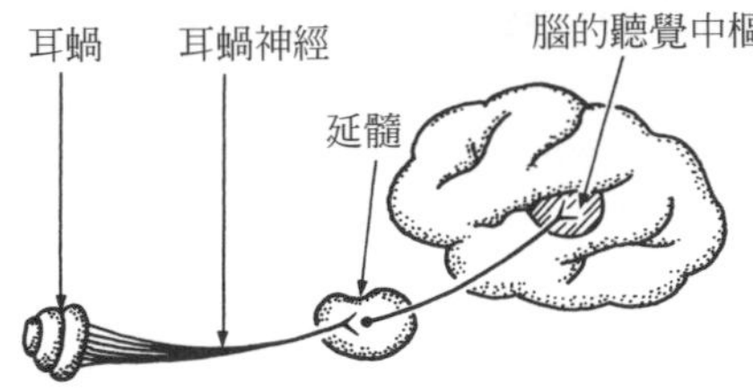


傳到耳蝸神經的電氣信號，通過延髓，送到腦的顳葉能夠感覺到音的場所，就會感受到音。

以上①～⑤的複雜功能，耳是在瞬間完成的。

## 重聽的種類與原因

| 產生異常的場所 | | 重聽的種類與特徵 | 重聽的原因 |
|---|---|---|---|
| 音的傳達路線 | ❶ | 音波傳達一旦受阻，就會引起輕微重聽（傳音性重聽）。 | 耳癤、耳垢栓塞阻塞了外耳道。（參見p144、145） |
| | | | 鼓膜破裂，使得鼓膜振動減半。（參見p146） |
| | | | 急性中耳炎或滲出性中耳炎使得中耳有液體積存，阻礙了小骨的振動。（參見p147、148） |
| 感覺音的器官 | ❷ | 梅尼爾症 | 在內耳中，如果淋巴液積存的程度超過正常狀態以上，壓力升高，基底膜就很難振動。 |
| | ❸ | 藥物引起的重聽 | 由於鏈黴素的藥物副作用，使得螺旋器有毛細胞產生病變，因而造成重聽。 |

| 產生異常的場所 | | 重聽的種類與特徵 | 重聽的原因 |
|---|---|---|---|
| 感覺音的器官（感音性重聽） | ❹ | 因爲大的音而引起的重聽 | 因爲大的音響，基底膜突然產生劇烈振動，使得聽細胞的毛被拉長而斷裂。 |
| | | 斷裂的有毛 | |
| | ❺ | 神經性、中樞性重聽 | 當耳蝸神經形成腫瘤時，無法傳達電氣信號，或腦的聽覺野受到侵襲時，就感覺不到音。 |
| | | 噪音性重聽 | 稱爲職業性重聽，是因爲有毛細胞的障礙而引起的。 |
| | | 突發性重聽 | 突然間耳朵聽不見，原因不明。 |

## 掌管平衡感覺的構造（頭在靜止狀態時）

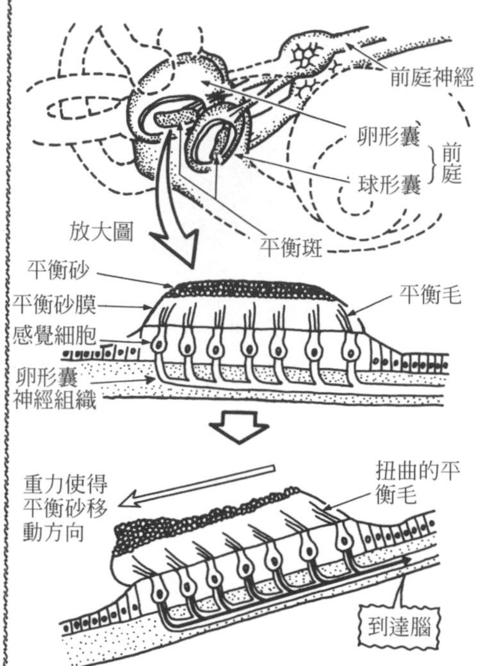


### ★前庭的功能

內耳的前庭內有卵形囊和球形囊兩個袋子，袋子內壁一部分變厚，形成平衡斑（耳石器）這種器官。在頭呈垂直狀態時，卵形囊的平衡斑保持水平，球形囊的平衡斑則保持垂直位置。

平衡斑具有感覺到頭的傾斜狀態，以及身體前進速度的作用。

### ★平衡斑的構造（有毛細胞）[注]

平衡斑具有平衡毛感覺細胞，在其上方有平衡砂膜，這是種膠狀的膜，在膜的表面有大量平衡砂(耳石)附著。

### ★平衡斑將頭的傾斜程度轉換為電氣信號的構造

卵形囊與球形囊中充滿著淋巴液，而平衡膜的比重比淋巴液更大，上面又鋪了比重更高的平衡砂，因此平衡毛隨時會被擠壓。

當頭傾斜時，因爲重力的緣故，平衡砂移動，而擠壓平衡毛的力的方向改變，因此平衡毛會扭曲。

因爲這個扭曲，使得感覺細胞產生電氣信號，這信號通過前庭神經，送達到腦。

當此構造異常時，就會頭暈，或是身體搖晃。

【頭的傾斜程度與平衡斑的狀況】

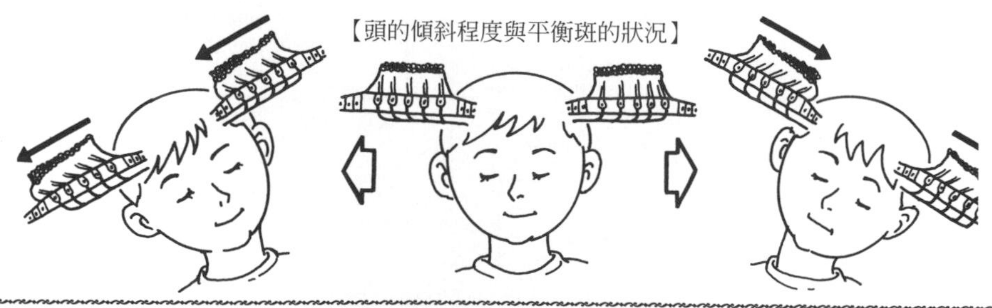

〔注〕內耳的聽覺部有聽覺器，是由內外有毛細胞（聽細胞）、支柱細胞所構成，而在相當於本文中平衡斑的有毛細胞上有聽神經分布，因此遇到音的刺激，就能傳達到感覺中樞。

## 掌管平衡感覺的構造（頭旋轉時）

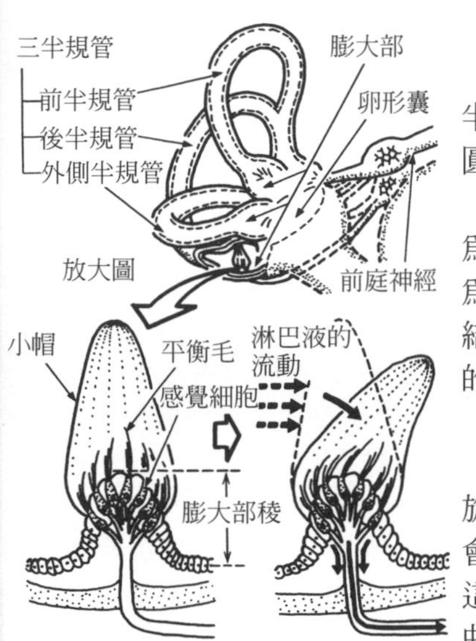


### ★半規管的構造

骨半規管是三個半規管（前半規管、後半規管、外側〔水平〕半規管）的總稱。半圓形的三個管互為直角，管中充滿淋巴液。

各半規管與卵形囊聯絡，此聯絡部也稱為膨大部的膨脹部分。膨大部的內面，有稱為膨大部稜的高的隆起處，而在稜的表面集結了感覺細胞，生長著平衡毛，全部由膠狀的小帽覆蓋著。

### ★半規管的作用

不管頭朝哪個方向(水平、上下、左右)旋轉時，為了加以對應，半規管內的淋巴球會形成流動，這時小帽彎曲，同時平衡毛也會扭曲。

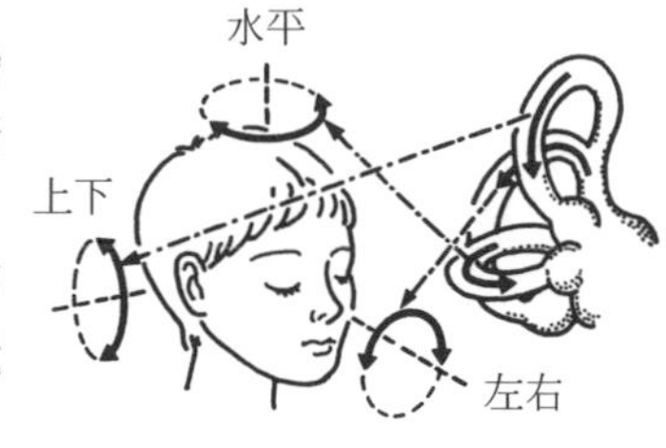


因為此扭曲，使得感覺細胞產生電氣信號，信號通過前庭神經，傳達到腦，於是感覺到頭的旋轉。

### ★頭的旋轉與半規管內的淋巴球的流通（水平方向的例子）

❶頭在靜止狀態，平衡毛直立，沒有產生電氣信號（開始）。

❷朝左旋轉時，半規管內的淋巴液因為慣性所致，會開始往右流動，這時平衡毛也往右扭曲，同時產生電氣信號，而且通知腦，「頭開始朝左轉」。

❸如果停止頭的旋轉，淋巴液因慣性之故，會持續一陣子往左流動，平衡毛也會往左扭曲，這時又產生電氣信號，通知腦「頭的旋轉停止了」。

❹淋巴液的流通停止時，平衡毛又恢復直立狀態（不會發生電氣信號）。

當以上構造產生異常時，平衡感覺無法正常發揮作用，就會成為頭暈或身體晃動的原因。

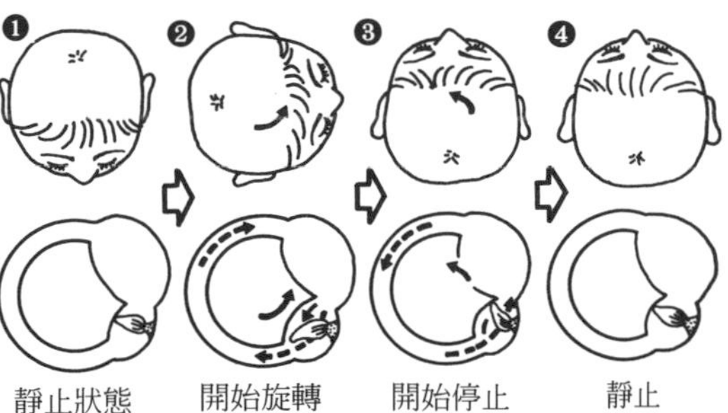

耳的疾病

# 引起頭暈的構造

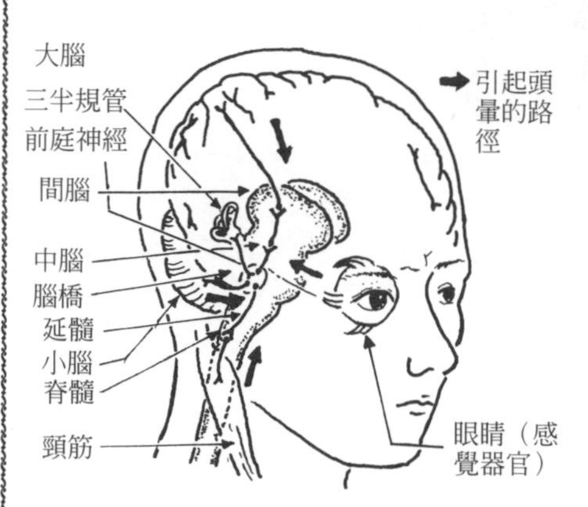


**★何謂頭暈？**

頭暈是指當身體位置感覺異常時，覺得①自己或周遭在旋轉，②身體有飄浮的感覺（晃動等），③覺得眼前發黑（輕微的起立性眩暈）等。

這時感覺到旋轉的是屬於前庭性頭暈，或稱爲眞性頭暈。感覺身體搖晃或起立性眩暈的，則稱爲非前庭性頭暈或頭暈感。

我們平常會感覺到有一點「起立性眩暈」的頭暈，可歸類爲頭暈感。

**★頭暈如何產生**

掌管平衡感覺的是內耳的前庭、三半規管、信號通過的延髓，以及接受信號的腦，而前庭性頭暈則是這些構造異常引起的。

此外，眼睛（視覺器官）功能或肌肉、關節的動作感覺也能彌補平衡感覺，而非前庭性頭暈是這些構造異常而引起的。

頭暈的原因非常複雜，總結如下表所示。

| 分類 | | 頭暈的原因 | 病情 |
|---|---|---|---|
| 前庭性頭暈 | 末梢性（耳的器官）的異常 | ○內耳的異常｛平衡斑的異常（請參見152頁）、梅尼爾症等<br>○前庭神經的發炎 | ・感覺自己或周圍在旋轉 |
| | 中樞性（中樞神經）的異常 | ○小腦、腦幹、大腦的異常｛耳蝸神經瘤、腦腫瘤等 | |
| 非前庭性頭暈 | 視覺器官的異常 | ○眼（視覺器官）的異常｛光的折射異常、弱視、眼鏡度數不合等 | ・起立性眩暈<br>・身體搖晃<br>・感覺眼前發黑 |
| | 其他異常 | ○貧血　○起立性低血壓　○動脈硬化<br>○神經衰弱　精神病　歇斯底里等 | |

耳的疾病

# 為何會產生耳鳴

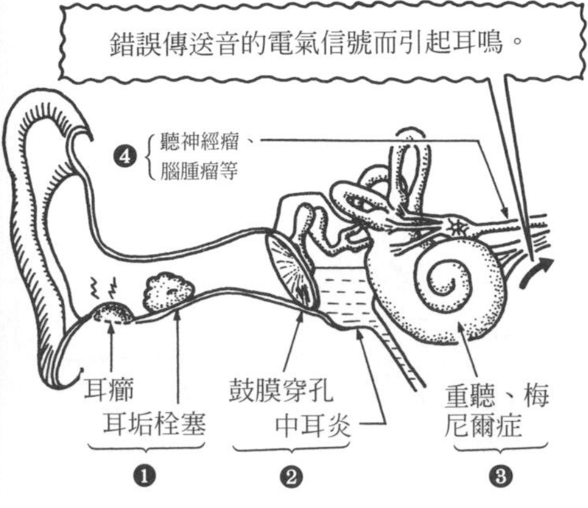


| | 場所 | 耳鳴的原因 |
|---|---|---|
| 傳音部 | ❶外耳<br>❷中耳 | 耳癤（請參見144頁）<br>耳垢栓塞（請參見145頁）<br>鼓膜穿孔（請參見146頁）<br>中耳炎（請參見147、148頁） |
| 感音部 | ❸內耳<br>❹中樞 | 重聽（請參見150、151頁）<br>梅尼爾症（請參見156頁）<br>腦腫瘤、聽神經的腫瘤等 |
| 其他 | | 貧血、糖尿病、風濕等 |

**★何謂耳鳴？**

沒有來自外界音的刺激，自己卻聽得到音，就稱爲耳鳴。體內血液流動的音、肌肉收縮的音等，要是聽得到，就變成他覺的（他人也聽得到）耳鳴。因爲聽覺器官或中樞神經等的異常而能聽得到音，則稱爲自覺的（自己聽得到）耳鳴。

一般而言，後者的自覺耳鳴單稱爲「耳鳴」。

**★引起耳鳴的構造**

耳鳴會因爲外耳道耳垢積存、耳膜破裂而引起，也會因爲重聽或腦腫瘤等而產生，而外耳、中耳、內耳如果產生障礙，也會引起耳鳴（參照右上表）。

因爲這個原因，使得耳蝸神經（傳達音的電氣信號的神經）一旦受到刺激，神經就會傳送錯誤的信號，而產生耳鳴。

**★耳鳴的症狀**

右上表❶、❷原因所引起的耳鳴，是屬於低音。耳鳴只有一側耳朵聽得到，❸、❹引起的耳鳴則是高音耳鳴，兩邊耳朵都聽得到，是非常危險的耳鳴。

尤其因爲重聽引起的耳鳴，會進入耳，破壞聽細胞所接收周波數的音，當成是耳鳴。

耳鳴的對策包括規律的日常生活，要注意別弄壞體調。

〔各種耳鳴〕

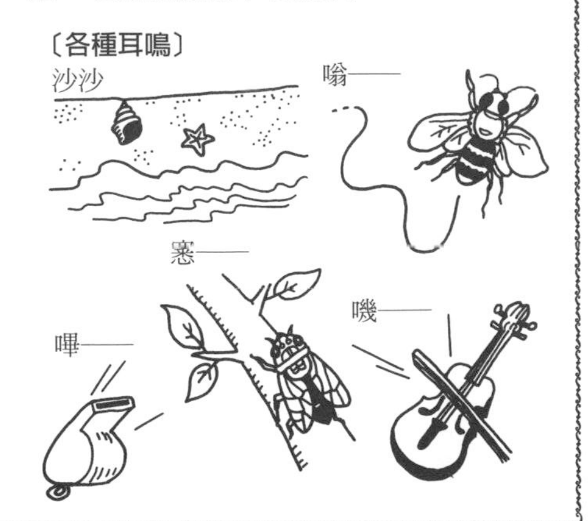

耳的疾病

# 梅尼爾症

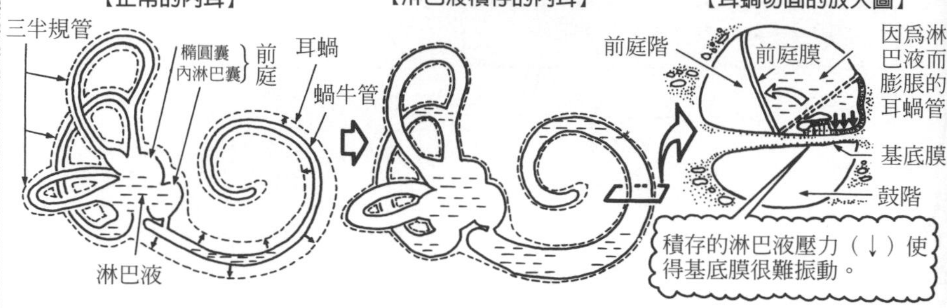


梅尼爾醫師發現的這個疾病，會感覺到自己或周圍不斷旋轉，而且會突然頭暈，出現耳鳴、重聽等主要症狀。

梅尼爾症原因不明，據說是進入內耳內的淋巴液積存太多，內耳內壓力升高，而三半規管、前庭、耳蝸各自發出異常信號，因而引起頭暈或耳鳴。

重聽則是蝸牛內的基底膜因積存了淋巴液，而很難引起振動，所造成的[注]。

### ★梅尼爾症的症狀

突然的旋轉性頭暈和重聽、耳鳴（只有單側耳朵發生耳鳴）之外，自律神經症狀包括噁心、發冷、發汗。

這是因為內耳的三半規管、前庭傳來的異常信號刺激到自律神經所致。頭暈太激烈時，就會出現嘔吐現象。

通常在幾十分鐘到幾小時內，頭暈會逐漸停止，重聽也會消失，恢復正常狀態。

以上發作反覆出現，漸漸重聽就會惡化，有時會出現接近耳聾的狀態。

### ★眼振

梅尼爾症除了上述症狀之外，還會出現眼振（眼睛朝水平移動），或好似畫半圓似地搖動的狀況。

正常情形下，頭旋轉時，眼睛為了保持視點，會朝與旋轉方向相反的方向移動。但引起頭暈時，視點不穩定，眼球不斷搖動，會出現病態的眼振現象。

梅尼爾症發作時，大多會出現水平性與迴旋（旋轉）性的混合眼振。

水平性眼振

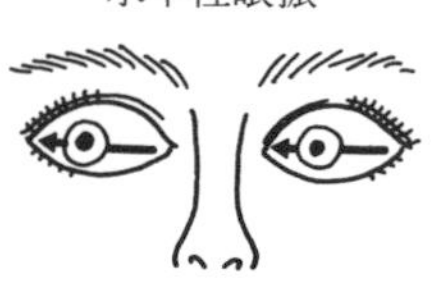

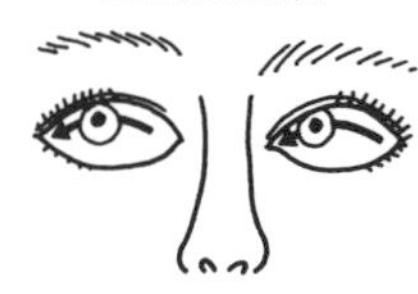

〔注〕最近也研討遺傳因素或壓力等環境因素的相互作用等。

皮膚的疾病

# 皮膚的疾病

皮膚的疾病

## 濕　疹

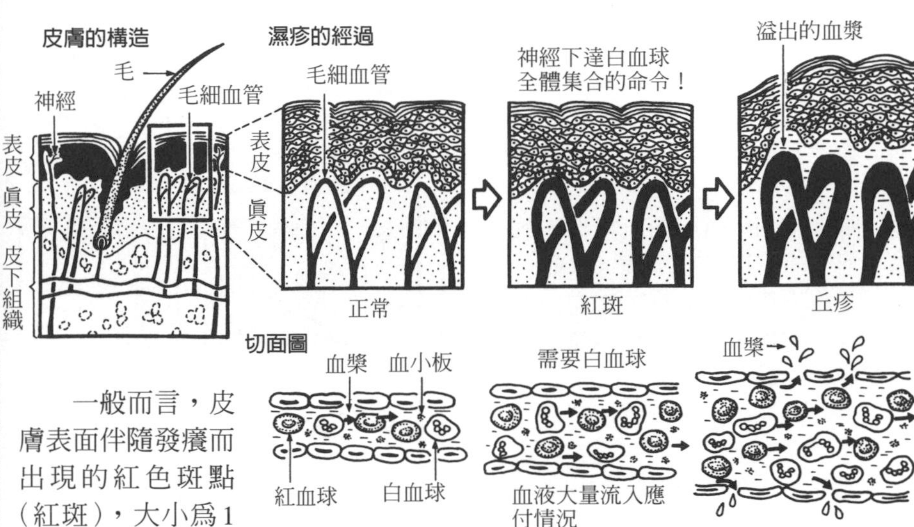


一般而言，皮膚表面伴隨發癢而出現的紅色斑點（紅斑），大小爲1～2mm，成顆粒狀（丘疹），總稱爲濕疹。

**★何謂紅斑？**

皮膚體內外受到異常刺激（藥物中毒，油漆等），這時自律神經爲了保護皮膚組織，就會下達「白血球全體集合」的命令。

送入大量血液之後，增大、膨脹的毛細血管在表皮上清晰可見，這就稱爲紅斑（用手指按壓時會消失）。

**★何謂丘疹？**

身體所接受的刺激增強，進行防衛的白血球不夠時，自律神經就會下達「多送一點白血球來」的命令。

結果，大量血液流入，毛細血管更爲擴大、膨脹。

而附著於血管壁的細胞與細胞的結合部分，無法忍受膨脹，開始斷裂，這時血液中的水分（血漿）就會溢出。

其漸漸地積存在眞皮和表皮之間，使其膨脹，而表皮被往上推擠成丘狀的狀態，就稱爲丘疹。

**★白血球的功能**

白血球的同志——淋巴球不斷發現從體外侵入的敵人時，就會用抗體化學物質將其包住，通知同志嗜中性白細胞。中性白細胞趕緊過來，將敵人吸收到體內，加水溶解，擊潰敵人。

〔注〕白血球的詳細功能請參照本出版社發行的《完全圖解了解我們的身體》。

皮膚的疾病

# 濕疹為什麼不能抓

濕疹（❶、❷）是會產生激烈發癢症狀的疾病，有時受不了會拼命抓，結果會使症狀更加惡化，出現以下的進行症狀。

**★小水疱、膿疱、糜爛**

強力的衝擊使得表皮細胞的結合部分斷裂，積存在其下方的血漿通過縫隙，到達角質層，進入角質細胞。血漿將柔軟的角質層向上推擠，積存在其下方，就形成**小水疱**。（❸）

成爲濕疹原因的物質和白血球作戰失敗的屍體，接著會化爲膿，就成爲**膿疱**。（❹）

用力去抓小水疱或膿疱時，角質層各處都會破裂，積存的血漿和膿會流到體外，形成潮濕面，這就是**糜爛**。（❺）

**★濕疹痊癒的經過**

糜爛逐漸變乾、變硬，形成結痂（❻）。不久之後，乾的角質片（角質細胞的集合體）和結痂一起脫落（❼落屑），就算痊癒。

此外，有時並未成爲❶、❷、❸的症狀，未惡化即痊癒，這時只有角質片，出現落屑（❼）。

**糜爛**等症狀拖太久時，表皮會略帶乾燥，表皮細胞經由抓的刺激會增殖，於是角質層增厚，這就是**苔癬化**，此時就無法輕易痊癒了。

在日常生活中，最容易發生的濕疹包括接觸性皮膚炎及異位性皮膚炎。

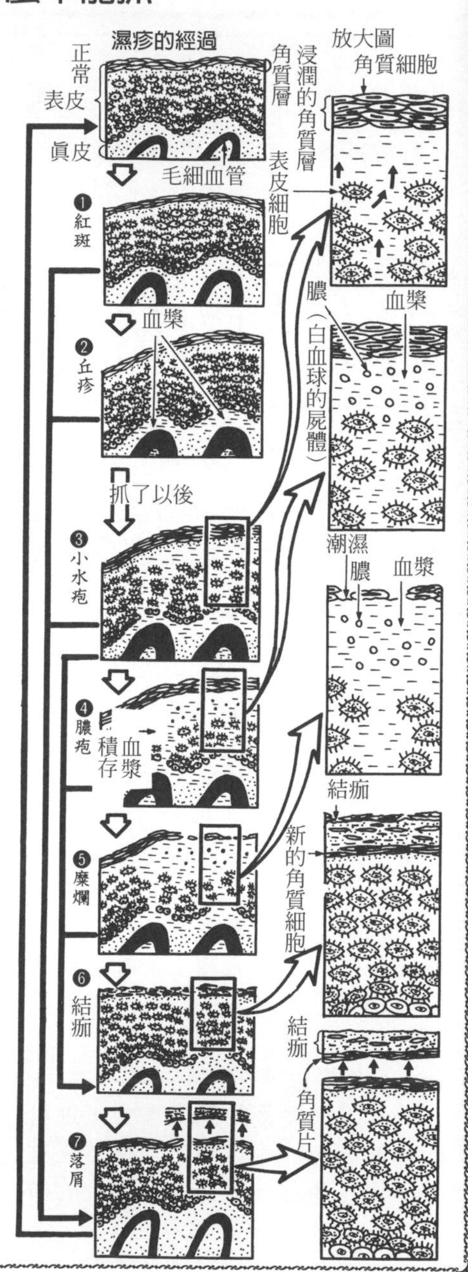

皮膚的疾病

# 接觸皮膚炎

接觸皮膚炎也稱爲斑疹，分爲非過敏性與過敏性兩種。

**★非過敏性皮膚炎（左圖）**

皮膚接觸到刺激物質，可能引起的可怕皮膚炎，稱爲刺激性皮膚炎。

普通人的身體當刺激物質（抗原）進入時（左圖❶），一種白血球，也就是淋巴球，就會產生與其對抗的物質（抗體）（左圖❷），同時通知同志嗜中性白細胞，擊潰抗原（左圖❸）。

刺激太強時，就會形成左圖❹的狀態，引起發炎。

**★何謂過敏性接觸皮膚炎（右圖）**

這是對刺激物質會過敏的人，才會出現的皮膚炎。體內的淋巴球會發揮特殊的作用。

當抗原進入體內（右圖①），淋巴球不會產生抗體，而會與抗原結合（右圖②）。與抗原結合之後，會記憶其變化（右圖③），同時告知在身體其他部分的淋巴球（右圖④）。

這個狀態就稱爲過敏狀態。而當同樣的抗原再進入體內時，已經知道對此抗原要產生變化的淋巴球，就會產生反應，然後會與抗原結合，釋放出組織胺（具擴張血管作用）等活性化物質（右圖⑤），而引起發炎，成爲濕疹[注]。

**〔接觸皮膚炎的構造〕**

**非過敏性（刺激性）接觸皮膚炎**

❶刺激物（抗原）的侵入

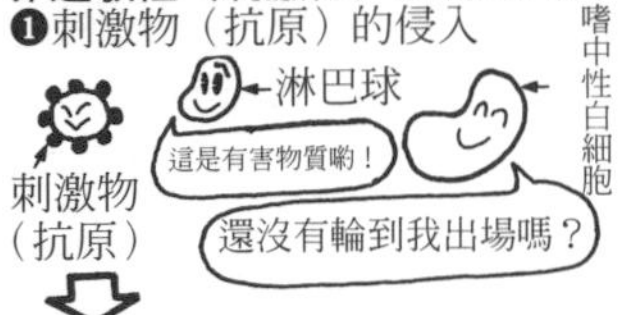


❷淋巴球產生抗體

❸嗜中性白細胞吃掉它（食作用）

❹白血球聚集

血液循環旺盛，血管膨脹，引起發炎。

**過敏性接觸皮膚炎**

①刺激物（抗原）的侵入

淋巴球
嗜中性白細胞
是有害物質哦！
刺激物（抗原）
要不要我幫忙啊？

②淋巴球直接變化

③與抗原結合

④通知全身的淋巴球

（過敏狀態）

當抗原再度侵入時

⑤釋放活性物質

由於活性物質的作用，血管因而膨脹，引起發炎。

〔注〕主要的過敏源（造成過敏的物質）包括油漆、鎳（手錶等）、鉻（配戴的裝飾品等）、羊毛脂（化粧品）

皮膚的疾病

# 異位性皮膚炎

異位性皮膚炎的「異位性」，原文是希臘文，意思是「奇妙的疾病」，這是從嬰兒期到青春期較多見的皮膚炎，與特應性過敏有關。

❶當刺激物質（抗原）進入體內時，淋巴球同志中的B淋巴球先發現了它。

❷接著，製造出對抗抗原的物質（抗體）。❸抗體封住抗原，讓白血球吃掉抗原。

❹這時無法與抗原結合的抗體，與在組織中流動的肥胖細胞結合，成為特應性過敏。

❺擁有這種特應性抗體的人，當抗原再次侵入時，被與肥胖細胞結合的抗體捕捉，其反應即從顆粒中釋放出組織胺等。

組織胺具擴張血管的作用，因此會引起發炎，罹患濕疹。

特應性過敏也與B淋巴球以外的淋巴球有關（參照右圖）。

健康的人在抗原侵入時，B淋巴球製造出抗體（右圖①），輔助T淋巴球加以捕捉，抑制B淋巴球不要製造出太多抗體，藉此調節抗體的量（右圖②），與抗原保持平衡，維持健康的身體（右圖③）。

但是擁有特應性過敏體質的人，在遺傳上，抑制T淋巴球的數目較少，或者抑制力較弱，因此無法抑制抗體的生產。

結果製造出過多抗體與肥胖細胞結合（參照上圖），就會變成過敏體質。

**特應性過敏**

❶抗原的侵入

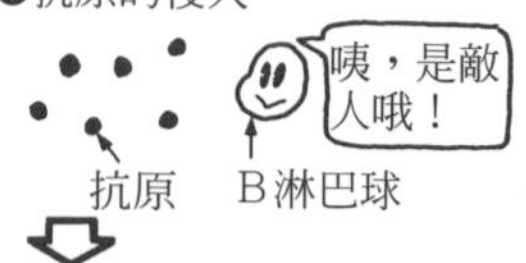


❷B淋巴球製造抗體

❸封住抗原

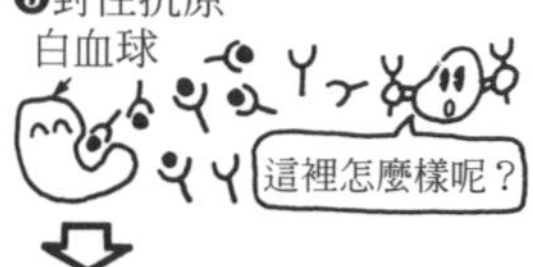


❹抗體與肥胖細胞結合

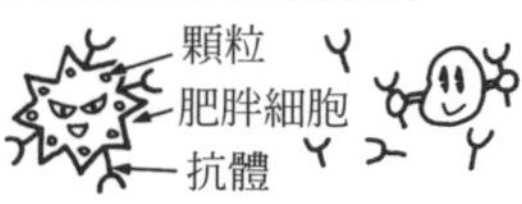


❺當抗原再次侵入時

**淋巴球的種類與負責的任務**

●B淋巴球

發現抗原、製造抗體。

●輔助T淋巴球

補助B淋巴球

●抑制T淋巴球

抑制抗體的生產

**淋巴球的功能**

▶健康的人

①抗原的侵入

③封住抗原

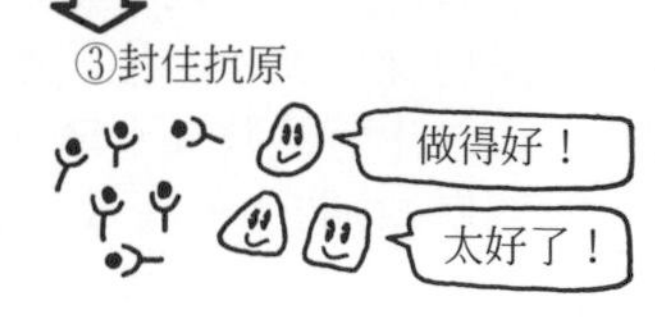

皮膚的疾病

## 異位性皮膚炎的症狀

異位性皮膚炎的症狀隨著年齡的增長而不斷變化，可分為以下3期。

**嬰兒期**…出生2～3個月大時，臉頰會出現紅斑或丘疹[注]，然後會擴散到整個臉上，特徵是非常潮濕濕潤。

**幼兒期**…通常嬰兒期會持續下去，嬰兒期症狀可能會復發，有的人在這個時期才首次出現。

症狀包括皮膚乾燥，從臉朝向身體方向逐漸出現起雞皮疙瘩似的丘疹，尤其頸部、手肘內側、膝內側會非常癢而去抓，皮膚因而變粗變厚（苔癬化）（參照下述）。

**成人期**…有的人是從嬰幼兒期開始，一直持續到成人期，有的人是這個時期才復發或初發。

症狀一旦慢性化就容易惡化，苔癬化傾向非常顯著，很難治好，會變得神經質。

**〔參考〕何謂苔癬化？** 一旦形成濕疹，因為癢而不斷地抓。

這個刺激會使得表皮細胞增殖旺盛，使得表皮乾燥，結果角質層變厚變硬，皮膚表面非常乾燥，這就是苔癬化。

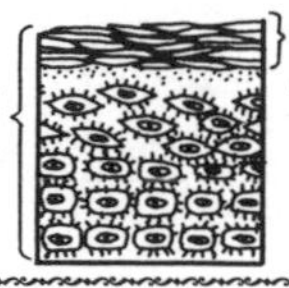


〔注〕關於濕疹的詳細症狀，請參照158頁。

皮膚的疾病

## 異位性皮膚炎的注意事項

得了異位性皮膚炎，不要只依賴醫師或藥物，自己也要有想盡早治好疾病的心態，培養不輸給疾病的強大精神力，這點非常重要。

❶絕對不要抓。為什麼？因為會使症狀更嚴重。

❷身體保持清潔。形成濕疹的部位，肌膚較孱弱，所以造成異位性皮膚炎的原因（抗原）很容易從該處再進入體內。

在容易流汗的夏季，一天最好淋浴2次，可以防止症狀惡化。

❸保持環境清潔。

灰塵或蟎也會成異位性皮膚炎的抗原，周遭要經常打掃，棉被要拿出來曬，床單最好每天更換。

❹近年醫學界提出一種「絕對能痊癒」的學說，認為絕對的精神力能提高身體的抵抗力，可以盡速治癒疾病。

去除壓力，擁有「一定能痊癒」的氣魄，要很有耐性地與疾病相處。

〔注意〕隨時修剪指甲、戴手套等，而且要穿清潔的衣物。

皮膚的疾病

# 蕁麻疹

蕁麻疹的「蕁麻」是產於中國的一種植物，由接觸蕁麻後，有的人皮膚會紅腫，因此將其命名為「蕁麻疹」，主要分為非過敏性與過敏性兩種。

**★非過敏性蕁麻疹（左圖）**

❶因為日光、寒冷、溫熱等的刺激，或食品添加物等刺激物給予體內肥胖細胞直接刺激，❷肥胖細胞會釋放出組織胺等物質，❸這些物質具有擴張血管的作用，使得毛細血管擴張，從皮膚表面就可以看到紅斑。❹繼續擴張的毛細血管縫隙有血液中的水分（血漿）滲出，積存在眞皮上部，將眞皮往上推擠，形成膨疹。

膨疹是蕁麻疹特有的症狀，就像皮膚被蚊子叮咬一樣，會隆起成紅色的苔形，甚至有的比豌豆還大。

通常會有慢性經過期，一個月內會發展好幾次。

**★過敏性蕁麻疹（右圖）**

和引起異位性皮膚炎的特應性過敏同樣的構造，引起蕁麻疹（請見p160）。

①成為過敏原因的物質（抗原）侵入體內時，淋巴球製造出抗體與其對抗，②抗體與肥胖細胞結合，形成過敏狀態。③再與抗原結合時，④肥胖細胞就會釋放出組織胺等，然後與左圖❸、❹同樣地，會造成毛細血管擴張，血漿溢出。

主要是有急性的經過期，發展大約在數小時到數週內就會消失。

**非過敏性蕁麻疹**

❶刺激或刺激物的侵入

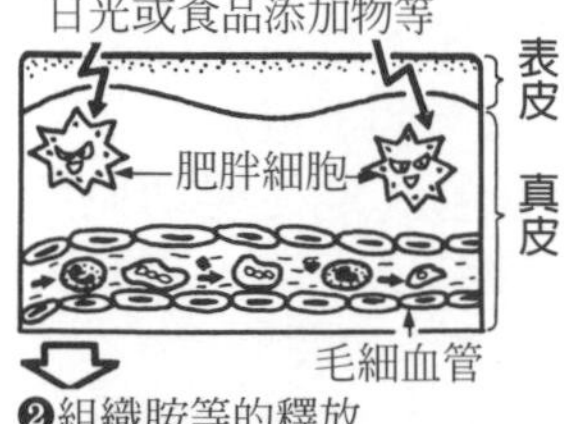


❷組織胺等的釋放

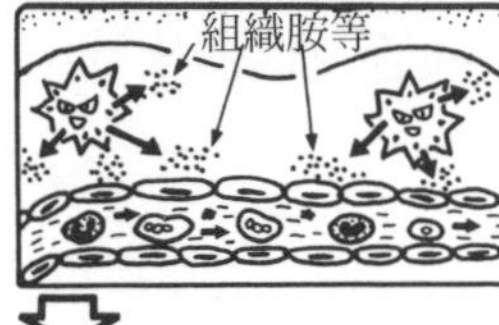


❸毛細血管的擴張（紅斑）

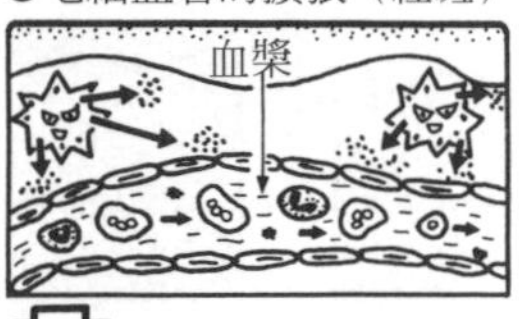


❹血液滲出（膨疹）

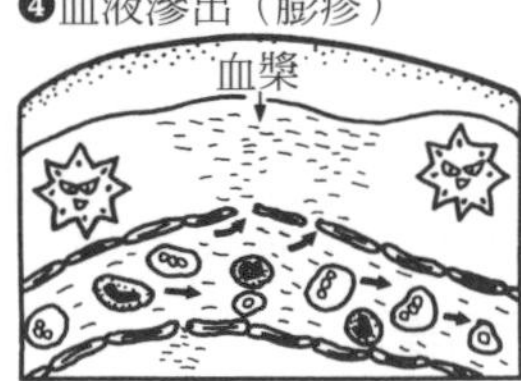


**過敏性蕁麻疹**

①抗原的侵入和抗體的產生

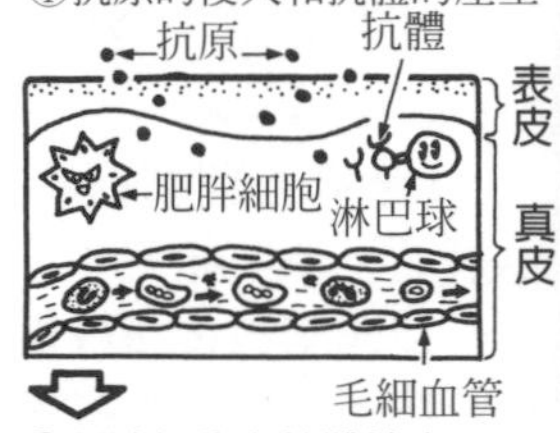


②肥胖細胞與抗體結合

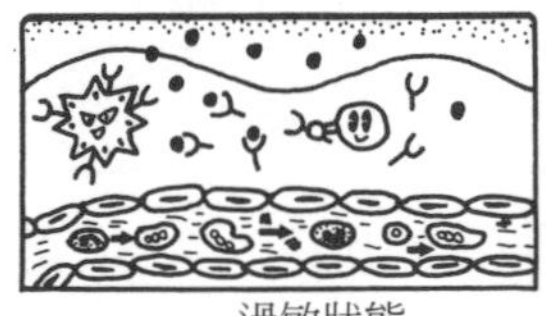

過敏狀態

③再與抗原結合

④釋放出組織胺等

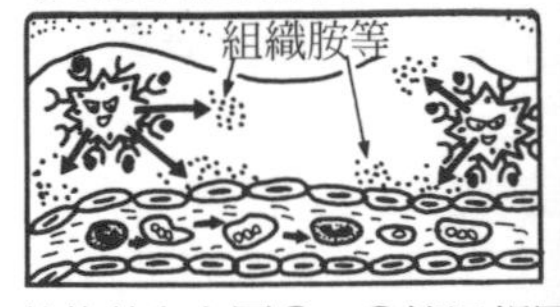


然後就和左圖❸、❹情況相同

❼感覺系統的疾病

皮膚的疾病

# 面皰是如何形成的

皮膚與毛的構造

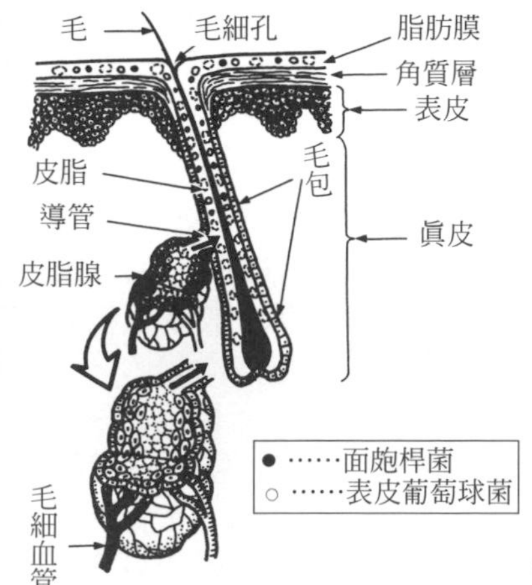


荷爾蒙的分泌

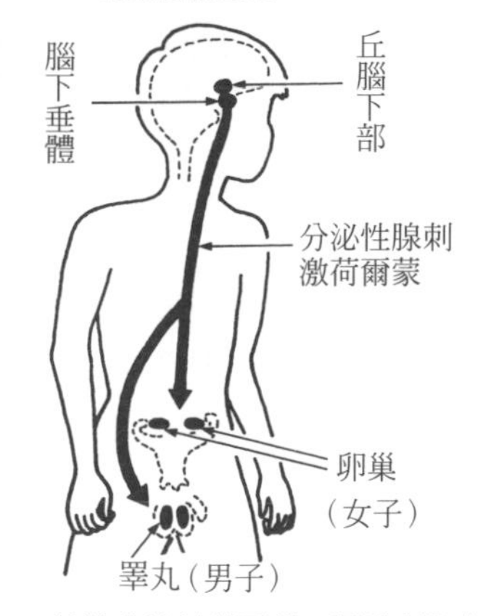


⊙性腺分泌性荷爾蒙，運送到全身。

**★為何要分成油性肌與乾性肌**

皮脂腺是生產皮膚脂肪（皮脂）的腺，以毛包（包住毛的長袋）和導管相連，所以會在此陸續生產出皮脂。皮脂通過導管，朝毛包推出，然後再由毛細孔排出，擴散到皮膚表面（角質層），形成滋潤的脂肪膜。

皮脂膜的功能旺盛，就會生產大量皮脂，肌膚就會成爲油性肌，容易長面皰。與此相反的情況，要是脂肪膜較薄，就會成爲乾性肌。

**★青春期肌膚具有光澤的原因**

❶青春期丘腦下部的生理時鐘會發揮作用，對腦下垂體傳達「趕緊做成爲大人的準備吧！」訊息的荷爾蒙。

❷接受這荷爾蒙的腦下垂體會分泌性腺刺激荷爾蒙，隨著血液循環，男性運送到睪丸，女性運送到卵巢。

❸性腺會各自分泌性荷爾蒙，通過血管，到達身體各處。

❹與其平行的，是男女都會旺盛地分泌精巢荷爾蒙（睪丸素）這種男性荷爾蒙，而運送到皮脂腺時，就會變化爲二氫睪丸素荷爾蒙，對皮脂腺產生刺激，使得皮脂生產旺盛，因此青春期男女的肌膚具有光澤又滋潤[注]。

**★容易產生面皰的原因**

人類皮膚的毛包內定居著面皰桿菌等細菌，會產生脂肪酶，將皮膚脂肪分解爲游離脂肪酸和甘油，而面皰桿菌喜歡脂肪，到了青春期（如上述）體質變化，或攝取過多糖、鈣、脂肪，皮脂生產旺盛，使得這種桿菌大量增殖，分解脂肪，結果游離脂肪酸增加，刺激毛細孔，引起角化作用和發炎作用，形成面皰。

[注] 皮脂的分泌量受到男性荷爾蒙的影響。

皮膚的疾病

# 面皰的種類

面皰的種類

毛細孔　毛　脂肪膜　角質層　表皮　❶正常的皮膚　導管　毛包　眞皮　皮脂線

○……皮脂
●……面皰桿菌
○…表皮葡萄球菌

❶正常皮膚的皮脂腺製造出來的皮脂經由導管送到毛包，在角質層上形成薄的滋潤的脂肪膜。

❷到青春期時，皮脂生產旺盛，面皰桿菌分解皮脂，毛包角化（變厚變硬），毛細孔狹窄，皮脂很難排出（參照前頁）。

但是皮脂不斷生產，持續朝毛包推擠，毛包內皮脂的壓力逐漸升高，最後毛包朝外側推擠，使得皮脂積存在該處，就形成面皰。

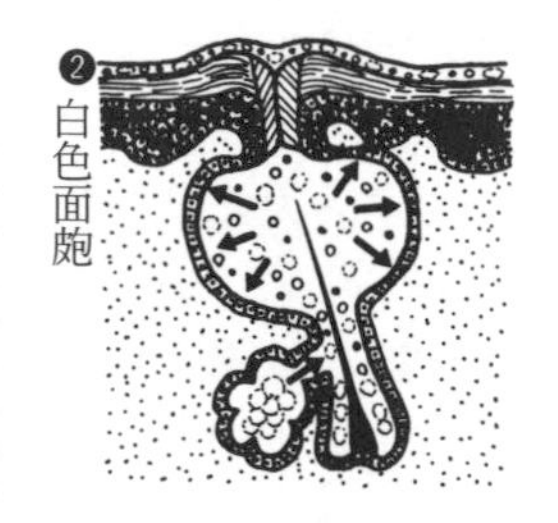


肉眼可以看到，以毛細孔爲中心、直徑1～2mm的丘疹，而這時毛細孔阻塞泛白的，就稱爲**白色面皰**。

❸毛細孔張開，皮脂或角質層脫落的角質片（污垢），或是附著於皮膚表面的物質，使得面皰頂上形成黑色的蓋子，就稱爲**黑色面皰**。

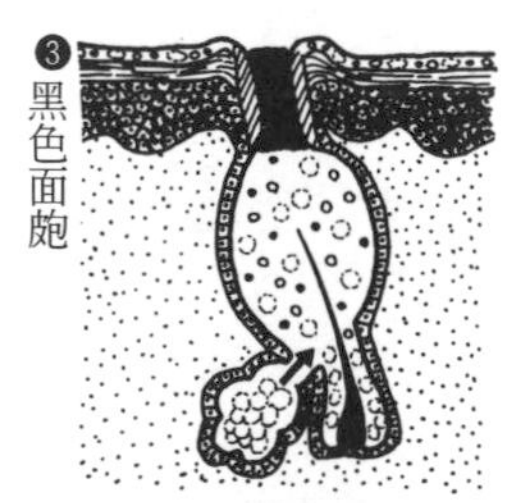


形成❷或❸的面皰時，要利用面皰壓出器（右圖），以尖頭的一端輕輕戳傷面皰頭，再以有洞的一端擠出皮脂，就能防止症狀惡化[注]。

面皰壓出器

❶用尖端稍微戳傷面皰頭

❷對準頂點擠出面皰

❹面皰發炎的狀態稱爲**紅色丘疹型面皰**，原因包括A皮脂分解時產生的游離脂肪酸（參照前頁）的刺激，B面皰桿菌、葡萄球菌所產生的毒素或酵素的刺激。這兩種刺激使得圍繞毛包的血管膨脹，形成縫隙的血管壁，繼而有血液中的水分（血漿）滲出，積存在眞皮的上層，將表皮往上推擠，形成比面皰稍大、紅色的「紅面皰」。

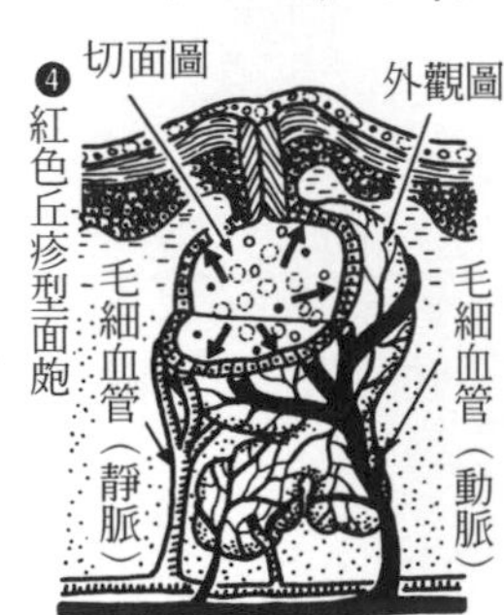


〔注〕若以指甲擠破面皰，會留下疤痕，所以一定要使用器具擠出皮脂。

皮膚的疾病

# 香港腳

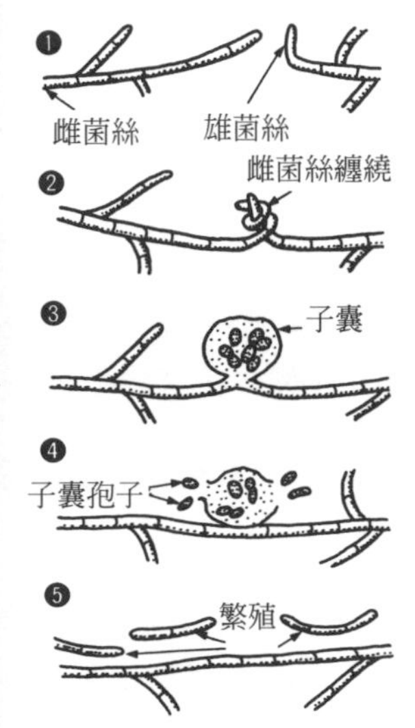


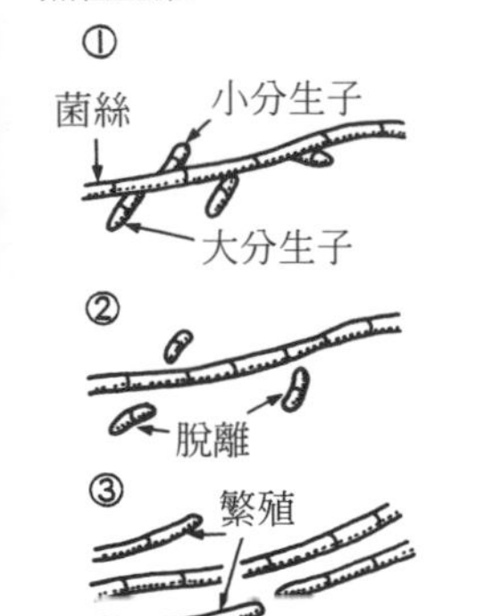


香港腳是由絲狀菌中的白癬菌造成，在手腳發症的皮膚病。

白癬菌原是棲息在土中的菌，古時附著在人類腳上，以污垢等作爲食物，開始增殖，經過長久歲月逐漸適應，認爲人類皮膚比土更適合居住，於是成爲今天的香港腳。

**★土中白癬菌的增殖（有性生殖）**

❶白癬菌有雄的菌絲和雌的菌絲，❷當雌菌絲圍繞著雄菌絲時，❸這個部分就會形成稱爲子囊的袋。❹子囊中聚集很多白癬菌的孩子——子囊孢子，待子囊成熟時會破裂，孢子飛出，❺以在土中的動物的毛爲營養源而繁殖。

**★皮膚白癬菌的增殖（無性生殖）**

①香港腳患者的皮膚棲息著雄菌絲或雌菌絲，製造出分生子（菌的孩子，因大小不同，有大小的區別）。②分生子成熟後，陸續脫離菌絲，③以表皮含有的角蛋白爲營養源，陸續繁殖。

**★香港腳如何傳染**

白癬菌喜歡高溫多濕的環境，在這種環境中繁殖旺盛，因此長時間穿著鞋子或腳趾悶熱的人，較容易成爲香港腳患者。而剛泡完澡或游完泳時，腳底皮膚較硬較厚的角質層會泡脹而柔軟，容易脫落。

如果此時香港腳患者踩過踏墊，因爲有摩擦，使得白癬菌棲息的角質層掉落下來，附著在其他人腳上，造成傳染。

此外，白癬菌也會穿過襪子的網眼，因此若穿上香港腳患者穿過的公用拖鞋，也會造成傳染[注]。

〔香港腳的傳染路徑〕

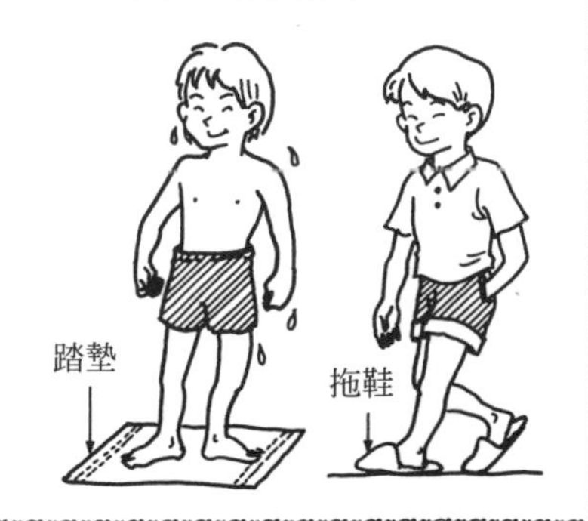


注〕白癬菌寄生在頭髮，稱爲頭癬；寄生在股溝部，稱爲頑癬；寄生在指甲，稱爲爪白癬。

皮膚的疾病

# 香港腳的症狀

**★趾間型香港腳**

白癬菌（香港腳的原因）是一種絲狀菌，喜歡高溫濕熱的環境，長時間穿鞋子或是腳趾易流汗（主要是第4趾間），都容易得香港腳[注1]。

白血球為了擊潰白癬菌的毒素，會聚集患部，進而毛細血管擴張，形成縫隙，血液中的水分（血漿）就會溢出，使得角質層濕潤。

血漿不斷溢出，積存在角質層下方，就形成**小水疱**，肉眼可以看到白色泡脹的薄皮下有水積存，稱為**浸軟現象**。

一旦破裂，薄皮翻過來，積存的血漿會流出，形成潮濕面（糜爛）。

**★小水疱型香港腳**

其症狀的經過與趾間型大致相同，但因為白癬菌的增殖，發症部位包括腳底心、腳的側面以及趾腹等。小水疱有時會直接變成1～1.5cm的大水疱。

症狀繼續進行，被白癬菌毒素擊潰的白血球屍體變成膿（膿疱），變成更嚴重的狀態。

在逐漸痊癒時，糜爛面逐漸乾燥，形成結痂。

以上兩型會產生劇烈發癢症狀，尤其在高溫多濕、白癬菌增殖旺盛的夏季，更易惡化。

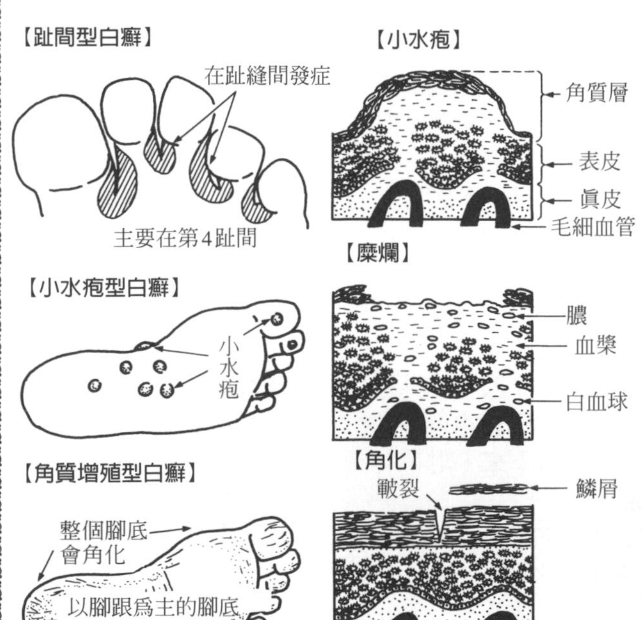


**★角化型香港腳**

症狀進行時，白癬菌會擴散在整個腳底，促進表皮細胞的增殖。以腳跟為主，角質層會變厚變硬（角化），最後，變厚的角質層表皮開始脫落（鱗屑），腳跟等處開始皸裂，這時藥物很難滲透，難以痊癒。白癬菌是很弱的菌，不見得每個人都會被傳染，只要一天用肥皂洗腳一次，就能預防。

〔注1〕與香港腳類似的皮膚病包括濕疹、斑疹等，所以不要自行判斷，要去看醫師。
〔注2〕治療包括外用藥，而角化型要使用內服藥。

皮膚的疾病

# 脫毛症

【脫毛的構造】

成長期

毛細孔　毛　毛幹　表皮　脂腺　毛根　毛包　立毛肌　眞皮　毛球　毛乳頭

退化期

毛乳頭

休止期

毛乳頭

## ★圓形脫毛症

每個人的頭髮有其獨立的成長週期（2～5年的成長期與3～4個月的休止期），進行成長、脫毛，但是有的部分的毛髮會突然進入休止期，形成圓形脫毛，就稱爲**圓形脫毛症**。

其原因不明，不過可能是❶遺傳因素造成脫毛，❷壓力導致皮膚毛細血管收縮，血液循環不良，營養無法送達毛乳頭，而造成脫毛，❸身體對製造毛的細胞形成對抗物質（抗體），引起發炎而脫毛。

沒有痛或癢等自覺症狀，大多是家人指出才察覺。

境域清楚的圓形或橢圓形**脫毛斑**，會出現一個或許多個，隨著症狀的進行，頭髮會全掉光，甚至連鬍鬚、眉毛、陰毛等都會掉落。

雖然脫毛，但由於新生毛還在毛細孔深處等待，所以幾乎所有的人在6個月到1年內，就能發毛、痊癒。[注]

## ★男性型脫毛症

在太陽穴、頭頂部、額頭逐漸脫毛的話，原則上毛不會再生。

當脫毛進行時，顳部、枕部以外的毛全部掉光。

其一大要因是遺傳，不過據說可能是男性荷爾蒙對毛包產生作用造成的。

頭部保持清潔，利用按摩等促進血液循環，就能夠遏止症狀的進行。

【脫毛的形態】

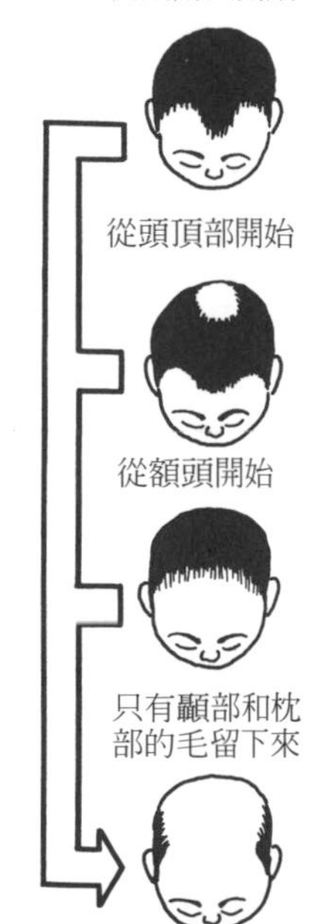


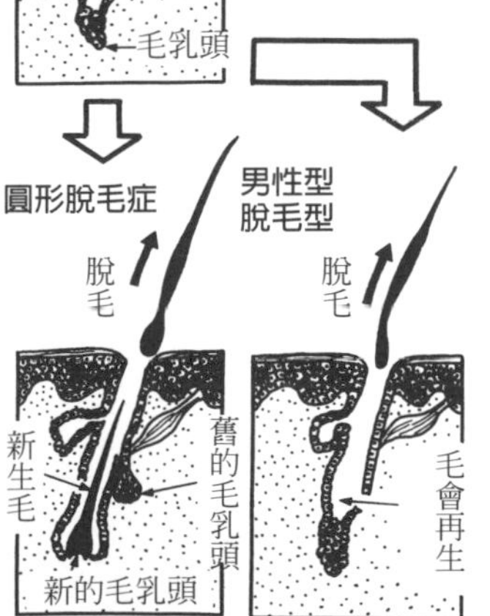


注〕利用假髮減少精神壓力也不錯。

# 第8章

# 運動系統的疾病

運動系統的疾病

# 骨與關節的疾病

骨與關節的疾病

## 椎間盤凸出症？

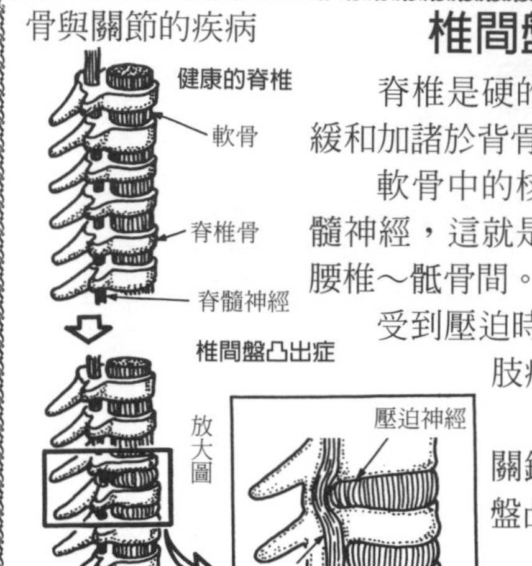


脊椎是硬的脊椎骨之間夾著椎間軟骨，此軟骨具有緩和加諸於背骨的衝擊的作用。

軟骨中的核髓組織，因爲某種原因而凸出，壓到脊髓神經，這就是**椎間盤凸出症**[注]，大多發生在第4～5腰椎～骶骨間。

受到壓迫時就會疼痛（坐骨神經痛），而且會出現下肢痛和排尿障礙等狀況。

所謂「閃腰」，就是拿重物時，因爲一些關鍵而引起的腰痛發作，原因之一就是椎間盤凸出症。

〔注〕所謂凸出症，就是意謂著「凸出」。



骨與關節的疾病

## 何謂骨質疏鬆症？

骨的組成雖然正常，但是骨量減少，這種狀態就稱爲**骨質疏鬆症**。

也就是骨組織中有縫隙，容易引起骨折等。

其原因不明，據說和鈣的攝取不足有關。

此疾病以老人和停經後的女性較多見，隨著年齡增加而容易發症，稱爲**原發性骨質疏鬆症**。

此外，因爲內分泌疾病而導致骨的代謝障礙也會引致，這種叫做**續發性骨質疏鬆症**。

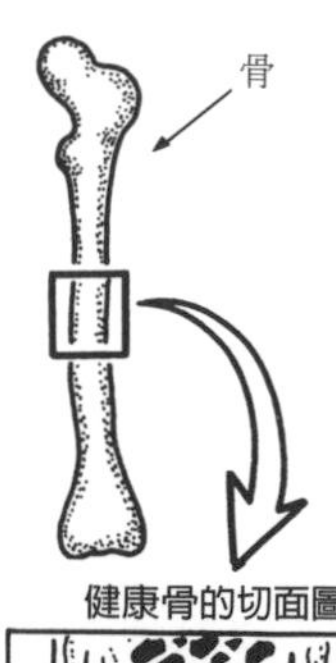


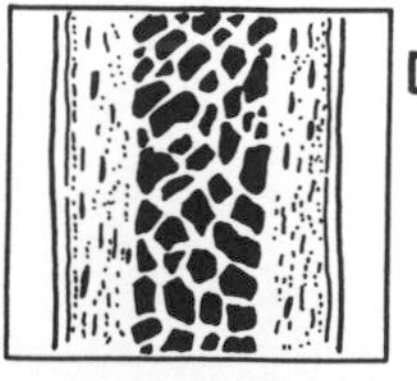


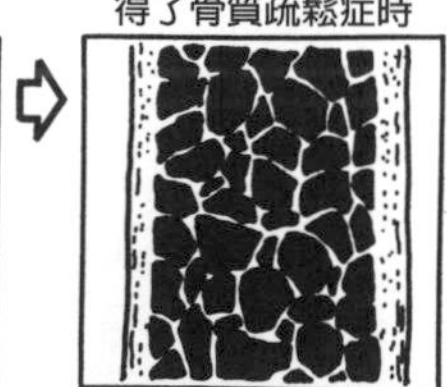


診斷必須測量骨密度[注1]，以及測量鈣、磷的體內量，此外還要經由腰背痛、骨折[注2]等臨床觀察來判斷。

〔注1〕利用X光、CT、DEXA等來檢查。
〔注2〕包括股骨、頸部骨折或脊椎壓迫骨折等。

骨與關節的疾病

# 痛　風

含有蛋白質的食品中，其細胞核中有含有很多**嘌呤體**。

❶嘌呤體在體內肝臟、骨髓、肌肉中分解爲尿酸。

❷尿酸進入血液中，到達心臟，通過肺之後，再次回到心臟（然後再送到腎臟）。

❸健康的人，尿酸在腎臟中隨尿液一齊排出。

但如果排出不順暢，就會產生過剩的尿酸，在血液就會有異常的尿酸殘留[注]。

❹蓄積在血液中的尿酸再一次回到心臟，通過大動脈，運送到全身。

❺這時，腳趾根部關節就會形成結晶化的尿酸沈著，引起發炎，或是長瘤。

接著關節腫脹，產生劇痛，就是**痛風**。除了腳趾根部以外，腳趾關節或腎臟等也容易有尿酸結晶沈著，容易引起痛風。

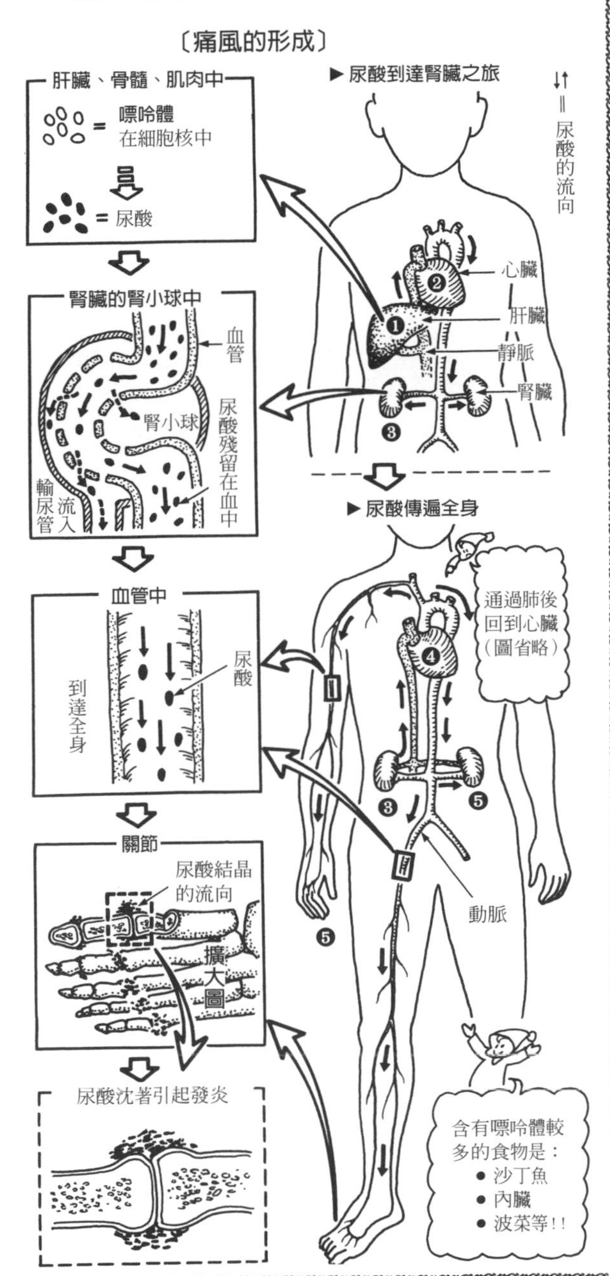


〔注〕除了高尿酸血症，其中有的是遺傳造成的。

# 第9章

# 女性的疾病

生殖器官的疾病

# 女性的疾病

女性的疾病

## 月經不順

健康的成年女性大約以4週爲間隔，在一定期間內，子宮內膜會出血**（月經）**。

月經是由腦下垂體荷爾蒙分泌的卵泡刺激荷爾蒙（FSH）、黃體形成荷爾蒙（LH）加以控制[注1]。

這些荷爾蒙隨著血液循環到達卵巢，FSH能使卵泡（包住卵子的細胞）成熟。

成熟的卵泡會產生卵泡荷爾蒙[注2]和FSH一起，使得子宮內膜增殖肥厚。

卵泡熟時，FSH、LH、卵泡荷爾蒙的分泌增加，卵泡壁破裂，卵細胞排出**（排卵）**。

排卵的卵泡藉著LH的作用，成爲黃體，分泌黃體荷爾蒙，使得子宮內膜肥厚，讓受精卵容易著床。

但如果未受精，則卵泡荷爾蒙和黃體荷爾蒙減少，肥厚的子宮內膜會脫落，隨著出血而排出體外**（月經）**。

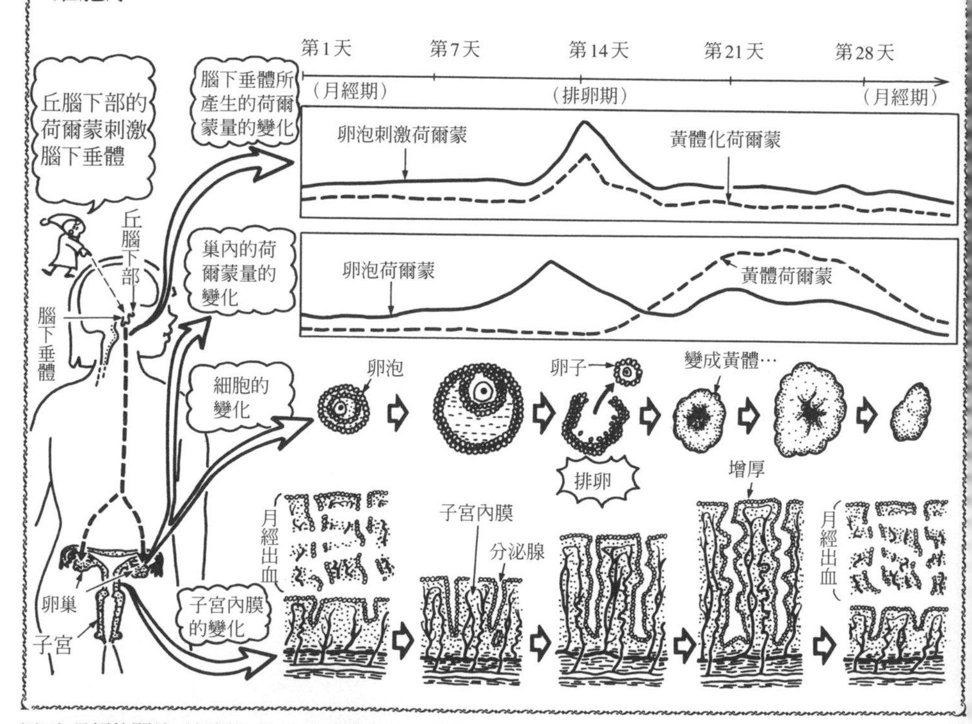


〔注1〕月經的開始（初經）在11～13歲左右，月經的結束（停經）在45～50歲左右。
〔注2〕卵泡荷爾蒙也具有雌激素，具有促進發情的作用。

女性的疾病

# 為何要測量基礎體溫？

**★何謂基礎體溫？**

基礎體溫是每天早上起床時測量的女性體溫［注］。

健康女性排卵之後，由於卵巢荷爾蒙的作用，體溫會上升（**高溫期**）。

再回到原先的體溫時，月經就又開始（參照右圖）。

就像這樣，健康女性會交互出現**低溫期**與**高溫期**。

但若體調不良或卵巢機能紊亂，高溫期與低溫期就不會反覆出現（**二相性**），而會一直維持低溫期（**一相性**）。

因此每天早上測量基礎體溫，就能知道卵巢是否順暢發揮作用。

**▶基礎體溫表範例**

月經出血○，不正常出血×，分泌物△，生理痛●，性交★

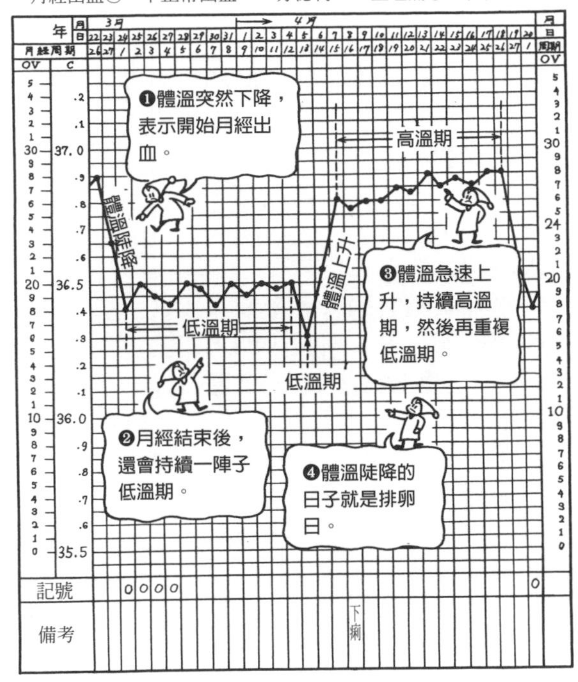


**★測量基礎體溫的方法**

體溫在1天當中，會因時間而變動，所以最好在每天早上同一時間測量體溫。

基礎體溫的變動差大約在0.6度左右，非常精細。

因此，雖可使用普通的體溫計，但使用婦人體溫計較好。

婦人體溫計在藥局可以買到，其刻度較細，容易看得很清楚。從35度到38度，分爲50等分，刻度帶有「OV」標示。關於基礎體溫的測定，只要看「OV」即可。

基礎體溫表如上圖所示，在藥局可以買到，非常方便。

晚上睡前，將體溫計和體溫表擺在枕邊，醒來之後，將體溫計含在口中（舌下）測定。

測定後，將體溫填在體溫表下。而像月經出血、有分泌物或不正常出血等狀況，也可塡入（參照上圖）。

〔注〕基礎體溫是在不受運動、飲食、精神作用下，身心呈平靜狀態時的體溫。

女性的疾病　**藉基礎體溫了解身體的異常與變化**

**★體溫為什麼會上升？**

健康女性卵巢大約以1個月1次的比例進行**排卵**。

包住卵子的細胞稱爲**卵泡**，卵子排出（排卵）後的卵泡變成**黃體**。

黃體會產生**黃體荷爾蒙**，使得子宮內壁增厚，做好讓受精卵著床的準備。

黃體荷爾蒙的分泌量增加時，體溫會上升，所以排卵之後，基礎體溫會上升（**高溫期**）。

但若沒有懷孕，黃體退化，黃體荷爾蒙分泌量減少，原本上升的體溫就會下降到原先的溫度（**低溫期**）[注]。

**★無排卵性月經**

月經出血的人基礎體溫有時不會上升到高溫期，仍維持低溫期。

這是因爲沒有進行排卵，黃體荷爾蒙分泌沒有增加所造成的。

20歲前的少女或停經期女性等卵巢機能失調的人，比較容易發生此種情形。

**★懷孕時會變成何種狀況**

一旦懷孕，黃體不會退化，黃體荷爾蒙持續產生，因此體溫會維持高溫。

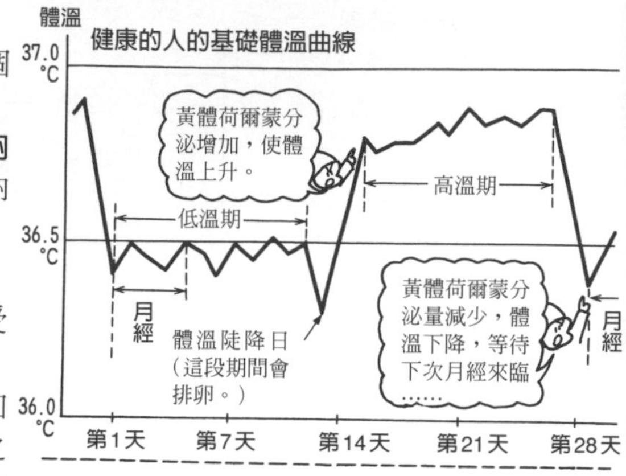


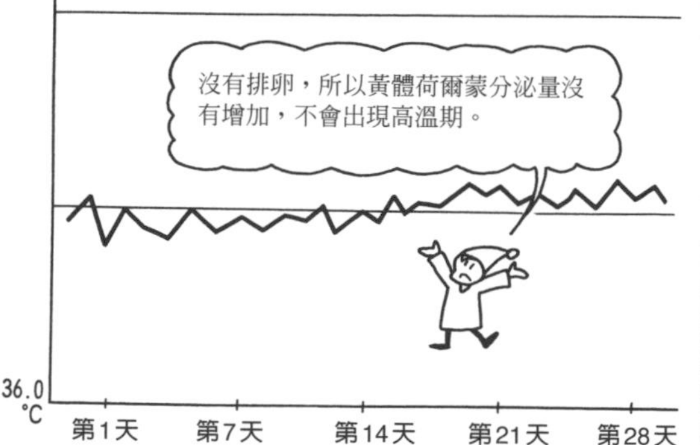

〔注〕可能受精的時期是在排卵後24小時內，如果希望懷孕，可以利用基礎體溫表預測排卵日，進行性交即可，相反地如果想避孕，就要避開這段時期。

女性的疾病

# 早發月經與遲發月經

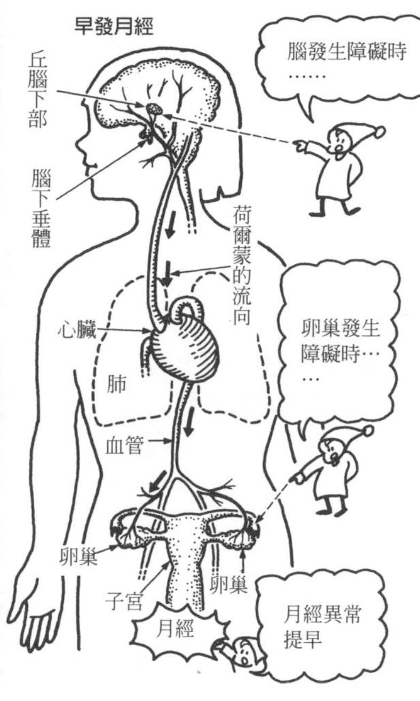


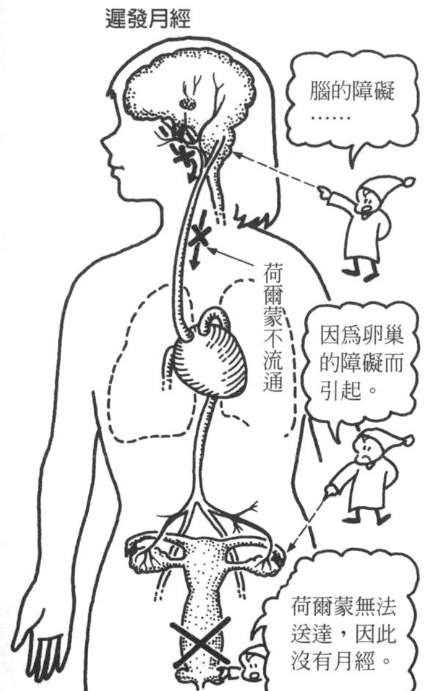


**★何謂早發月經**

在腦中的丘腦下部，有所謂的「生理時鐘」。

例如「已經該是成爲大人的時候了」，在這個時期，它就會通知身體。

配合這個信號，例如11～13歲的少女就會出現月經等第二性徵[注]。

這個信號是受到荷爾蒙的影響，當此信號混亂時，9～10歲以前的少女即會出現月經。

這種情況就叫做早發月經。

**▶真性早發症…**丘腦下部的荷爾蒙刺激，使得腦下垂體產生刺激卵巢的荷爾蒙。此荷爾蒙分泌異常提早的話，就會引起眞性早發症。

這時出現排卵現象，如果性交，當然可能就會懷孕。

其原因包括腦下垂體的腫瘤等，不過大部分原因不明。

**▶偽早發症…**卵巢發生腫瘤，使激素（卵泡荷爾蒙）分泌異常亢進，月經出血，但沒有排卵，所以不會懷孕。

**★何謂遲發月經**？

與早發月經相反，滿16歲前沒有月經，16歲之後月經才來，就叫做遲發月經。

有的是體質造成的，但就算比平常人稍微遲一些也不用擔心。

但也可能是卵巢或腦有毛病，所以要接受醫師的詳細檢查。

注〕關於月經，請參照本出版社發行的《完全圖解了解我們的身體》。

## 女性的疾病〔月經不順之 1〕為何無月經？

健康成熟的女性，月經會以一定週期出現。

但因某種理由，荷爾蒙分泌受阻，月經兩個月以上沒來，就稱爲**無月經**。

懷孕中、授孔中、停經後的女性，無月經是正常生理現象，不用擔心。

但若是丘腦下部、腦下垂體、卵巢等分泌荷爾蒙的器官產生毛病時，就需要進行荷爾蒙療法。

找出原因的方法，如下圖所示，包括投與荷爾蒙等的測驗，能幫助有效治療。

無月經大致分爲以下兩種：

▶**原發性無月經**…18歲之前月經從未來過，稱爲原發性無月經。

陰道或是處女膜的閉鎖等，導致血液循環路線的障礙，或是卵巢機能不全等，是主要原因。

▶**續發性無月經**…有月經的女性產生無月經的現象。

卵巢或子宮的毛病、腦的障礙、精神壓力等等，原因很多。

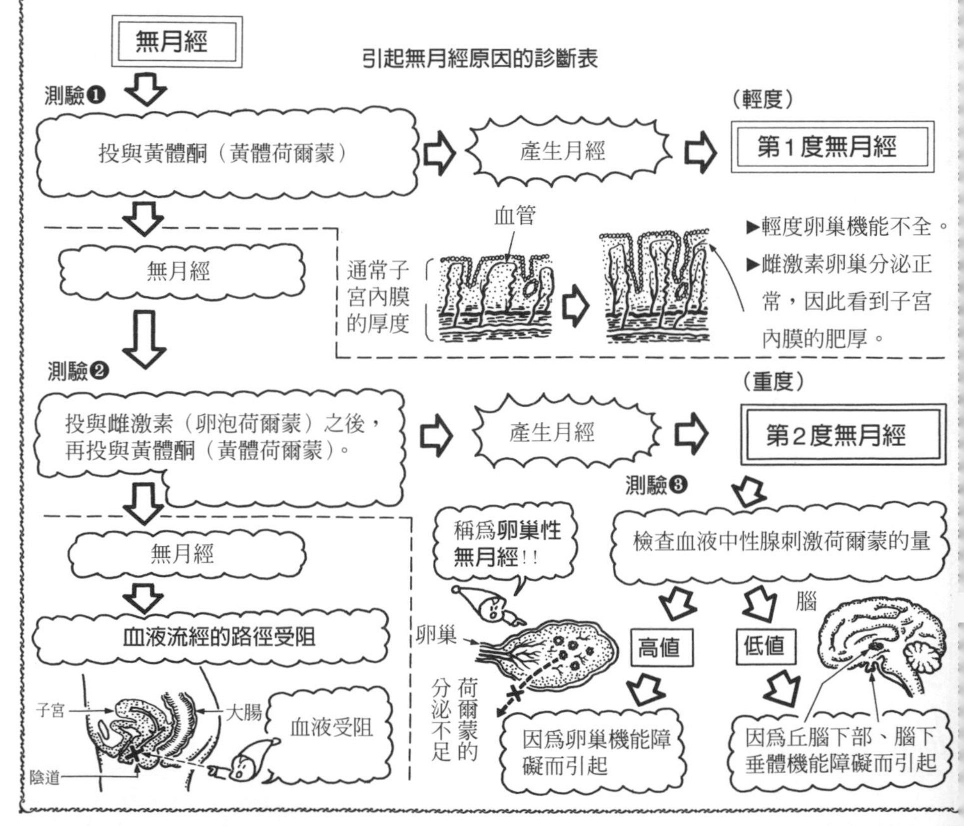

## 女性的疾病〔月經不順之2〕何謂月經過多？

月經週期提早（**頻發月經**），月經時出血量太多（**過多月經**），都稱爲**月經過剩**。

頻發月經和過多月經經常會合併發生。過多月經的原因是子宮或卵巢障礙、荷爾蒙分泌異常等。

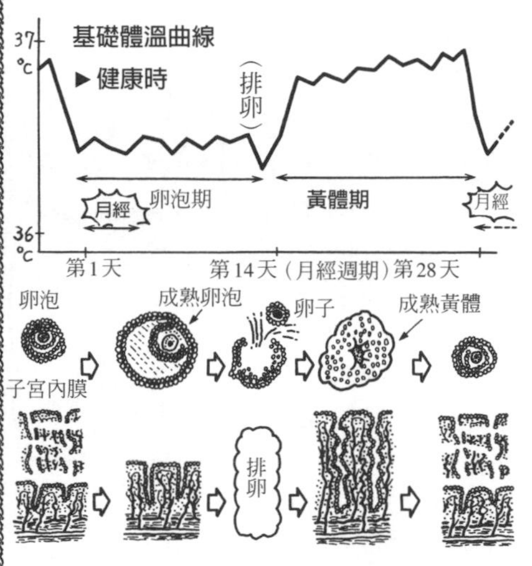


頻發月經包括排卵性及無排卵性。

**〔排卵性頻發月經〕❶卵泡期縮短**…原因是卵泡機能不全。

看基礎體溫曲線，低溫期（卵泡期）較短（下圖❶）。

**❶黃體期縮短**…原因是黃體機能不全。

看基礎體溫曲線，高溫期縮短（下圖❷）。

這時會成爲子宮內膜異常，或受精卵著床障礙的不孕原因，所以要接受荷爾蒙療法等。

**〔無排卵性頻發月經〕** 頻發月經當中，測量基礎體溫看不到高溫相的症狀。爲了引起排卵，有時候要運用荷爾蒙療法[注]。

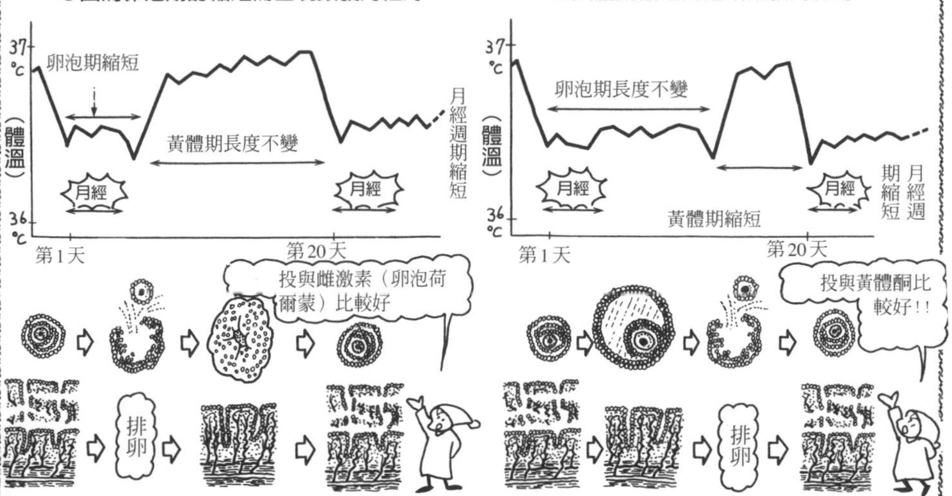


注〕無排卵時，不見得月經週期就會縮短，有時也會增長。在初經剛過後以及停經期會出現，臨床上沒什麼問題。

## 女性的疾病〔月經不順之3〕**何謂月經過少？**

月經若因子宮出血異常而減少，就會造成**過少月經**。

這時偶爾會伴隨**稀發月經**（月經週期很長，幾乎都沒有來）的現象。

過少月經的原因包括子宮發育不全、結核性子宮內膜炎這種器質性的疾病，而內分泌異常等機能障礙，也會引起這種疾病。

內分泌異常是由丘腦下部、腦下垂體、卵巢、副腎等器官障礙引起的。

此時荷爾蒙對子宮內膜的作用會停滯，不易引起月經，或是出血量很少。

這時大多會伴隨黃體機能不全的現象出現。

健康的人藉著黃體荷爾蒙（黃體酮）的作用，使子宮內膜肥厚，內膜剝落，就會引起月經（左圖❶）。

但由於黃體機能不全，黃體分泌荷爾蒙受阻，肥厚不夠時，就會形成過少月經（左圖❷）。

此外，如果是無排卵月經，也會引起過少月經（左圖❸）。

過少月經會成為不孕的原因，因此必須接受荷爾蒙療法等。

〔月經過少的原因〕

內分泌的異常

丘腦下部、腦下垂體、卵巢、副腎等機能不全

丘腦下部

腦下垂體

副腎

子宮

卵巢

卵巢

子宮內膜的異常

結核性子宮內膜炎、子宮發育不全

基礎體溫曲線

❶健康時

37℃

36℃

（體溫）

卵泡期

黃體期

月經

月經

第1天

第14天（月經週期）第28天

（卵子）

卵泡

成熟卵泡

卵子

成熟黃體

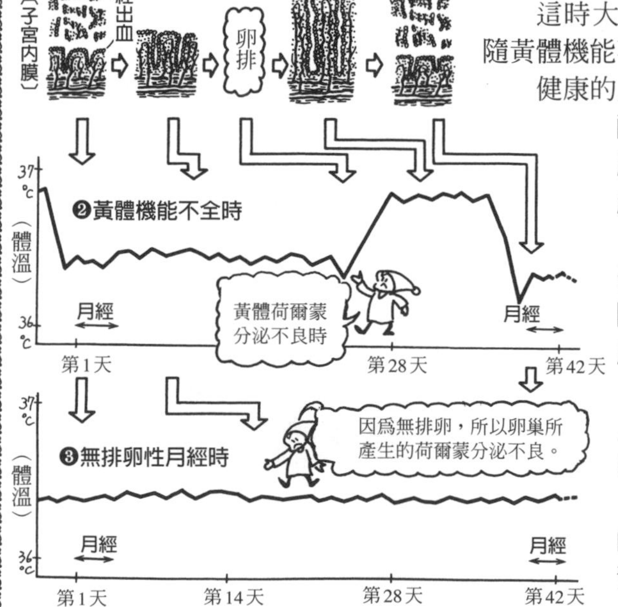

女性的疾病

## 肥胖與月經的關係

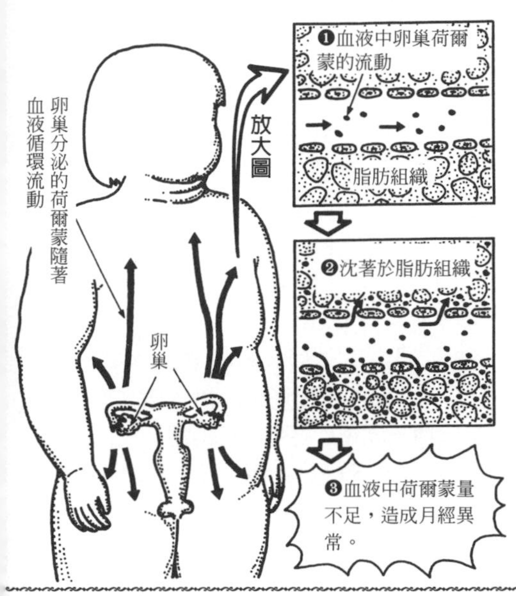


**★何謂肥胖？**

**肥胖**是指因各種原因，脂肪在體內異常蓄積的狀態。

其判定有各種方法，是以超出標準體重[注]2成以上為大致的判斷標準。

**★脂肪增加會造成何種狀況**

由卵巢分泌到血液中的雌激素等性荷爾蒙，具有容易沈著在脂肪組織的性質。

因此當脂肪組織增多時，沈著的性荷爾蒙也會增多。

這使得血液中的性荷爾蒙不足，而導致**無排卵**等月經異常狀況的產生。

注〕標準體重是〔身高(cm)的值－100〕×0.9(kg)。

女性的疾病

## 神經性食欲不振症與月經的關係

**★何謂神經性食欲不振症？**

這主要是年輕女性會出現的疾病。突然食欲不振以及體重顯著下降，稱為**神經性食欲不振症**。

這種疾病的患者會驟然消瘦，會有想要讓自己更瘦的心理，拒絕吃東西，結果體重降為標準體重的80%以下。

會呈現慢性低營養狀態，產生低體溫、低血壓，容易引起便秘。

也會引起月經異常，變成無月經。

**★神經性食欲不振症的原因**

包括精神壓力。但為什麼會引起食欲不振，就不得而知了。

會造成體內雌激素量降低，可能與丘腦下部機能不全等有關。

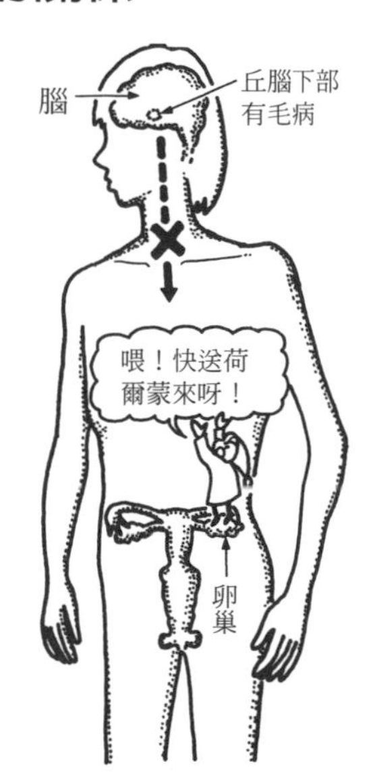

女性的疾病

# 卵巢腫瘤

腫瘤出現在卵巢，就稱爲**卵巢腫瘤**。

製造卵巢的生殖腺細胞，原本就是製造身體的細胞或組織的根源，因此卵巢的腫瘤包括單純的瘤，或是由卵細胞分化形成的，有不同的種類。

其發生的機率非常高。

卵巢腫瘤主要有以下3種：

**❶在卵巢表皮上層形成的腫瘤**

▶ **液性囊泡腺瘤**…形成袋狀腫瘤，裡面有漿液積存。

卵巢腫瘤中發生率最高的就是這一種，不過大多數是良性腫瘤。可是如果組織等塞滿時，就會成爲充實性腫瘤，變成惡性腫瘤。

這是高齡者較多見的疾病。

**❷在卵細胞形成的腫瘤**

▶ **皮樣囊瘤**…卵細胞受精之後，負責製造身體的各個組織。

但這裡所形成的腫瘤中，有些會形成毛髮或牙齒（良性的畸形瘤）。

這是年輕人較多見的疾病。

**❸在卵胞的卵泡上皮或卵泡膜（性腺間質）形成的腫瘤**

▶ **顆粒膜細胞瘤**…卵巢荷爾蒙（雌激素）的異常分泌如果發生在少女身上，會引起性的早熟症（月經、性毛發達，異常早生）。

▶ **男性胚細胞瘤**…由於男性荷爾蒙分泌亢進，因此會長鬍鬚，聲音變粗變低。

卵巢腫瘤大多無症狀，一旦惡化，會引起莖扭轉（腫瘤的莖扭轉，引起劇痛），或造成腹水，因此必須在早期即動剖腹手術。

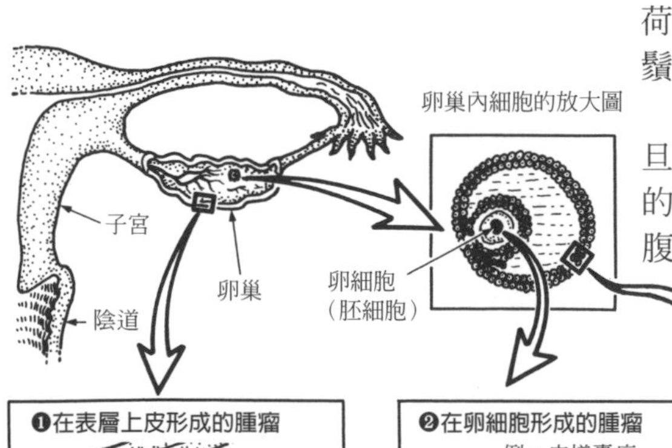




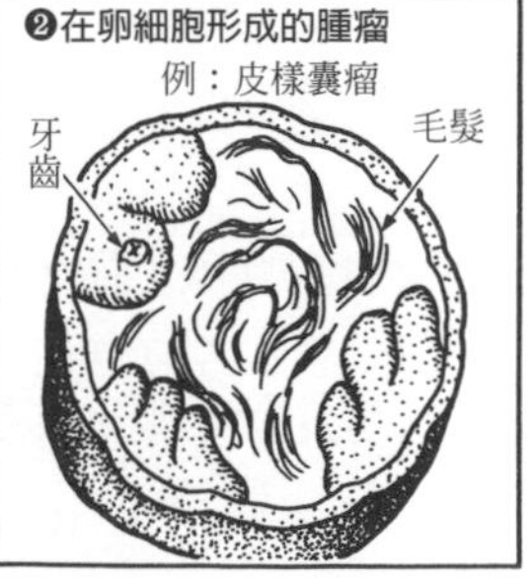


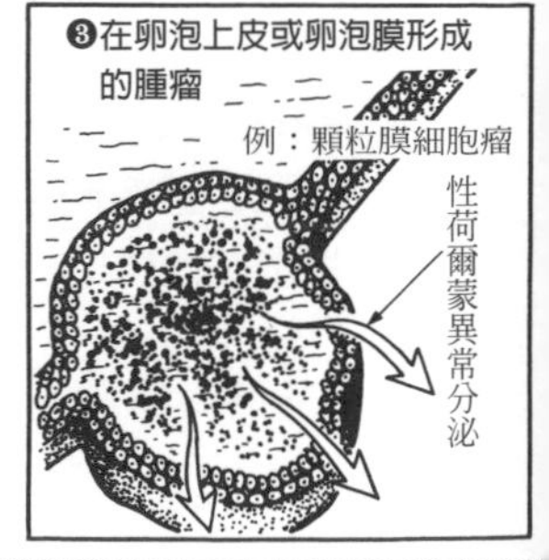

女性的疾病

# 子宮肌瘤

子宮肌瘤形成的構造

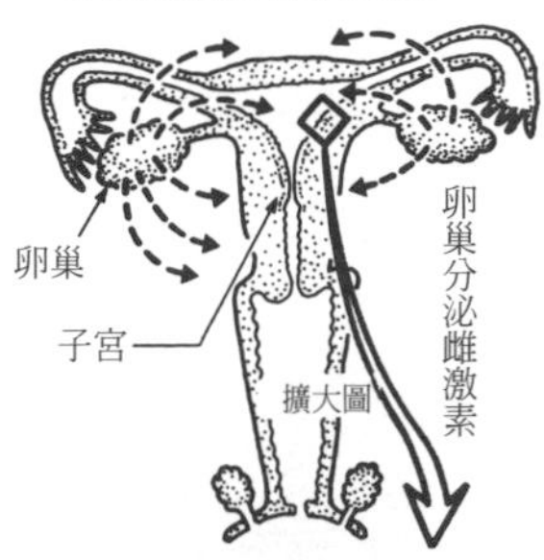


❶雌激素過剩分泌

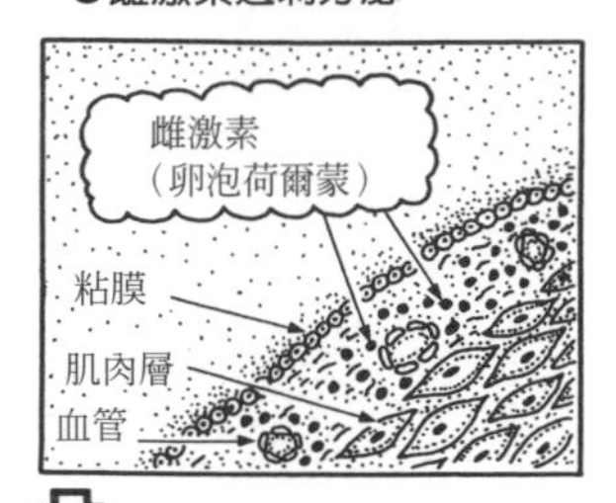


❷子宮肌瘤的發生

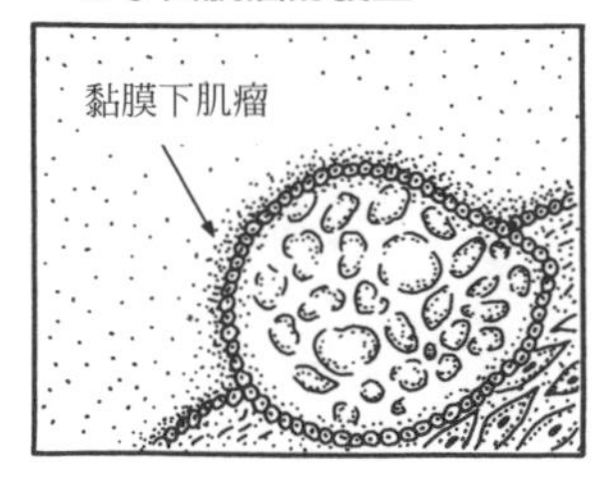


## ★何謂子宮肌瘤

在覆蓋子宮的平滑肌所產生的腫瘤，就叫做**子宮肌瘤**，這是良性腫瘤。

子宮肌瘤和在卵巢形成的腫瘤，同樣是女性性器形成的腫瘤中，較多的一種。

這種腫瘤超過30歲的女性約有2成會出現，以40多歲的女性較多見。

病情包括月經異常、子宮不正常出血等，有時無症狀。

此外也會有貧血現象，會成爲不孕、流產的原因。

## ★子宮肌瘤的原因

子宮肌瘤的原因目前不明。

但是推測可能與包住卵巢卵子所產生的荷爾蒙，也就是**雌激素（卵泡荷爾蒙）**的擴散分泌有密切關係。

不過，有人認爲不單是雌激素分泌過剩造成的，可能也和其他荷爾蒙的平衡代謝異常有關。

子宮肌瘤大致成球狀，大多是硬的，有時會占據整個腹部，經由內診即可輕易診斷出來。

其發生的位置，9成在子宮體部，偶爾發生在子宮頸部。

子宮肌瘤形成的位置

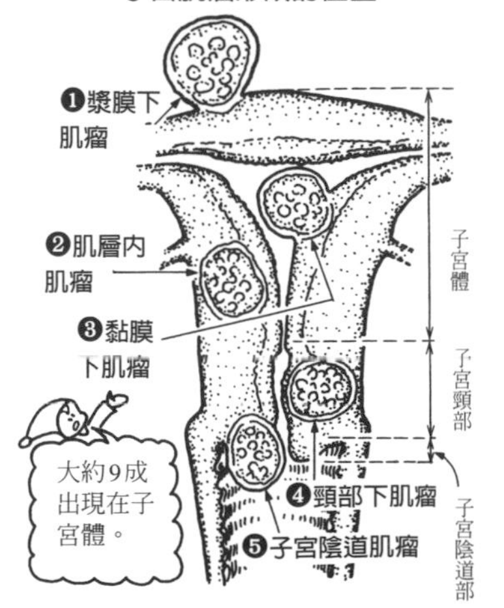


## ★子宮肌瘤的種類

依肌瘤發育的方向，分爲**❶漿膜下肌瘤**，**❷肌層內肌瘤**，**❸黏膜下肌瘤**（以上是在子宮體的肌瘤），**❹子宮頸部肌瘤**，**❺子宮陰道部肌瘤**等。

女性的疾病

# 子宮內膜症

**★何謂子宮內膜？**

覆蓋子宮內側面的黏膜，稱爲**子宮內膜**。

子宮內膜隨著月經週期（大約每個月反覆出現排卵的週期）而肥厚、脫落、出血（月經出血），反覆再生。

子宮內膜的變化，是受到包住卵子的卵泡所產生的卵泡荷爾蒙（雌激素），或是排卵之後，卵泡變化形成的黃體所產生的黃體荷爾蒙（黃體酮）作用的影響。

**★何謂子宮內膜症？**

健康女性只有子宮內膜在月經週期會肥厚，然後脫落（月經出血），但是因某種理由，在子宮肌膜內或卵巢等組織，也形成與子宮內膜同樣的組織。

在子宮內腔以外部位形成的子宮內膜化的疾病，就稱爲**子宮內膜症**。

子宮內膜化的部分因爲荷爾蒙的作用，會配合月經週期而反覆肥厚、出血，引起各種症狀。

其症狀包括月經時劇烈腹痛或腰痛等月經困難症，及性交痛、不孕症等等。

此外，子宮內膜化的部分，如在臟器外側，則血液和崩潰的組織會流入腹腔內，產生劇烈腹痛，引起腹膜炎。

原因推測可能與雌激素的分泌異常有關，不過目前不明，大多在30幾歲會造成多發性的不孕症。

治療法爲依各種不同情況，進行荷爾蒙療法與手術等。

▶ 健康時

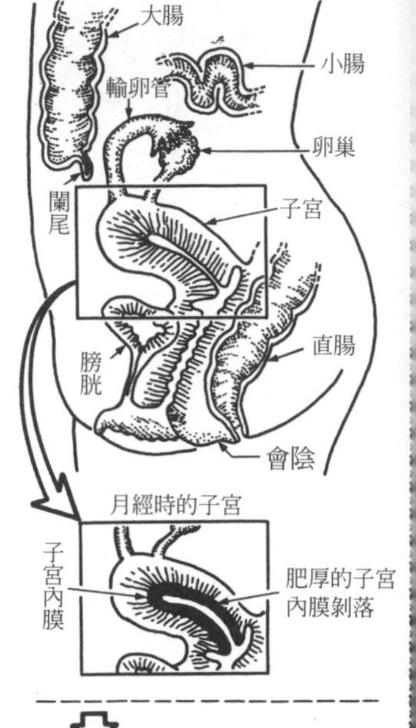


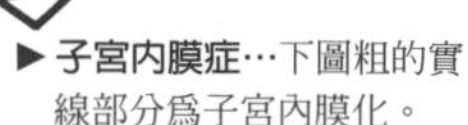

▶ **子宮內膜症**…下圖粗的實線部分爲子宮內膜化。

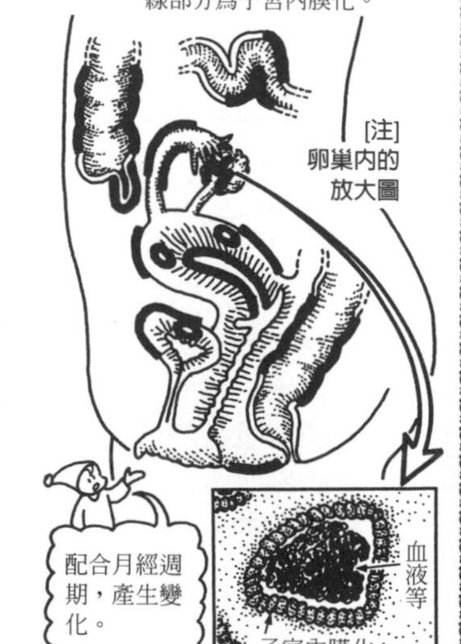


〔注〕如果形成在卵巢，由於老舊血液積存，會變成巧克力狀，稱爲巧克力樣囊腫。

# 第10章

# 癌　症

癌症

# 引發癌症的構造

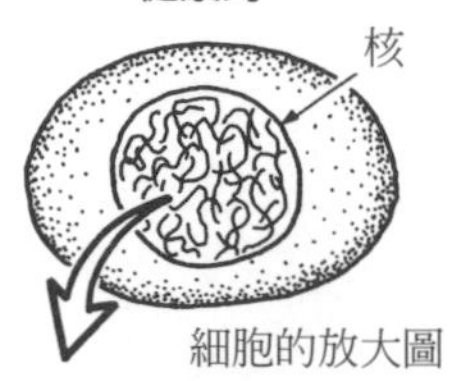


細胞的放大圖

❶在核中……

❷RNA讀取遺傳情報……

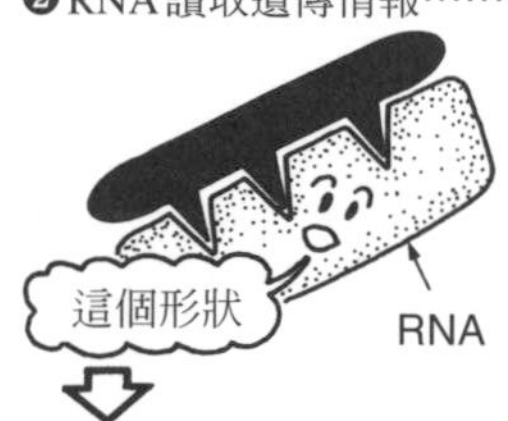


❸正確傳達情報……

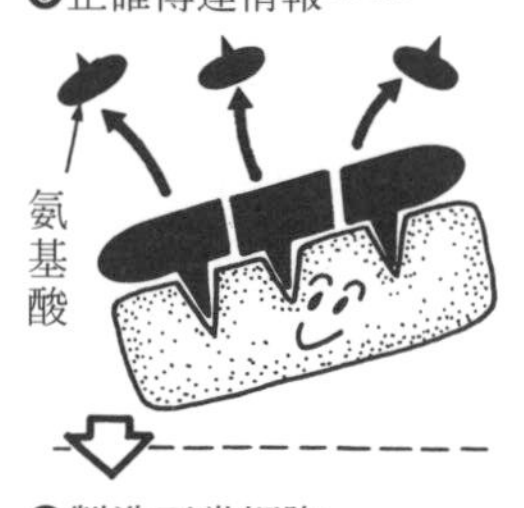


❹製造正常細胞

## ★細胞增加的構造

人體是由無數細胞構成的，細胞核中有DNA、RNA等核酸。

DNA具備遺傳情報，此情報由RNA讀取，製造出新的細胞。

由於遺傳情報的傳達，骨細胞會製造出骨，肌肉細胞會製造出肌肉。

## ★暴走的細胞

正常的細胞藉著遺傳情報，能夠適當增殖，到了某個階段，就停止增殖。

然而因爲某種理由，這個情報產生缺陷，致使錯誤的情報、大量地傳達出去。

這時細胞持續增殖，就成爲威脅正常細胞的**癌細胞**。

引起癌的構造及原因目前仍不明。

現在只知道一部分的化學藥品、食品等致癌物質、放射線、紫外線、病毒、吸菸等，都是原因之一。

此外，遺傳基因質與量的變化、基因突變等也是原因。

細胞雖然遺傳情報受損，卻有加以修復的能力。

受損的細胞中，只有一部分無法修復的細胞會成爲癌細胞。

得癌症時

致癌物質包括（化學藥品、一部分食品）、放射線、紫外線、吸菸等。

①DNA產生毛病時……

②RNA直接讀取錯誤的情報……

③傳達錯誤的情報……

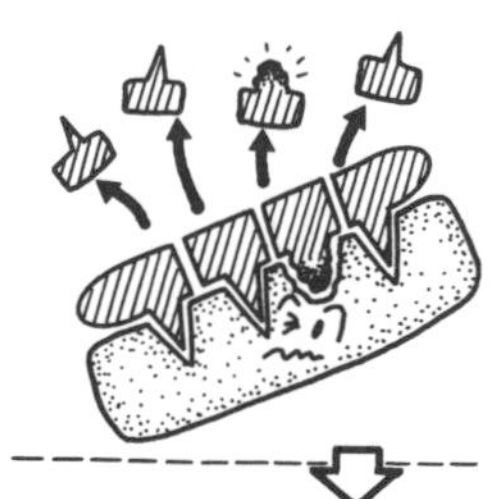

④細胞異常增殖

這是細胞遺傳基因的疾病

癌症

# 癌的轉移

持續增殖的細胞不會停留在一處，放任不管的話，會擴散到全身。

這就是**轉移**，其路徑大略可分三類。

**❶淋巴行性轉移**…最初成形的病灶（原發巢）的癌細胞通過淋巴管轉移。

淋巴管在各重要部位都有淋巴結，容易成為癌細胞的積存場。

因此，動手術去除癌的時候，連附近的淋巴結也要一併去除。

**❷血行性轉移**…癌細胞通過血管轉移[注]。

**❸播種性轉移**…癌細胞浸潤到腹腔等體腔內，侵襲體腔內臟器。

**癌轉移的方法（以大腸癌為例）**

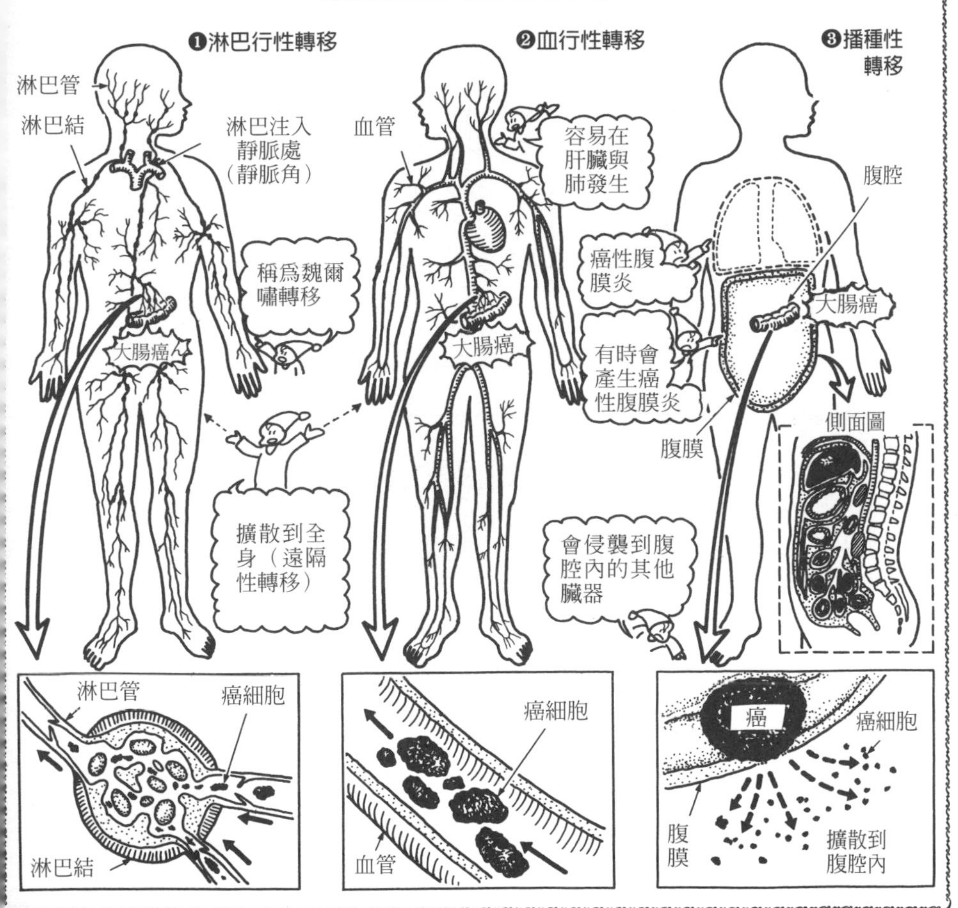


注〕容易發生在腎癌、前列腺癌、骨肉瘤。

癌症

## 癌早期發現的重點

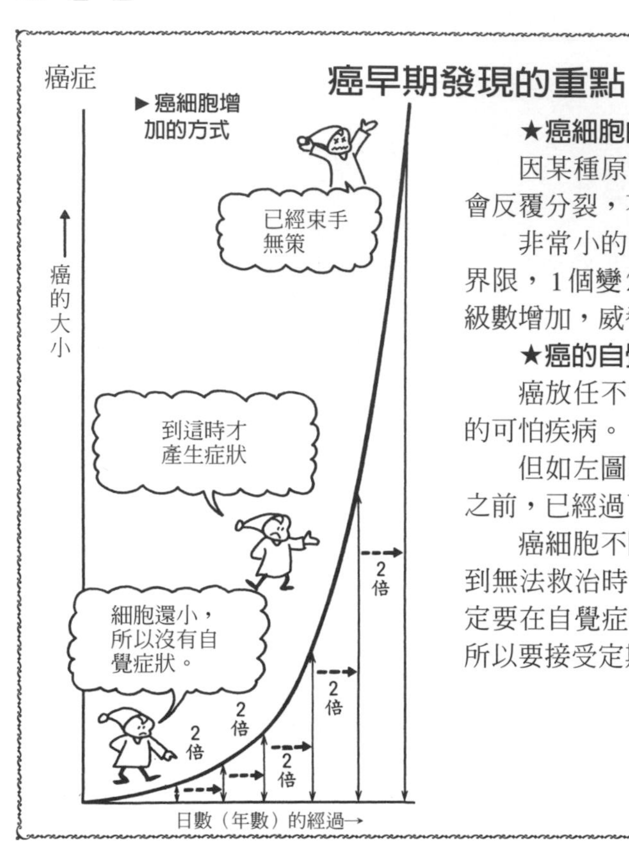


**★癌細胞的增加方式**

因某種原因，體內癌細胞產生時，會反覆分裂，不斷增殖。

非常小的癌細胞忽略了正常的增殖界限，1個變2個，2個變4個，以等比級數增加，威脅到正常細胞。

**★癌的自覺症狀出現**

癌放任不管的話，會成爲奪走生命的可怕疾病。

但如左圖表所示，在自覺症狀出現之前，已經過了一段很長的時間。

癌細胞不斷增加，從症狀出現後，到無法救治時，時間非常短暫，因此一定要在自覺症狀出現前，早期發現癌，所以要接受定期檢查，這點非常重要。



癌症

## 癌的經過及對策

癌是會威脅生命的可怕疾病，等到症狀出現之後，爲時已晚，而癌特有的症狀也很少。

癌因其經過及形成部位的不同而有不同。

癌不光是原發巢（最初形成的癌病灶），也會進入其他臟器，轉移到全身，有時甚至是先發現轉移處，然後才找到原發巢，有的甚至根本找不到原發巢。

癌的治療近來非常進步，有一些可以治癒，有一些則期待可以治癒。

早期發現，早期動手術治癒的例子很多。

接受診察時，已經轉移，無法動手術，或是即使採化學療法，也爲時已晚，這樣的例子也很多。

癌症

# 各種癌

▶**消化器官系統癌**

〔**食道癌**〕…男性、高齡者較多見，以胸部食道癌占大部分。

〔**胃癌**〕…東亞較多見的癌，沒有特徵症狀，患者有各種症狀。

〔**大腸癌、直腸癌**〕…最近有增加趨勢。直腸癌大多會轉移到肝臟。

最近認為原因可能是動物性脂肪攝取過多的飲食生活變化造成的。

〔**肝癌**〕…目前肝癌在台灣占男性癌症發生的第1位。

〔**胰臟癌**〕…很難早期發現，轉移較強。

▶**泌尿系統癌**

〔**腎臟癌**〕…男性比女性多。

〔**膀胱癌**〕…也是男性較多見的癌。

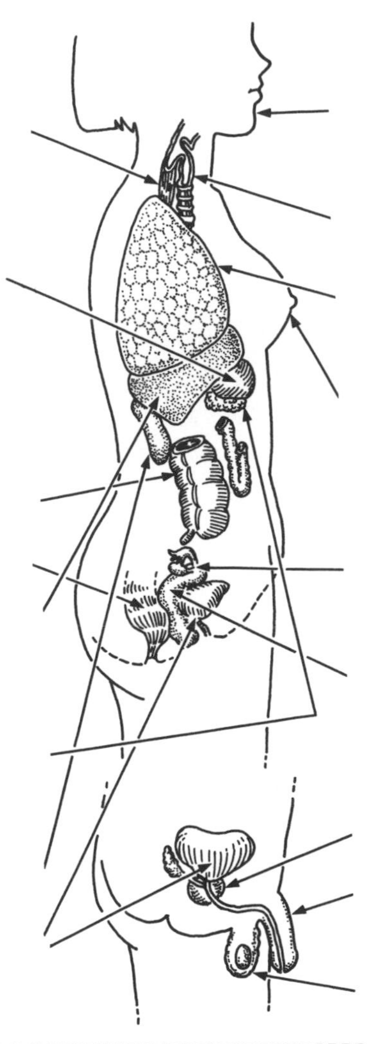

▶**感覺器官系統癌**

〔**皮膚癌**〕…紫外線或皮膚的刺激可能與此有關。

▶**呼吸器官系統癌**

〔**喉頭癌**〕…男性較多見的癌。

〔**肺癌**〕…與吸菸有關。

▶**女性特有的癌**

〔**乳癌**〕…飲食生活和以前不同，攝取較多脂肪，最近有增加趨勢[注]。

〔**卵巢癌**〕…症狀出現時，已經非常嚴重了。

〔**子宮癌**〕…女性性器癌中，最多的一種癌。

▶**男性特有的癌**

〔**前列腺癌**〕：據說致癌原因與男性荷爾蒙有關。

〔**陰莖癌**〕…這是比較罕見的癌。

〔**睪丸癌**〕…有各種不同的種類。

---

癌除了上述種類之外，還有全身性的癌。

〔**白血病**〕…血液中白血球異常增殖。

也就是所謂的血癌，增殖的白血球會阻礙其他血液成分的成長，引起各種毛病。

〔**惡性淋巴瘤**〕…淋巴球異常增殖的癌。

注〕男性也有可能會得乳癌。

# 第11章

# 免疫與疾病

免疫與疾病

# 免疫與自體免疫疾病

**正常的免疫反應**

❶不會對自己的組織產生反應

❷病原體（抗原）侵入時

❸淋巴球、白血球發揮團隊精神，擊退病原體，獲得免疫。

❹當病原體再度侵入時……

## ★何謂免疫

人體具有對外界侵入的異物自然加以去除的能力。

這種去除異物、保護身體的機能，就是免疫反應。

免疫反應的主角是淋巴球、白血球等顆粒球，此外還有巨噬細胞、肥胖細胞等。

淋巴球包括T淋巴球（T細胞）、B淋巴球（B細胞）。對侵入體內的異物（抗原），由巨噬細胞加以包圍，形成抗原提示細胞。T淋巴球感知侵入細胞內的抗原，就會產生反應，加以破壞排除[注1]。

此外，如果細胞外有抗原，B淋巴球就會接受T淋巴球的指示，產生抗體，加以排除[注2]。

## ★免疫反應過度會造成何種狀況？

免疫反應是保護身體的重要功能，但如果產生過剩反應，就另當別論了。

免疫反應因某種理由異常發生時，淋巴球就會對自己的組織產生抗體（**自體抗體**），加以攻擊。這時就會引起各種疾病，稱爲**自體免疫疾病**。

①免疫反應構造異常時…

②擊潰組織本身的細胞，造成損害。

得了自體免疫疾病……

〔注1〕稱爲細胞內免疫。
〔注2〕稱爲體液性免疫。

免疫與疾病

# 愛滋病

❶愛滋病（HIV）侵入時

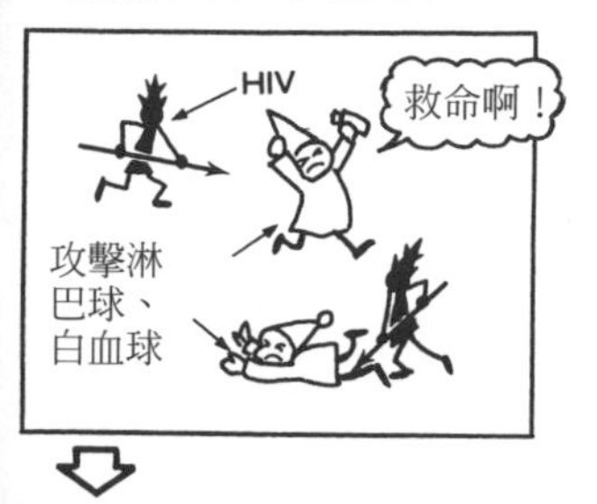


❷免疫構造遭到破壞，容易受到感染……

▶**愛滋病毒增加的場所**（CD4⁺T淋巴球較多處）

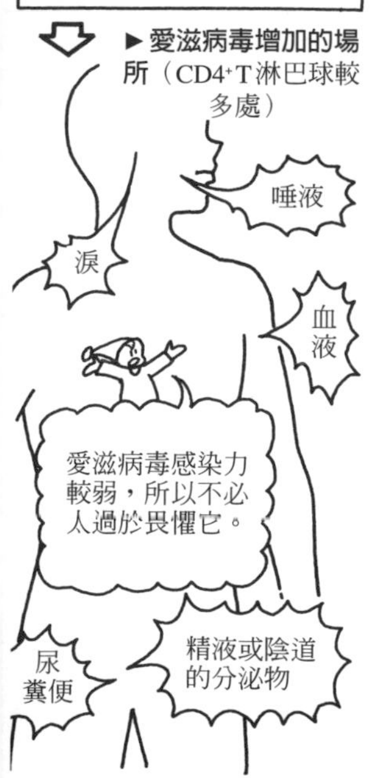


## ★愛滋病的原因

**愛滋病**的正式名稱是**後天性免疫不全症候群**，是取其英文名稱（Acquired Immuno Deficiency Syndrome）開頭字母的簡稱。

愛滋病是因爲體內感染了愛滋病毒（HIV[注1]）而引起的。

這個病毒一旦進入體內，就會附著於淋巴球，奪走其機能，而且在裡面大量增殖。

愛滋病毒會破壞身體保護自己免於外界侵襲的防禦構造，也就是免疫作用（**免疫不全**）。

這時無法保護身體免於感染，一般人不會生的病，卻會造成感染症（肺囊蟲肺炎、卡波濟肉瘤等）。

像這種引起免疫不全的疾病，就稱爲**免疫不全症候群**。此外，因爲不是天生的，而是後天造成的，因此稱爲**後天性免疫不全症候群**。

## ★愛滋病感染的方法

愛滋病毒目前沒有有效治療法，成爲社會問題，是非常可怕的疾病，不過它的感染力很弱。

愛滋病毒一旦感染，大量存在於末梢血液中的CD4⁺T淋巴球於是快速增殖（參照左圖）。

感染後，過了2、3個月，抗體成爲陽性，通常經過無症候性的帶原者（感染者）的時期，就變成免疫不全，容易引起各種感染症。

愛滋病毒數量較少，感染力較弱，接觸空氣會死亡，而且不耐熱。

此外，它不能從健康皮膚侵入，只能從傷口（特別是黏膜）侵入。

所以只要沒有機會接觸患者的體液（激烈性行爲、麻藥注射等），就不會感染[注2]。

〔注1〕Human Immunodeficiency Virus（人類免疫不全病毒）的簡稱。
〔注2〕此外，像母子感染、輸血感染等也須要注意。

免疫與疾病

## 〔自體免疫疾病❶〕慢性關節風濕

免疫反應異常發生，甚至對自己組織的抗體都加以攻擊的疾病，就稱爲**自體免疫疾病**。

**慢性關節風濕**是自體免疫疾病的代表，爲全身性疾病，有慢性經過。

關節是由柔軟的滑膜所覆蓋，一旦發炎（關節炎），早上起床時就會出現對稱多發的僵硬特徵。

照X光時會發現典型的破壞像，做血清檢查時，風濕因子呈陽性。

病情惡化時，滑膜細胞的滲出物或是嗜中性白細胞等會破壞骨或軟骨。此外，滑膜也會有纖維組織伸出來，形成**肉芽組織**，接著就會引起關節變形。

慢性關節風濕不只是出現在關節，也會出現在全身。

關節外的症狀包括皮下結節、間質性肺炎、貧血等。

另外也會併發角結膜炎，或造成口腔內乾燥以及謝革蘭症候群。

其原因不明，以女性較多見，治療是以緩和症狀的對策療法爲主。

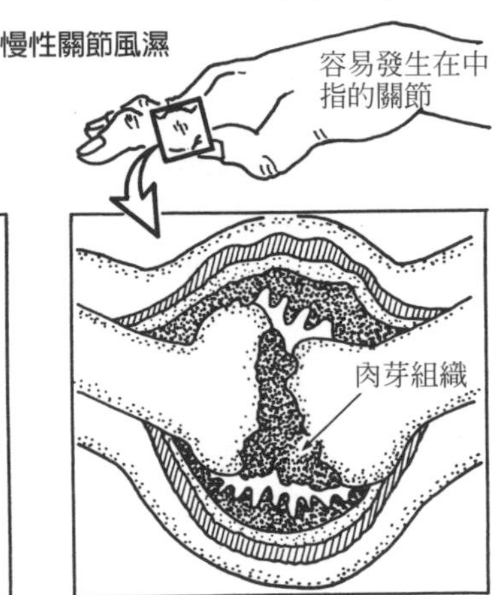


此疾病因結合組織出現病變，因此膠原病（膠原是結合組織中的纖維）也是其代表例子。

免疫與疾病

## 〔自體免疫疾病❷〕全身性紅斑狼瘡

與慢性關節風濕一樣，**全身性紅斑狼瘡**也是自體免疫疾病之一，是膠原病的代表例子。

這種疾病以年輕女性較多見，臉頰會有紅斑，還會有關節炎、腎障礙、心或胸膜炎、口腔潰爛等症狀，是慢性病。

此外，也會出現神經障礙、貧血等全身性的疾病。

其原因不明，目前注意到的是遺傳因素，以及其與病毒的相關性。

# 第12章

# 急救法

急救法

# 止血的種類

### ▶何謂止血？

因受傷或意外事故，引起外出血，爲了防止血液從血管流出，要做急救處置。此急救處置方法就稱爲止血法。

其大致分爲以下4種，要配合出血部位狀態、出血量等，選擇適當方法，或是搭配這些方法來止血。

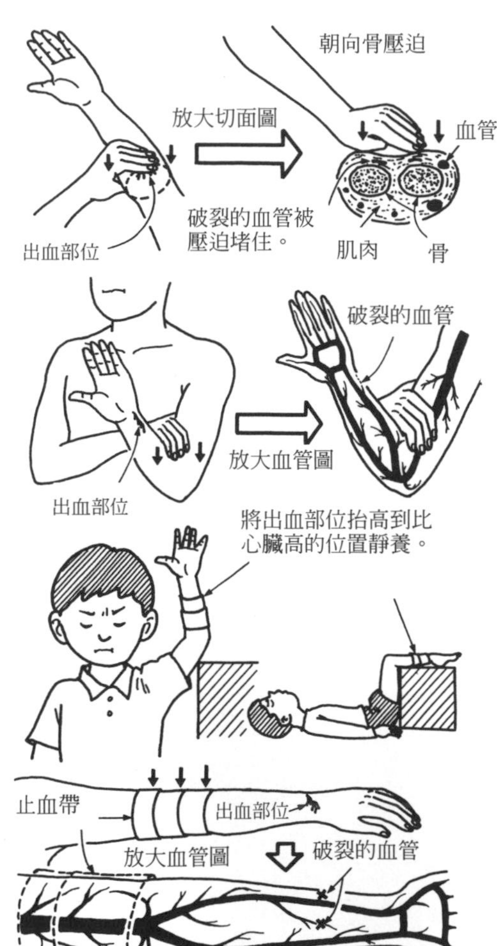


### ▶止血法

**❶壓迫止血法（直接壓迫法）**

可以看到傷口，確認沒有骨折時，所採取的方法。直接壓迫出血部分，進行止血。

爲了固定壓迫，或使壓迫持續，要使用綳帶，稱爲壓迫綳帶。

**❷指壓止血法（間接壓迫法）**

這是當傷口有骨折，不能進行壓迫止血，或是即使進行壓迫止血也無法止血時，所使用的方法。

壓迫靠近出血部位的心臟動脈，進行止血。

**❸高揚法**

出血之後，將出血部位抬高到比心臟更高的位置。

藉著抬高，可使傷口附近血管血壓下降，比較容易止血。

**❹止血帶**

不能使用壓迫止血或指壓止血的大出血時，所使用的方法。要綁住距出血部位較近的心臟側動脈來止血。

但如果長時間進行，有可能會引起血循環障礙，因此是比較危險的方法。

急救法

# 壓迫止血

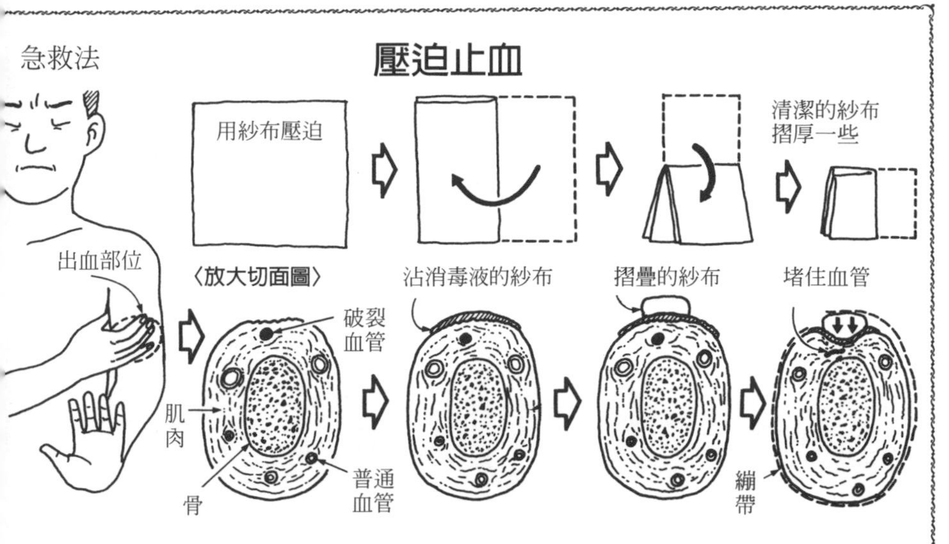


**▶何謂壓迫止血法？**

覆蓋傷口，加以壓迫止血的方法。因為直接壓迫出血部位，也稱為直接壓迫法。

用手或手指持續壓迫
❶先壓住壓迫用紗布的上方

**▶壓迫止血的方法**

❶配合出血部位的大小，用清潔的布或紗布摺疊成適當的厚度。

❷將沾著消毒液的紗布墊在出血部位，然後從上方墊摺疊的紗布。

❸用繃帶或膠布加以固定即可。

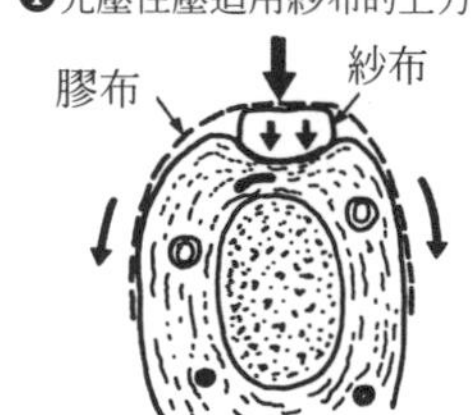


也可以使用膠帶

**▶壓迫止血的注意事項**

❶壓迫用的紗布要摺疊成適當厚度，面積要比出血部位稍大些。壓迫用紗布面積較寬較薄的話，可能不只對出血部位施加壓力，所以無效。

❷為了持續壓迫，要用膠帶固定，或是裹上繃帶。然而最有效的方法是用手或手指持續壓迫，因為這樣就能只壓迫到出血的部位。

❸止血之後，將傷處抬高到比心臟高處（高揚法），保持安靜、不要亂動。止血是一種急救處置，不是治療，要盡早接受治療。

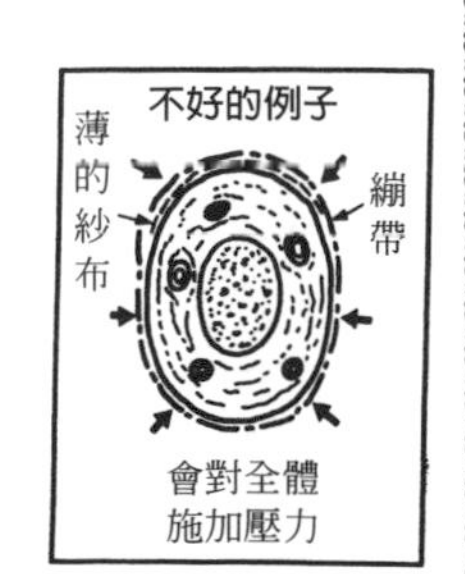

急救法

# 如何進行指壓止血？

## ▶何謂指壓止血？

大出血或患部骨折，無法進行壓迫止血時，要在比傷口更靠近心臟的動脈，朝向骨的方向用力壓迫止血。若平常就確認動脈的位置，就能安心了。止血點則是在各動脈分歧點靠近心臟側的位置。

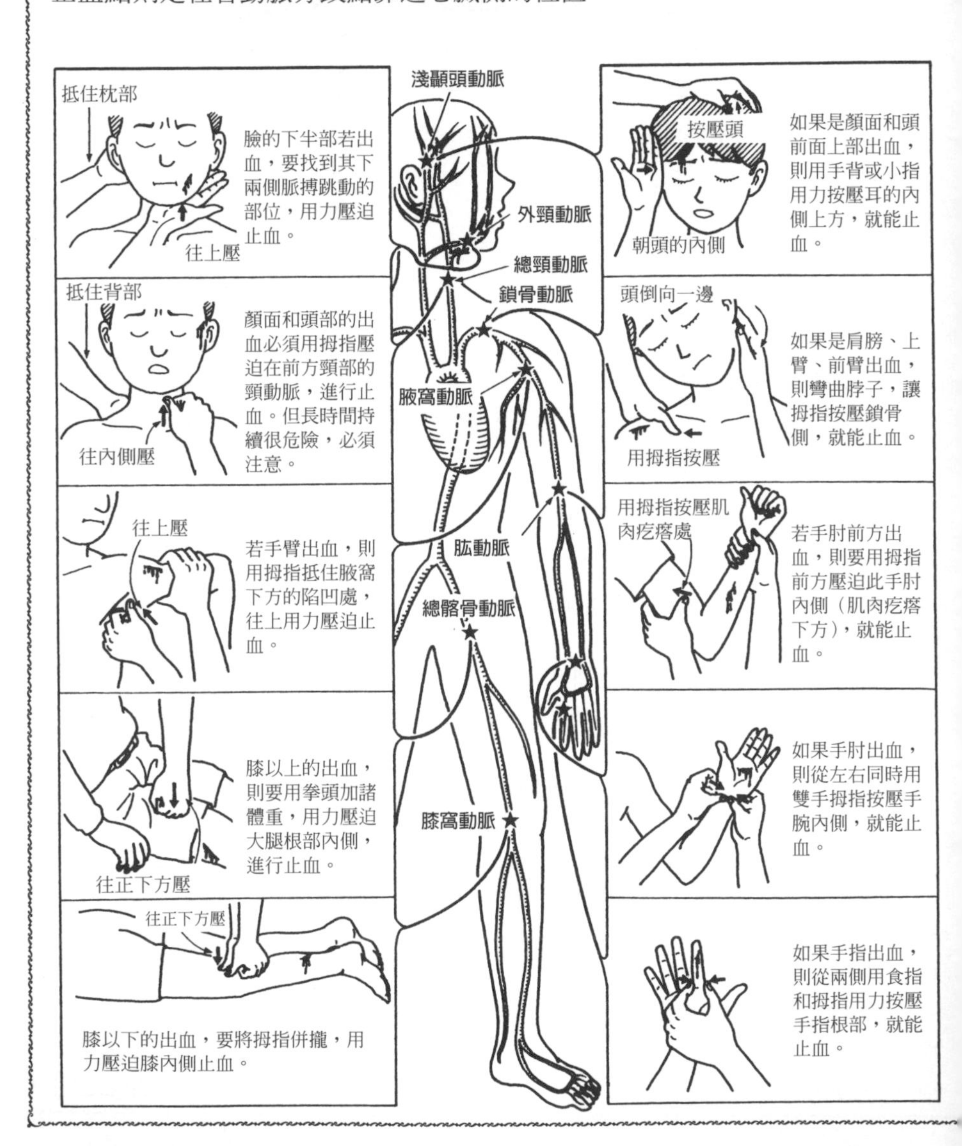

急救法

# 1人搬運傷病者的方法

● 側抱

● 面對面抱起

● 抱腰部下方

● 上半身倒下

● 扛住肩膀

● 配合對方的高度

● 一般的揹法

● 握住手腕揹著

● 手臂交叉後握住

● 單手可以自由使用

● 扛在背上

● 前傾揹著

● 抱住脖子

● 綁住手腕搬運

● 使用帶子的方法

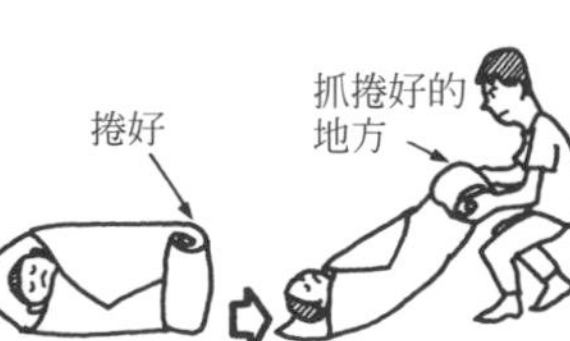


● 使用毛毯保護身體，拉扯搬運。

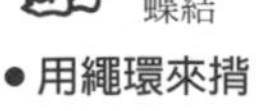

● 用繩環來揹

● 緊緊綁住

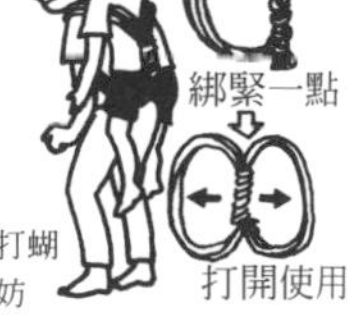


● 登山時的方法

● 確保呼吸道再搬運

用單臂握
住雙臂

● 從後面拉

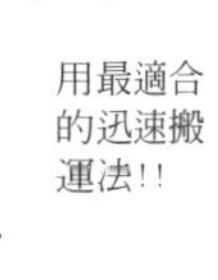

急救法

# 2～3人搬運傷病者的方法

●握住一手手腕，另一隻手互相搭肩

●組成三角形，一隻手可自由活動，扶住背部。

●組合成四角形，讓傷病者坐在上面。

●兩人支撐兩腋下以及兩膝後側來搬運。

●兩人扶住頸部、腰部、大腿根部、腳踝等不彎曲部分，進行搬運。

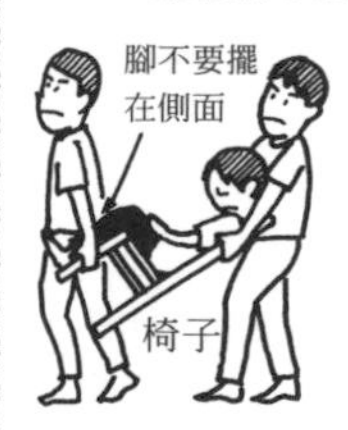


●使用椅子搬運

●三人扶住身材高大的傷病者或較重的傷病者，進行搬運。

●從兩側交互支撐

〈頭部或骨盆等部位嚴重受損時〉

●傷病者症狀嚴重，要儘量減少搬運中的晃動，必須使用木板等加以固定後再搬運。

●頭部或頸部受傷時的固定方法

●背部或骨盆受傷時的固定方法

急救法

# 繃帶的各種捲法

包紮繃帶，到底要捲哪個部位，是否包括關節在內、症狀如何、傷部範圍等，都必須加以考慮，依各種不同狀況，各有不同捲法。

▶**繃帶末端的固定法**：介紹捲法之前，先介紹固定法。

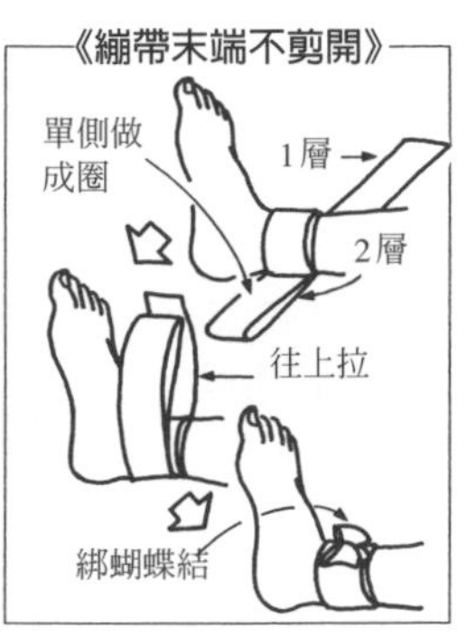


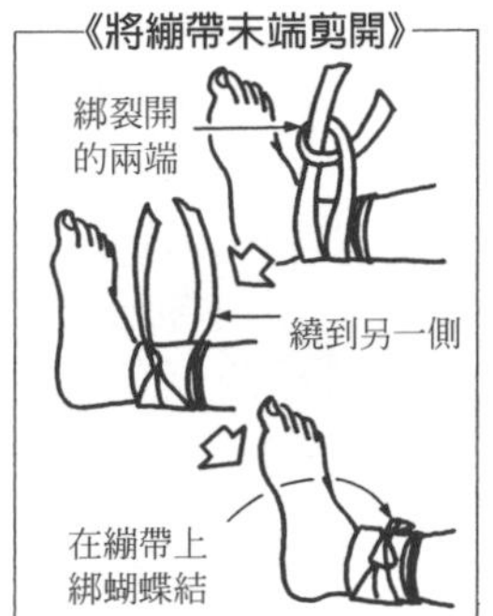


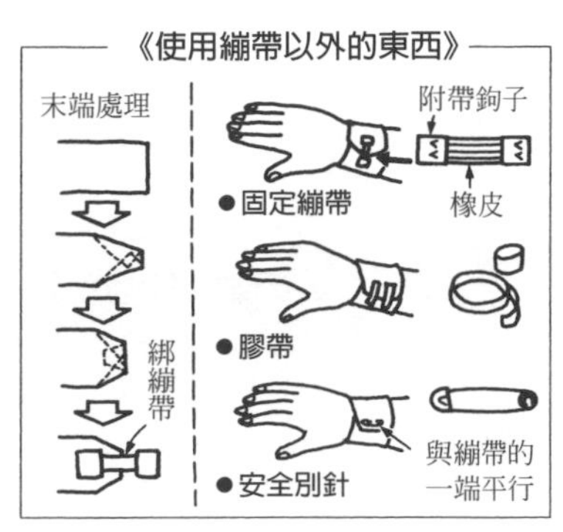


▶**繃帶的捲法**：原則上是從細小部位→大的部位，從末梢→中樞捲。

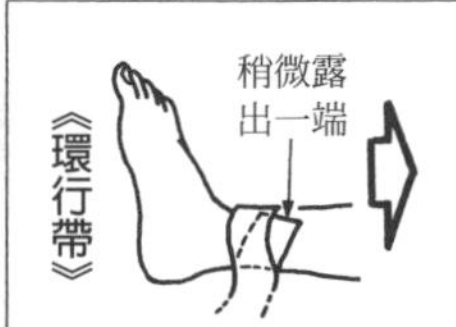

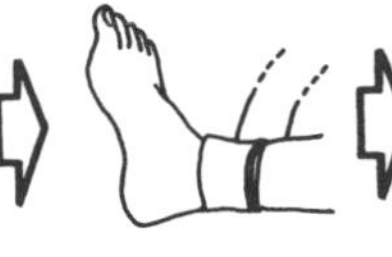

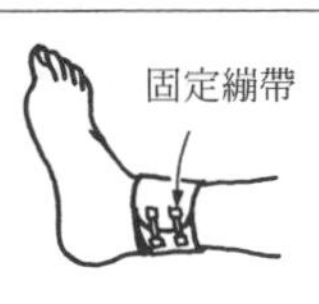


其他繃帶法開始時捲的方法以及末端經常使用的方法。

●同一部位要繞幾圈後再捲

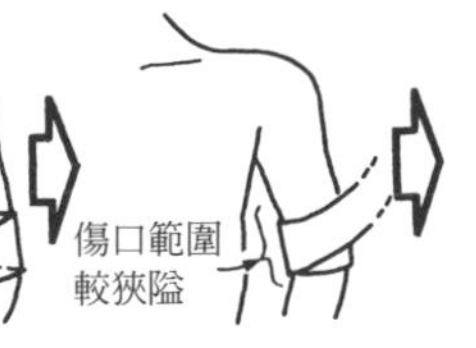


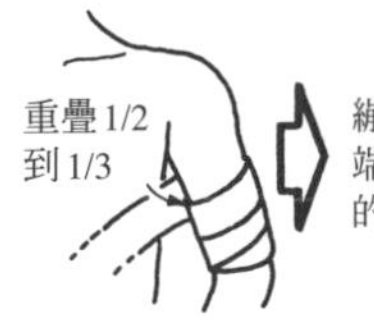


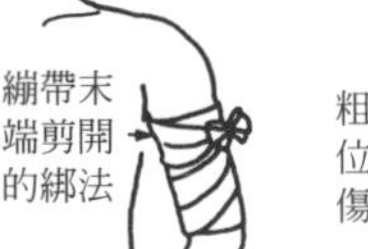


粗細不會改變的部位，或範圍狹隘的傷口可使用。

●將繃帶重疊，同時往上捲的方法。

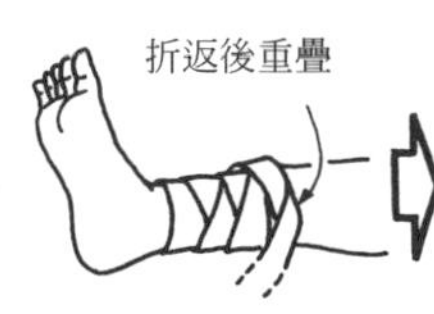

藉著折返法，可防止繃帶的鬆脫。

●捲逐漸變粗的部位時，所使用的方法。

急救法

# 伴隨出血的外傷

**★淺的傷口**

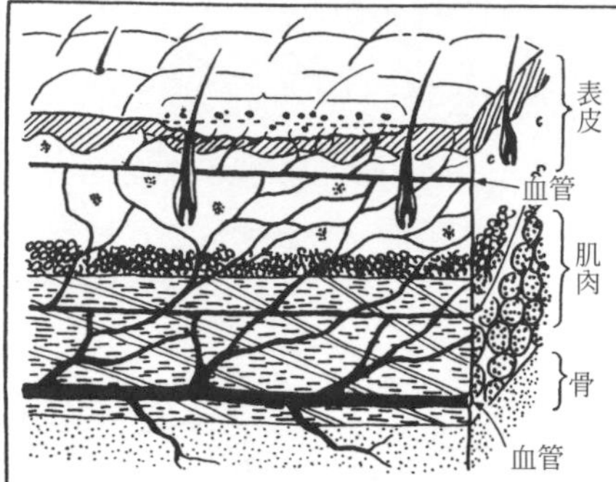


割傷、擦傷等輕傷時的出血，是皮膚下的毛細血管受傷或斷裂時會出現的現象。

這時要用自來水清洗傷口，去除表面污垢，同時用沾了消毒液的脫脂棉，擦拭傷口及其周邊。

消毒過之後，墊保護紗布，然後綁繃帶。若傷口較小，貼膠帶就夠了。

**★深的傷口**

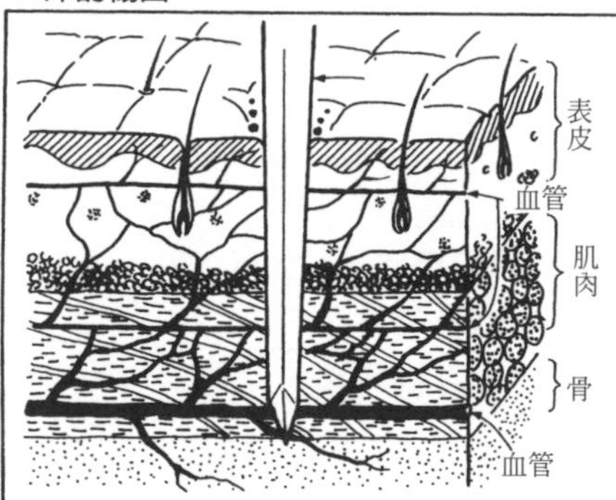


被刀子或菜刀等尖銳物刺中身體深處，可能割斷大的動脈時，不要把刺入的刀子拔出。

刀子具堵住大動脈切斷面的止血作用，一旦拔出，可能會引起大出血。

傷口周圍要蓋上保護紗布，趕緊送到醫院去。

**★細菌或病毒侵入時**

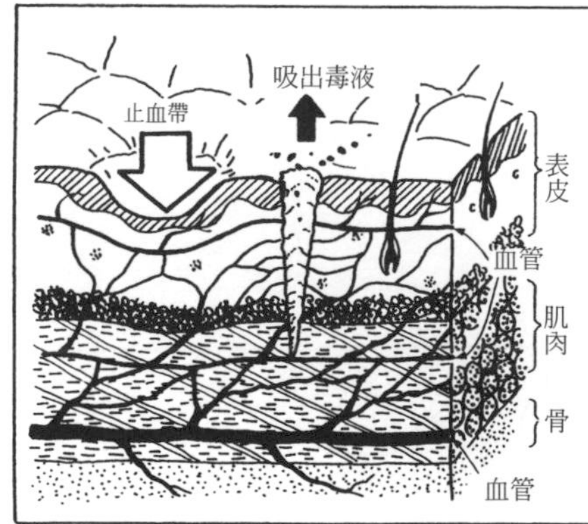


如果踩到骯髒泥土中的老舊釘子，只要趕快擠出血液即可防止破傷風菌經由傷口侵入，循環全身。

被毒蛇咬到的時候，毒會透過血管而循環全身，爲了防止此情形，應該要在距離心臟側較近處，使用止血帶，壓迫血管，同時要吸出傷口的毒。爲避免細菌感染，做好急救處理後，要趕快送醫治療。

附　錄

# 調整身體的構造

呼吸　體溫　黏膜

呼吸

# 何謂呼吸？

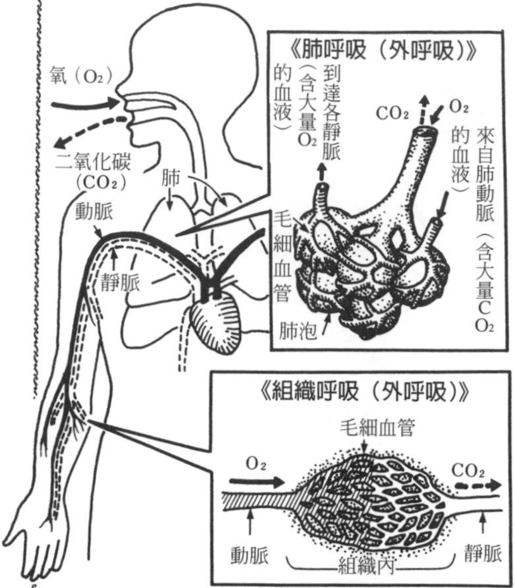

## ★何謂呼吸？

呼吸是指生物體吸入氧、排出二氧化碳的作用。肺會將吸入的空氣中的氧溶解於血液中，從心臟透過動脈，送到全身，與體內各組織的營養成分結合，成爲生命活動所需的熱量（代謝）。代謝的結果，產生的二氧化碳會溶於血液中，透過靜脈，進入心臟，再聚集到肺，然後從肺排出體外。

在肺進行空氣與血液間氣體的交換，叫做**肺呼吸**，也稱爲**外呼吸**。在組織內，組織與血液的氣體交換，稱爲**組織呼吸**，或是**內呼吸**。

## ★各種呼吸

| 普通呼吸 | 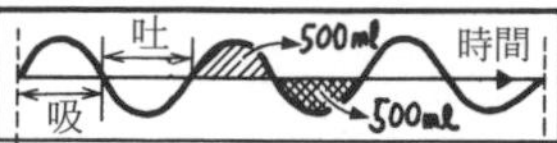 吐 500ml 時間 吸 500ml | 健康成人安靜時呼吸數爲1分鐘18至20次左右。 | 在這種時候會出現 |
|---|---|---|---|
| 頻呼吸 | 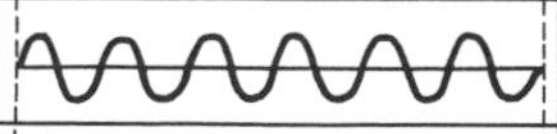 | 呼吸深度不會改變，但呼吸數會增加（1分鐘24次以上）。 | 精神興奮時 |
| 徐呼吸 | 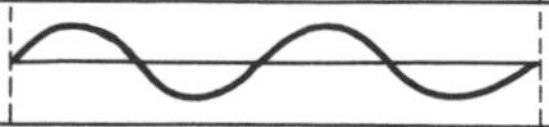 | 呼吸深度不會改變，但呼吸數減少（1分鐘12次以下）。 | 使用鎮靜劑或麻醉藥時。 |
| 過呼吸 | 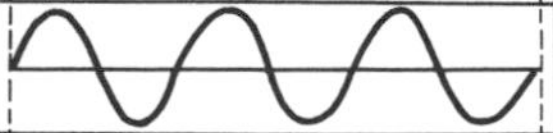 | 呼吸數不會改變，但呼吸較深。 | 劇烈運動時 |
| 減呼吸 | 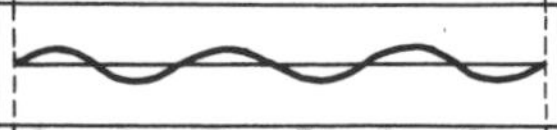 | 呼吸數不會改變，但呼吸較淺。（換氣量低） | 呼吸肌麻痺、肺氣腫 |
| 多呼吸 | 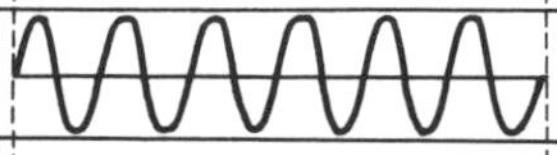 | 呼吸數增加，而且更深。 | 歇斯底里症、神經症 |
| 少呼吸 | 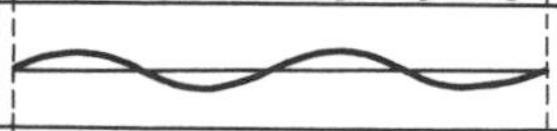 | 呼吸數減少，深度也會變淺。（呼吸中樞反應降低造成的） | 白喉、氰中毒 |
| 殘呼吸 | 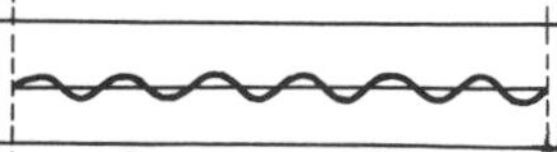 | 呼吸數增加，深度變淺。（換氣量減少） | 肺炎、心不全 |
| 陳－施型呼吸 | 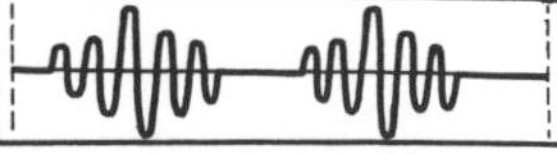 | 反覆出現深呼吸與呼吸停止現象，是危險狀態。 | 腦溢血、尿毒症、心臟病、腎臟病 |

呼吸

# 肺活量與疾病的關係

**★何謂肺活量？**

肺活量是指吸入最多氣息後，盡可能將氣息吐出時，吐出的空氣量，就稱為肺活量。

當肺活量較少，而激烈運動需要大量氧時，因1次的呼吸量接近肺活量，因此會覺得呼吸困難。

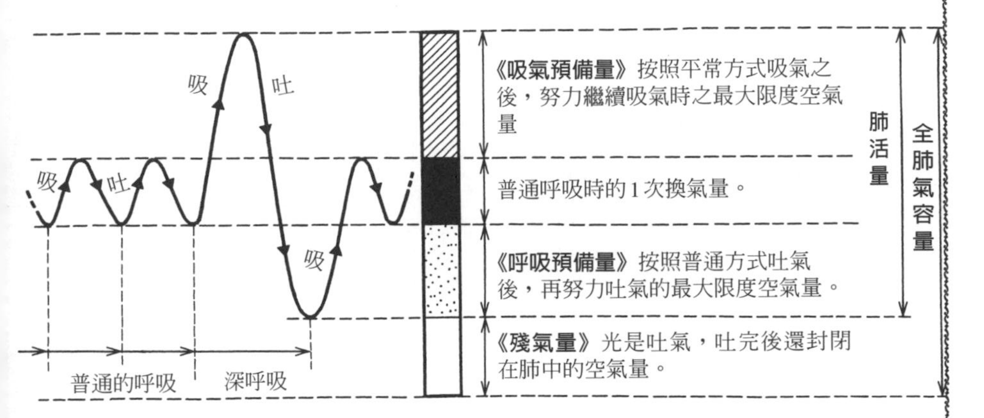


**★利用肺活量可以了解的疾病**

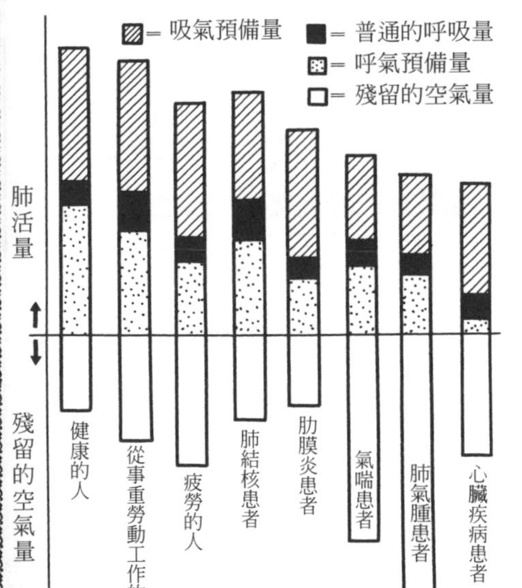


肺或胸膈的疾病、心臟的疾病等，都會造成肺活量減少。

例如得肺氣腫時，肺的中全部的空氣量比健康人更多，但幾乎都是殘氣量而留在肺中，因此肺活量減少[注1]。此外，健康人疲勞時，封閉在肺中的空氣量會增加，肺活量因而減少。

肥胖者、懷孕的人肺活量也減少。

延髓調節呼吸運動的呼吸中樞機能減退時，肺活量也會減少[注2]。

肺活量減少時，呼吸困難，看護病人時，一定要很注意其呼吸狀態。

注1）稱為閉塞性障礙。
注2）結核患者、動過手術的人1次換氣量減少，肺活量減少（拘束性障礙）。換氣障礙分為閉塞性與拘束性，兩者有時會混合出現。

呼吸

# 體内缺氧會造成何種狀況？

## ★引起缺氧（＝低氧症）的原因

▶**肺泡換氣不足**…因為氣管或肺的疾病，而使呼吸道狹窄時，肺泡內無法得到足夠的氧。

▶**心不全**…血液循環不良時，血液搬運氧的功能就會停止。

▶**一氧化碳中毒**…血液中的血紅蛋白與一氧化碳結合，無法搬運氧。

▶**高山病**…空氣中氧氣稀薄，無法順暢和血液中的血紅蛋白結合，於是無法供應組織足夠的氧。

▶**甲狀線機能亢進症**…因為突眼性甲狀腺腫病，甲狀腺荷爾蒙分泌過剩，使得身體組織中氧的消耗量增大。

▶**貧血**…血液中的血紅蛋白減少，氧的搬運量也減少。

肺

心臟

此外，還有**發燒時**或**劇烈運動時**，身體組織內氧的消耗量增大，因此造成缺氧。

## ★低氧症的症狀

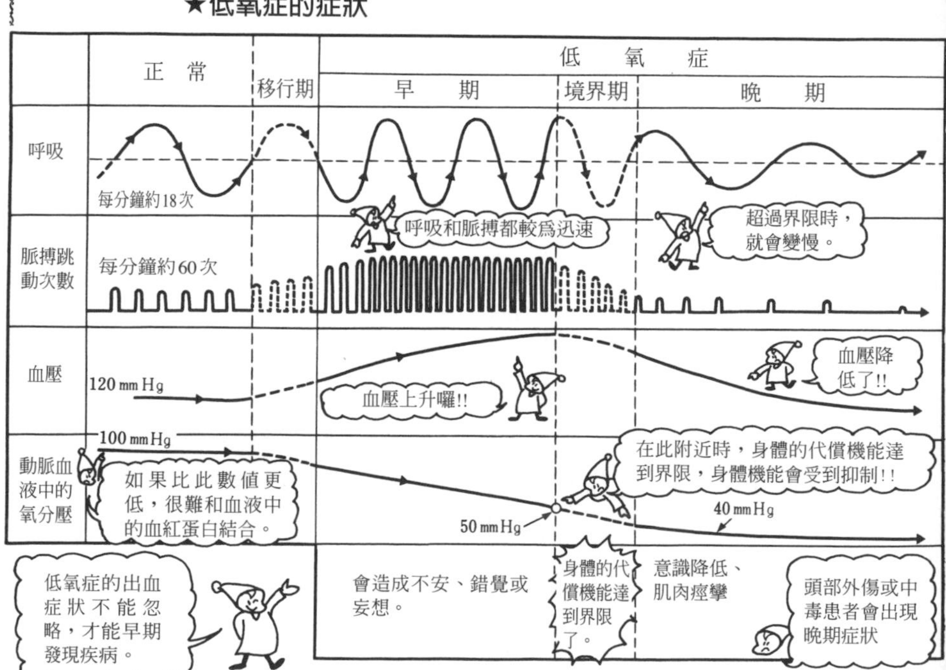

呼吸

## 體內二氧化碳積存時會發生何種狀況？

### ★二氧化碳在體內積存過多（＝高二氧化碳症）的原因

**▶肺泡換氣不足**…氣管和肺的疾病使得氧和二氧化碳的交換（氣體交換）無法順暢進行，二氧化碳積存在體內。

**▶心不全**…血液循環不良時，很難排出二氧化碳。

**▶腎臟、糖尿病**…腎臟的淨化機能衰退、血中二氧化碳濃度增高。

**▶劇烈運動**…身體組織大量消耗氧，使得二氧化碳和乳酸大量增加。

肺 心臟 腎臟 膀胱

體內缺氧時，無法順利進行氣體交換，就會使二氧化碳蓄積。也就是說，低氧症和高二氧化碳症通常會合併出現。

慢性的高二氧化碳症患者可藉著低氧的刺激，使換氣旺盛。這時若突然投入氧，可能會造成換氣不全[注1]。

### ★高二氧化碳症的症狀

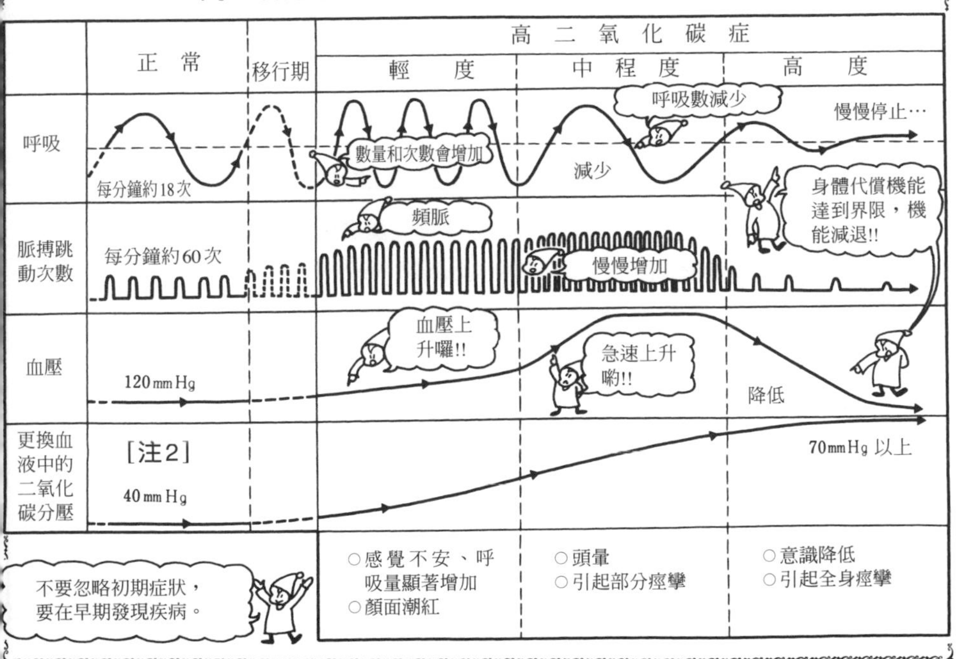


〔注1〕這種狀態稱爲 $CO_2$ 昏睡。

〔注2〕動脈血液中，氧分壓在60以下，二氧化碳分壓在45以下，稱爲Ⅰ型（低氧血症），如果更高的話，稱爲Ⅱ型（肺泡低換氣）。

呼吸

# 呼吸困難

呼吸困難是血液中二氧化碳太多、氧太少造成的。[注]

其原因可能是身體本身或環境造成的。

## 〔呼吸困難的原因〕

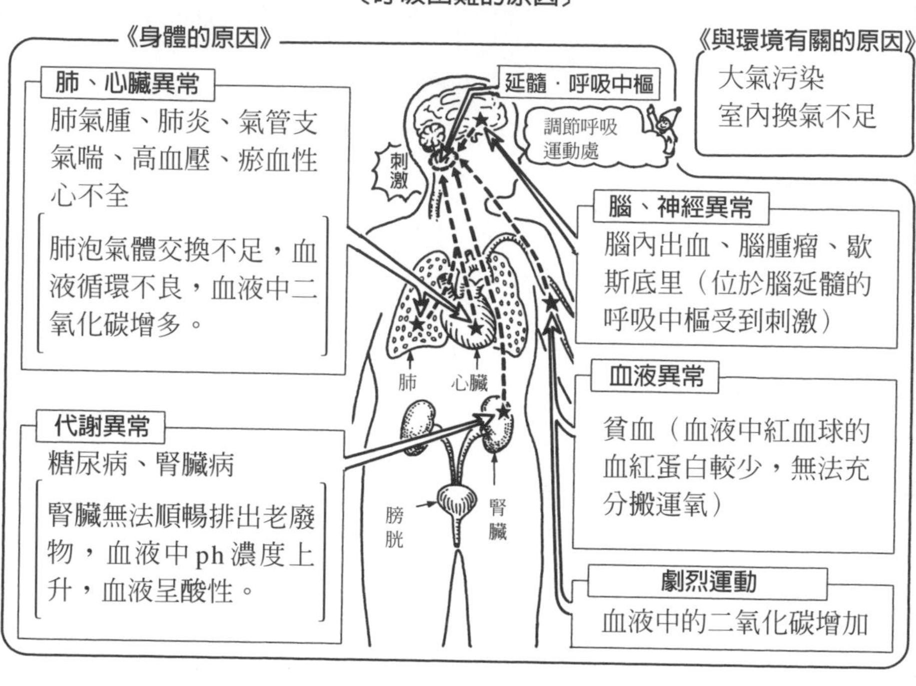


## 【參考】肺中血液中的二氧化碳

健康人

〔肺與動脈血液的關係〕

〈氧的壓力〉〈二氧化碳的壓力〉

100 (mmHg) 40 0

在肺中 = 等於 在動脈血液中

在肺中 等於 在動脈血液中 =

肺中空氣與動脈血液中氧和二氧化碳的壓力平衡。

〔肺與靜脈血液的關係〕

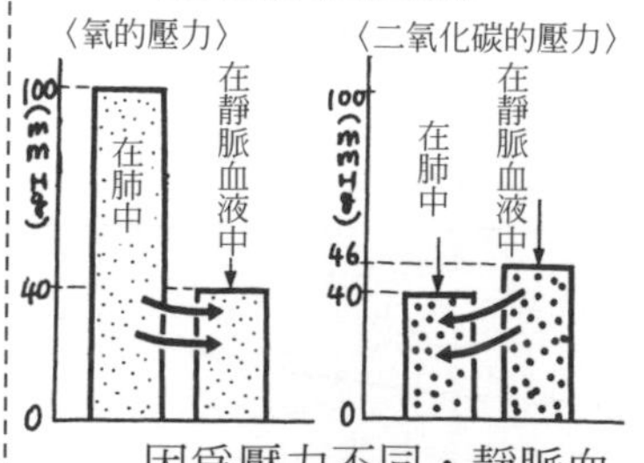


因爲壓力不同，靜脈血液會將二氧化碳送入肺，得到氧，成爲動脈血液。

健康時，身體排出二氧化碳、吸入氧（氣體代謝），但疾病等使血液中的氣體壓力（濃度）改變時，氣體代謝不良，就會導致呼吸困難。

〔注〕但大多是自覺症狀，因此要仔細觀察呼吸形態、體位、青紫病的症狀等等，而由醫師來診察最重要。

呼吸

## 痰積存時該怎麼辦？

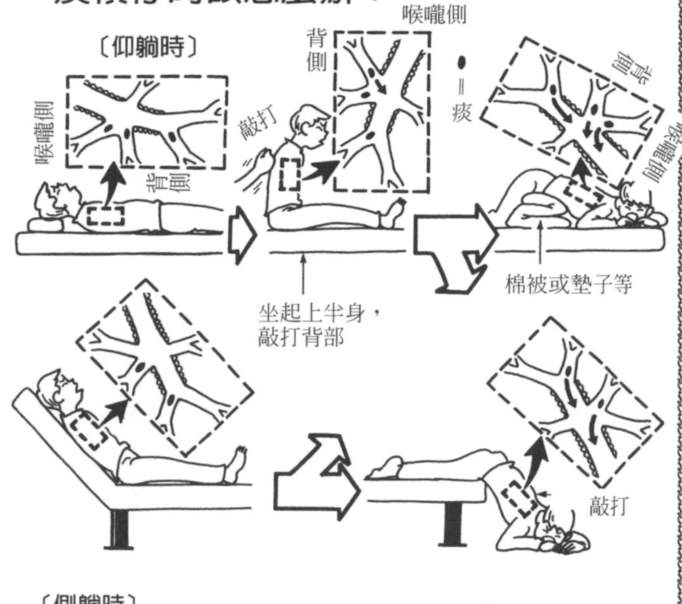


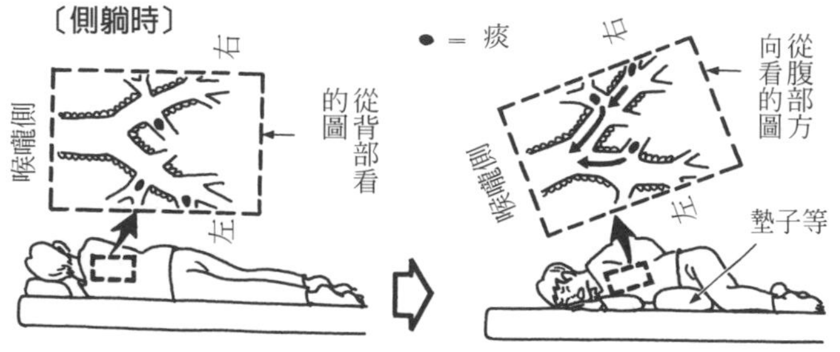


體力衰退的老人或病人，呼吸道的纖毛功能衰退，很難將痰往喉嚨方向送出。而長時間一直以同樣方式躺著，痰被重力拉扯，會積存在肺中的支氣管。

如果放任不管，尤其肺疾病患者的呼吸道就會發炎、引起虛脫，也容易引起各種肺的併發症。

因此要適當變換體位，努力排出積存的痰。

方法如右圖所示，將有痰積存的支氣管朝上，利用動力力量，好像迷宮遊戲一樣，使其慢慢落到粗的氣管中。

這時，看護者要配合患者呼（吐）氣，微微拍打背、胸，利用手的振動，傳達到肺中的組織，讓痰脫離呼吸道壁，幫助呼吸道的纖毛運動，使痰容易咳出。

---

**【參考】痰與疾病的關係** 從痰的顏色和狀態找出病名

- ▶ 無色透明的痰→**輕度的呼吸道發炎**
- ▶ 起泡的痰→**肺水腫**
- ▶ 褐色的痰→**肺炎**
- ▶ 膿痰→**肺或氣管化膿**
- ▶ 有臭味的痰→**肺化膿症**
- ▶最初從口中吐出時是膿狀，經過一段時間會分離出泡沫、水、沈澱物的痰→**支氣管擴張症**

體溫

# 人類的體溫

腋窩溫 口腔溫 直腸溫

腋窩下方的溫度

口腔中的溫度

直腸內的溫度

### ★體溫因測定位置不同而有不同

體溫在身體各部位不同，而且同一位位因當時狀態（活動或安靜時）而有不同。實際上很容易測定，而且可得到接近體內溫度的數值，就是❶腋窩溫❷口腔溫❸直腸溫，此三者測得的溫度稱「體溫」。

三者中能得到較高測定值的，依序爲腋窩溫、口腔溫、直腸溫。

### ★體溫會隨年齡而改變

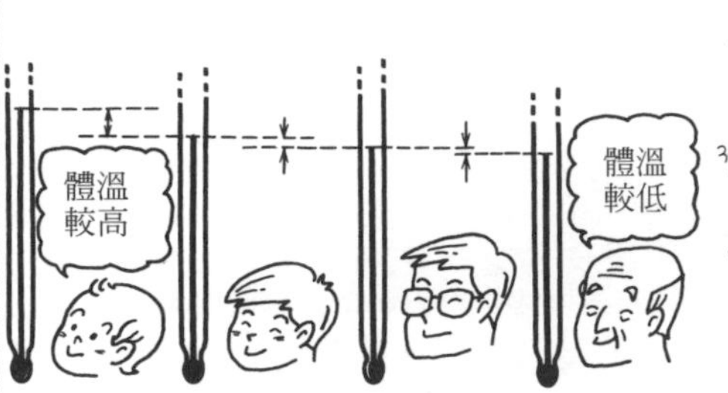


嬰兒新陳代謝旺盛，不斷成長，比成人體溫高。老人因新陳代謝衰退，體溫較低。

### ★體溫在 1 天之中也會變動！

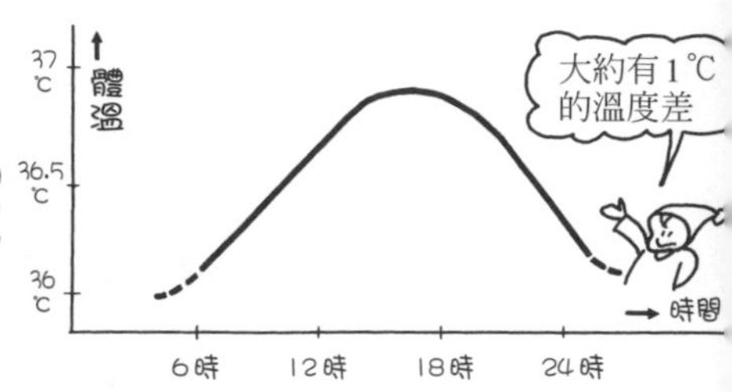


體溫在 1 天中會變動，睡覺時較低，起床活動後逐漸上升，到了傍晚達到顚峰，然後開始下降。

月經週期

低溫期

排卵後體溫上升

這段期間是排卵期

高溫期結束後月經開始

37℃ 36.5℃ 36℃ 月經 日數 5日 10日 15日 20日 28日

### ★體溫會因為月經週期而變動

月經開始到下一次月經前，稱爲月經週期。排卵後體溫上升，大約 12～16 日內保持高溫，然後體溫又回到原先的溫度，直到下次月經開始。

健康的女性因爲體溫的高溫期、低溫期會反覆出現，所以要注意，不要與因疾病而產生的發燒現象混淆。

★腋窩溫（腋下陷凹處）的測定

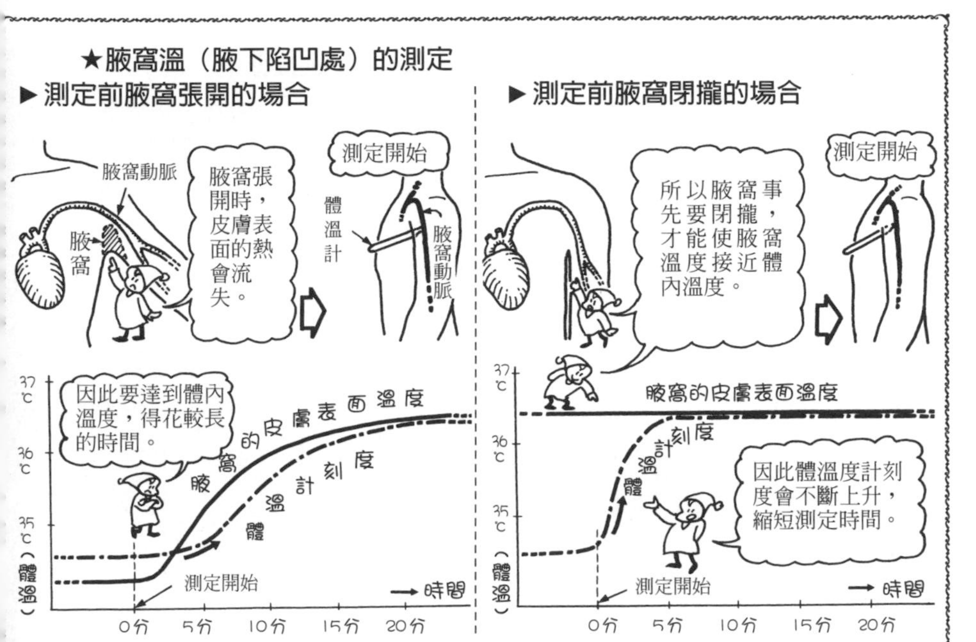


在體內發生的熱，是由血液來搬運，而腋窩（腋下陷凹處）其內側有腋窩動脈，因此最適合測定體溫。但測定前若腋窩張開，則皮膚表面會放出熱，會比體內溫度低，所以測量腋窩溫時，要先把腋窩閉攏。

★口腔溫（口中溫度）的測定

口腔溫是將體溫計斜插在舌下，緊閉嘴唇，測定的溫度。口腔溫會因口的呼吸或飲食等而產生變化，要多注意。

嬰幼兒、老人、意識不清的人會咬破體溫計，或讓其掉落，所以最好不要用口腔測量溫度。

★直腸溫（直腸內溫度）的測定

直腸溫是經由肛門將體溫計插入體內來測定溫度。嬰幼兒大約插入3cm，成人約6cm深度，測定時要用手扶住體溫計。

直腸溫測定的溫度會比口腔溫或腋窩溫更接近體內溫度，測定時間較短，是適合嬰幼兒的測定法。

體溫

## 測量體溫要在每天同一時刻

體溫在1天之中會變動，要了解體溫的變化，要每天在決定好的同一時間測量才行。生病時，如果要詳細了解體溫的變化，要進行早餐、中餐前，及傍晚、夜晚等1天4次溫度測量。此外，體溫因測量部位不同而不同，所以每次都要測量同一部位。

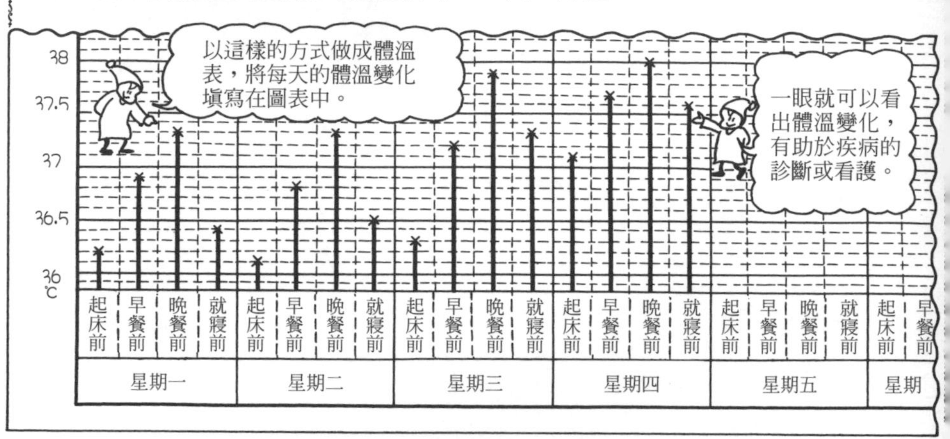


體溫

## 體溫計有哪些種類？

〔**水銀體溫計**〕…利用**水銀與溫度成正比變化**的性質，來測定體溫。玻璃管的管有透鏡作用，依角度不同，可清楚看到水銀柱。

### ●平型體溫計

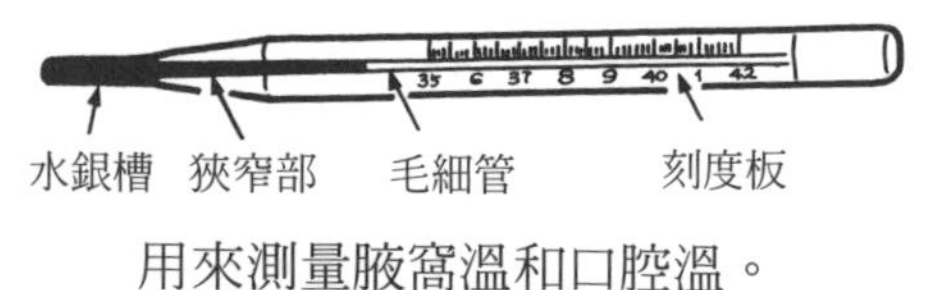


用來測量腋窩溫和口腔溫。

### ●直腸體溫計

用來測量直腸溫。爲了容易插入肛門，且避免在肛門內折斷，其水銀槽部圓而短，用過後要用肥皂水充分洗淨，注意消毒。

### ●婦女體溫計

用來測量基礎體溫。只有35到38或39度的刻度，所以不能用來測量發燒。

〔**電子體溫計**〕…利用具有感溫部的感溫素子，將體溫變成電子記號，送入電氣迴路，來測量體溫。

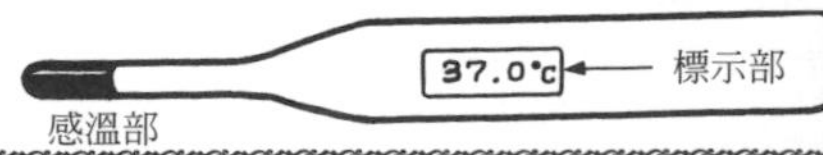


〔參考〕腋窩、口腔用的，還有比平型體溫計感度更好的棒狀體溫計。

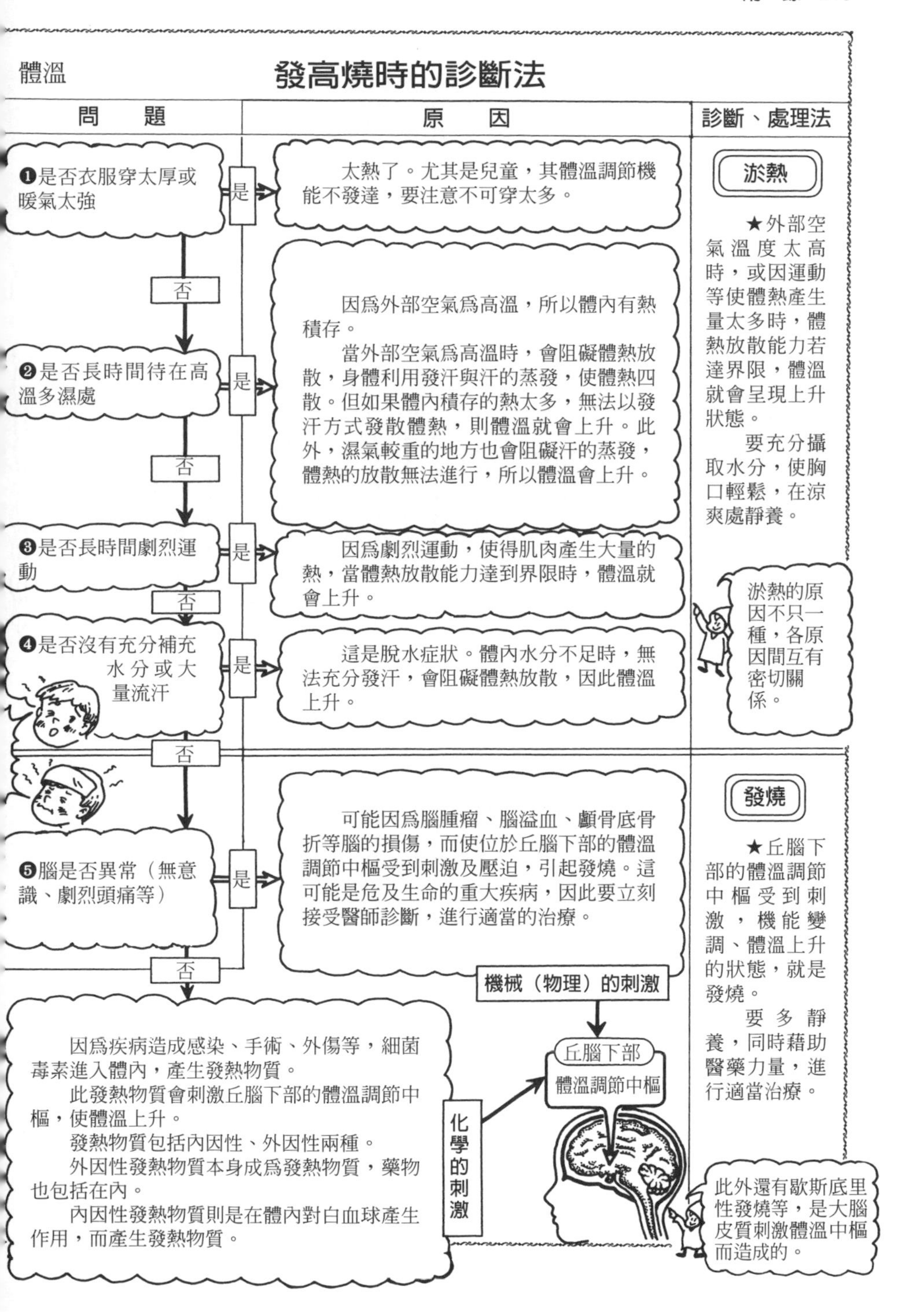
體溫
發高燒時的診斷法
問　題
原　因
診斷、處理法
❶是否衣服穿太厚或暖氣太強
是
太熱了。尤其是兒童，其體溫調節機能不發達，要注意不可穿太多。
否
❷是否長時間待在高溫多濕處
是
因為外部空氣為高溫，所以體內有熱積存。
當外部空氣為高溫時，會阻礙體熱放散，身體利用發汗與汗的蒸發，使體熱四散。但如果體內積存的熱太多，無法以發汗方式發散體熱，則體溫就會上升。此外，濕氣較重的地方也會阻礙汗的蒸發，體熱的放散無法進行，所以體溫會上升。
否
❸是否長時間劇烈運動
是
因為劇烈運動，使得肌肉產生大量的熱，當體熱放散能力達到界限時，體溫就會上升。
否
❹是否沒有充分補充水分或大量流汗
是
這是脫水症狀。體內水分不足時，無法充分發汗，會阻礙體熱放散，因此體溫上升。
淤熱
★外部空氣溫度太高時，或因運動等使體熱產生量太多時，體熱放散能力若達界限，體溫就會呈現上升狀態。
要充分攝取水分，使胸口輕鬆，在涼爽處靜養。
淤熱的原因不只一種，各原因間互有密切關係。
否
❺腦是否異常（無意識、劇烈頭痛等）
是
可能因為腦腫瘤、腦溢血、顱骨底骨折等腦的損傷，而使位於丘腦下部的體溫調節中樞受到刺激及壓迫，引起發燒。這可能是危及生命的重大疾病，因此要立刻接受醫師診斷，進行適當的治療。
否
因為疾病造成感染、手術、外傷等，細菌毒素進入體內，產生發熱物質。
此發熱物質會刺激丘腦下部的體溫調節中樞，使體溫上升。
發熱物質包括內因性、外因性兩種。
外因性發熱物質本身成為發熱物質，藥物也包括在內。
內因性發熱物質則是在體內對白血球產生作用，而產生發熱物質。
化學的刺激
機械（物理）的刺激
丘腦下部
體溫調節中樞
發燒
★丘腦下部的體溫調節中樞受到刺激，機能變調、體溫上升的狀態，就是發燒。
要多靜養，同時藉助醫藥力量，進行適當治療。
此外還有歇斯底里性發燒等，是大腦皮質刺激體溫中樞而造成的。

體溫

## 熱型與疾病的關係

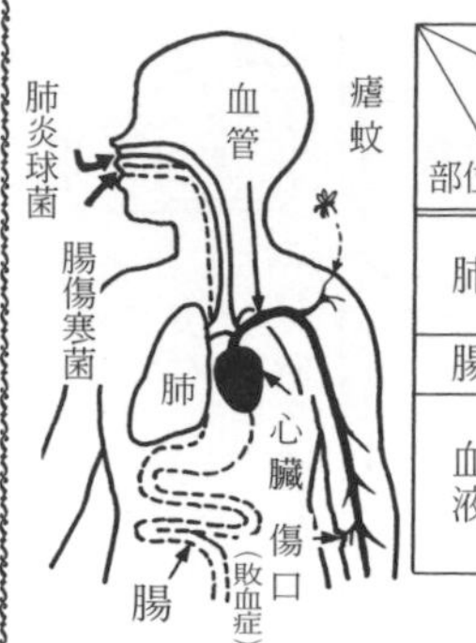


| 部位 | 病例 | 羈留型 | 弛張熱 | 間歇熱 |
|---|---|---|---|---|
| 肺 | 肺炎球菌性肺炎 | ○ | | |
| | 肺結核末期 | | ○ | |
| 腸 | 腸傷寒 | ○ | | |
| 血液 | 日本腦炎 | ○ | | |
| | 敗血症 | | ○ | |
| | 瘧疾 | | | ○ |

感染症等熱的出現方式不同，所以有一些不同的病名。熱出現的方式稱爲熱型，具有特徵的包括**羈留熱**、**弛張熱**、**間歇熱**三種。

以熱型來診斷疾病，只不過是「預測」，必須配合其他症狀來診斷才行。

### ▶羈留熱

高燒持續好幾天，體溫1天中的變動在1度以內的熱型。

〔病例〕

・肺炎球菌性肺炎、腸傷寒、發疹傷寒、日本腦炎

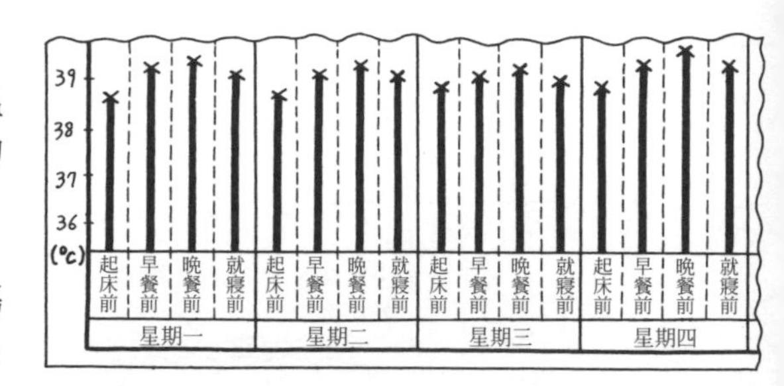


### ▶弛張熱

1天之中體溫變動激烈，最低時甚至未達到平熱的熱型。

〔病例〕

・敗血症、其他化膿症疾病、肺結核末期

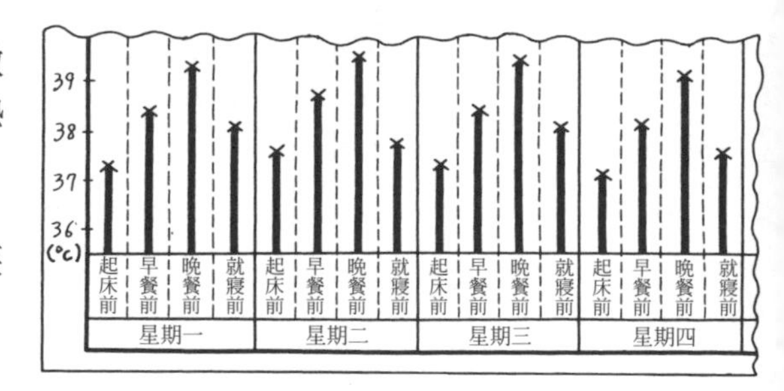


### ▶間歇熱

1天之中幾個小時發高燒，幾個小時維持平熱的熱型。此外，有時是會發高燒的日子和不會發高燒的日子交互出現，爲其主要特徵。

〔病例〕

・瘧疾

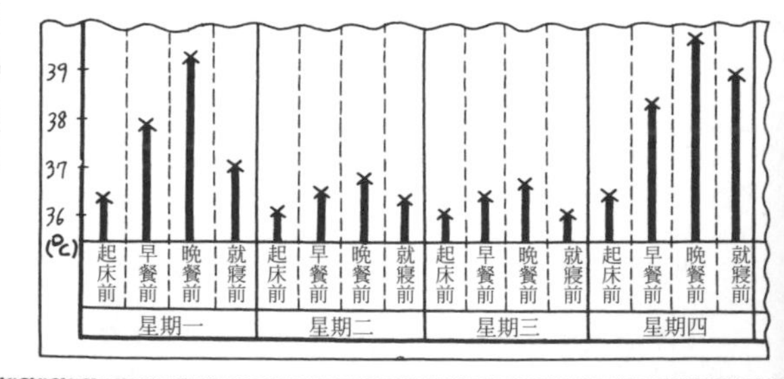

體溫

# 體溫是由代謝發生的

**▶ 攝取食物**…食物經由消化器官，分解爲營養，運送到肝臟，這時產生的殘渣、廢物，成爲糞尿，排出體外。

**▶ 血液循環**…血液聚集運送到肝臟的營養，再運送到心臟，而後從心臟經由血管，運送到全身。

**▶ 呼吸**…將血液中的氧運送到全身，與營養結合，產生熱量，然後氧會轉變爲二氧化碳，排出體外。

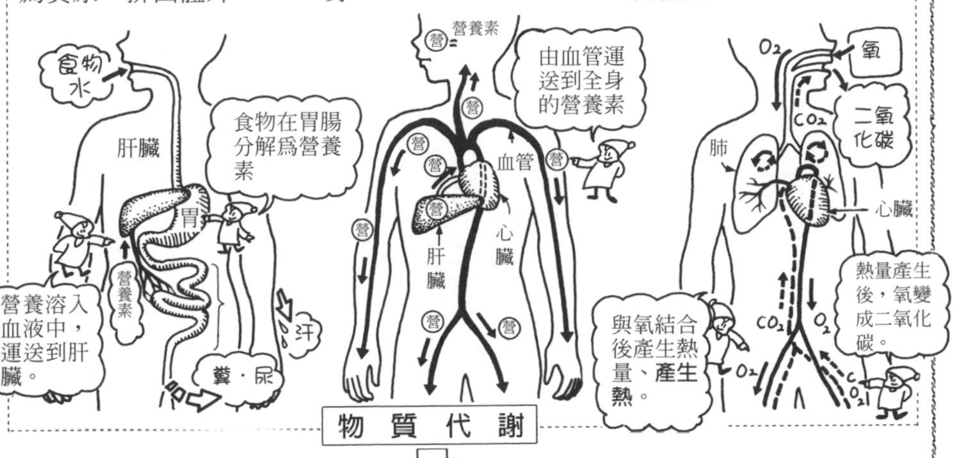


**物 質 代 謝**

**熱 量 代 謝**

**▶ 體熱**…由物質代謝而產生的一部分熱量，稱爲體熱，隨著血液被運送到全身。另一方面，體熱也不斷從皮膚放散。

**▶ 運動**…由物質代謝而產生的熱量，用來進行運動時肌肉的收縮。在肌肉收縮的同時，也會產生熱。

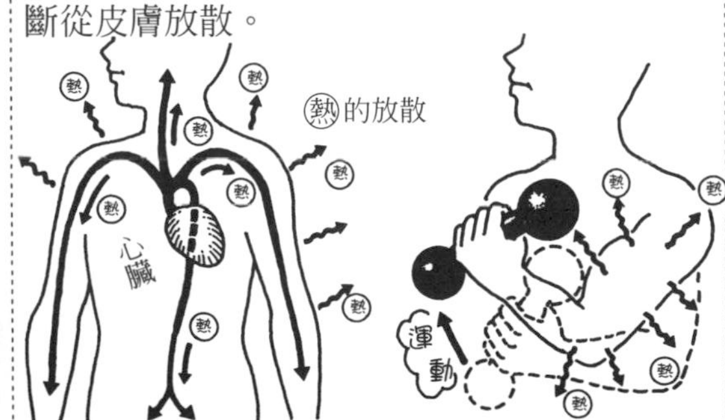


**代謝**是指新的東西不斷替換舊的東西，持續保持平衡。

在人體內…就物質面而言，會不斷出現物質代謝的現象，此現象就熱量面來看（與物質代謝有表裡關係），才會不斷進行熱量代謝。

**基礎代謝**是指人在安定狀態下，維持生存狀態所需最低限度的熱量（成天1天1400大卡），這時的體溫是由內臟肌肉運動發出體熱來保持的。**[注]**

**注〕**在清醒活動時，基礎代謝之外，活動也需要熱量。這熱量用來進行活動，同時也會產生體熱。

體溫

## 體溫如何調節？

體溫是藉著體熱的生產與放散平衡，才能維持正常，這就是體溫的調節機能。掌管這個機能的，是在丘腦下部的體溫調節中樞。配合環境變化，體溫調節中樞對自律神經下達命令，調節體熱的放散量，保持體溫的穩定。

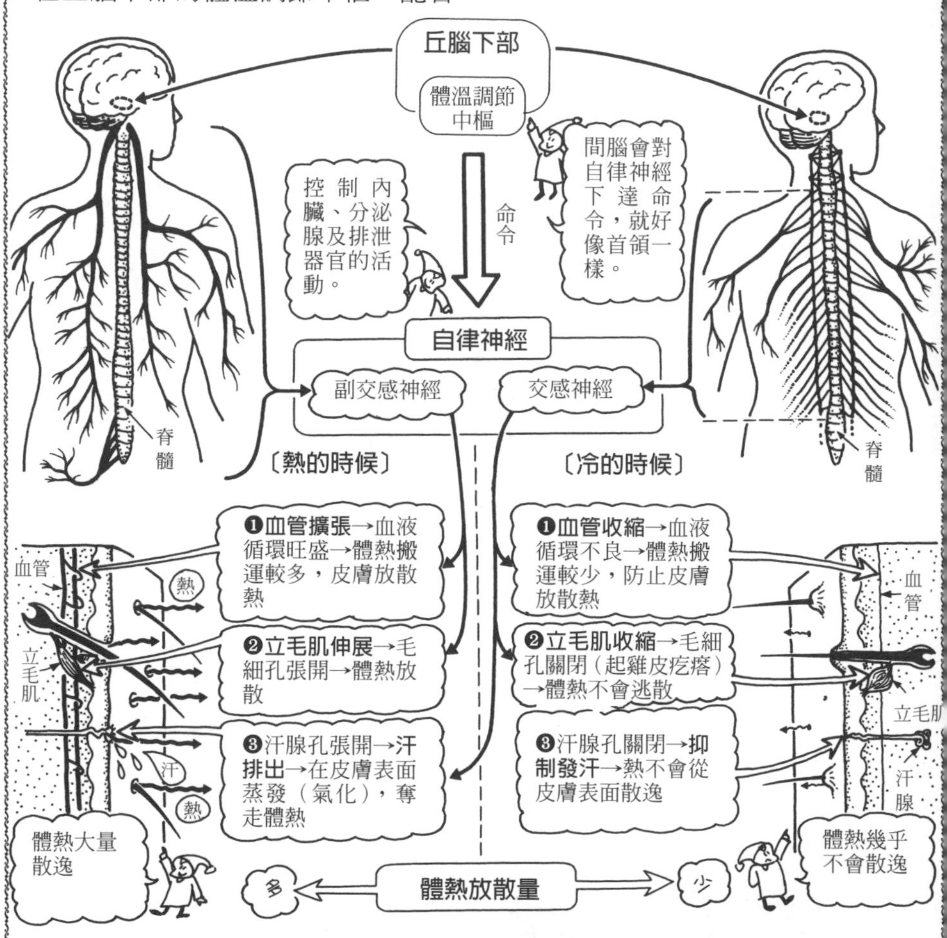


**熱的時候**，積存在體內的熱必須放散，因此必須改變姿勢，幫助體熱放散。

**冷的時候**，爲了減少體熱放散，必須縮小身體的活動，或是以發抖活動肌肉，產生熱。

黏膜

# 黏膜在何處？

### 黏膜的構造（氣管）

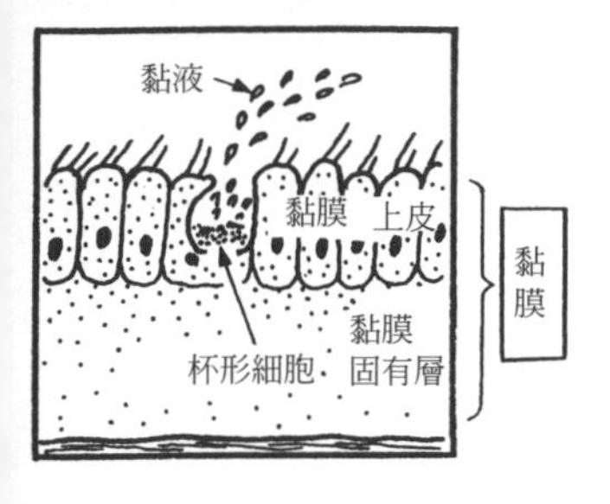


各種黏膜 ※粗線是黏膜部

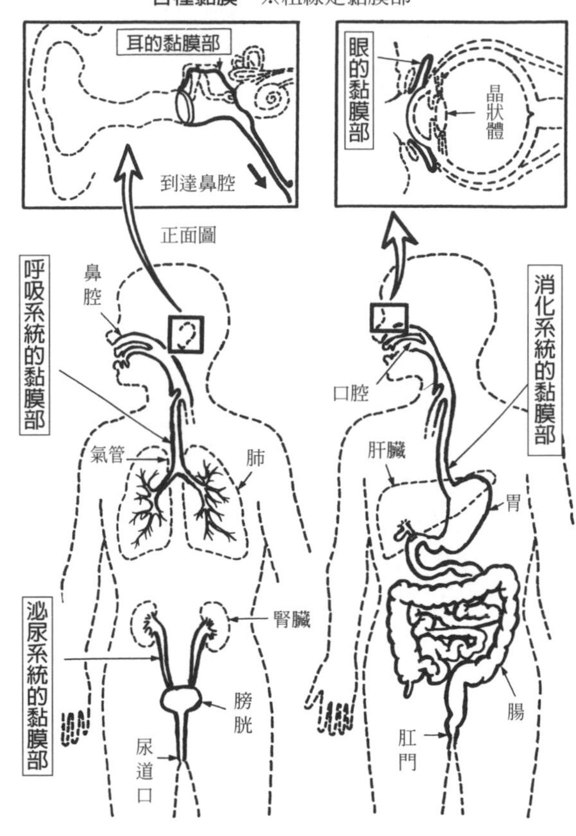


食道、胃腸等消化管的內側（內腔）通過口，與外界接觸。

其在身體內側卻與外界接觸的部分，由黏膜加以保護。

黏膜有黏液腺和杯形細胞，分泌的黏液會不斷覆蓋在黏膜上。

黏膜的細胞分泌旺盛，幾天內就會更新。

因此，如果得了胃潰瘍，而只是黏膜潰瘍的話，通常不會留下任何疤痕，就能痊癒。

除了消化管之外，鼻孔、氣管、耳管、眼瞼內側、生殖器官等與外界接觸的部分，也都有黏膜覆蓋，加以保護。

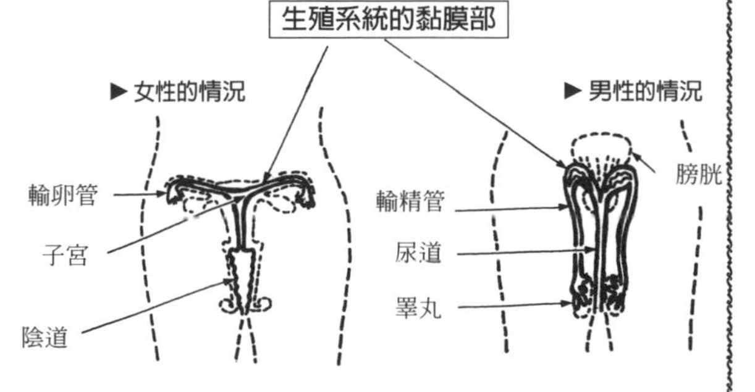

黏膜

# 口腔黏膜

口腔內的黏膜經常由唾液滋潤。

分泌唾液的腺，大致分為大唾液腺、小唾液腺。

▶ **大唾液腺**

**❶耳下腺**…會產生漿液性、清爽唾液的腺。

此漿液含有分解澱粉的酵素（唾液澱粉酶）。

此外，也會分泌促進骨骼、牙齒發育的荷爾蒙唾液腺素。

**❷顎下腺**‥會分泌漿液與黏液。

大唾液腺

此外，也會分泌少量荷爾蒙。

**❸舌下腺**：分泌的幾乎都是黏液。

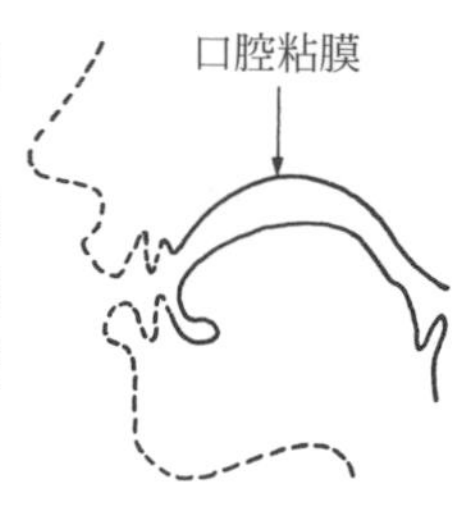


大部分唾液是由以上3種腺分泌出來的。

▶ **小唾液腺**

存在於顎、口唇、舌下、顴等黏膜的腺，會分泌黏液（**❹小唾液腺**）。

唾液的作用就是利用酵素幫助澱粉的消化。

此外，黏液能使食物變軟，使細菌繁殖，調節體溫及水分的平衡。

| 腺名 | **❶耳下腺**（唾液的75%） | **❷顎下腺**（唾液的20%） | **❸舌下腺**（唾液的5%弱） | **❹其他的小唾液腺** |
|---|---|---|---|---|
| 分泌液 | 主要為漿液(酵素) | 漿液與黏液 | 漿液與黏液 | 黏液 |
| 消化作用 | ○（參照❶） | | | |
| 軟化作用 | | ○（參照❷） | ○（參照❸） | ○（參照❹） |
| 濕潤作用 | ○ | ○ | ○ | ○ |
| | （滋潤口腔內的黏膜，使發音順暢。） | | | |
| 清淨作用 | ○ | ○ | ○ | ○ |
| | （沖洗掉食物，抑制細菌的繁殖。） | | | |
| 排泄作用 | ○ | ○ | ○ | ○ |
| | （積存在體內的有害物會排到唾液中。） | | | |
| 體溫調節 | ○ | ○ | ○ | ○ |
| | （幫助水分的蒸發，及體熱的放散。） | | | |
| 水分代謝 | ○ | ○ | ○ | ○ |
| | （出現脫水狀態時，會抑制唾液的分泌。） | | | |
| 荷爾蒙 | ○（參照❶） | ○（參照❷） | | |

各種小唾液腺

舌下 剖面圖 舌腺 口唇腺 顴腺

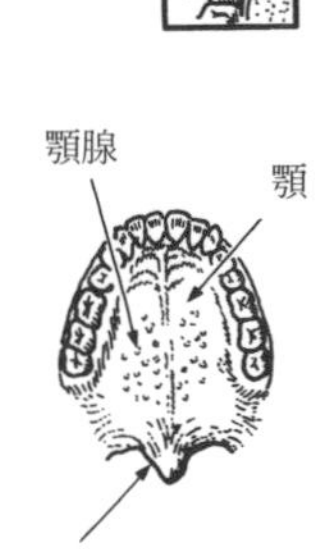

黏膜

消化管中，從食道到肛門，叫做消化管。

消化管黏膜會分泌黏液或酵素等，幫助食物的消化吸收。

▶**食道**…由二層肌肉構成，藉著蠕動運動，將食物送達到胃。

▶**胃**…食物進入後，會持續分泌胃分泌素，分泌胃液。

胃壁由黏膜保護。

在此被吸收的為水和酒精等，剩下的被送到十二指腸。

▶**十二指腸**…胰臟會分泌胰液，肝臟分泌膽汁，可分解乳化消化物，使物體容易被吸收。

▶**小腸**…小腸黏膜分泌的酵素能使消化物再被分解掉，由小腸壁吸收。

水分幾乎都在此被吸收。

▶**大腸、肛門**…大腸會吸收若干的水和礦物質，消化物的殘渣會成為糞便，從肛門排出。

## 消化管黏膜

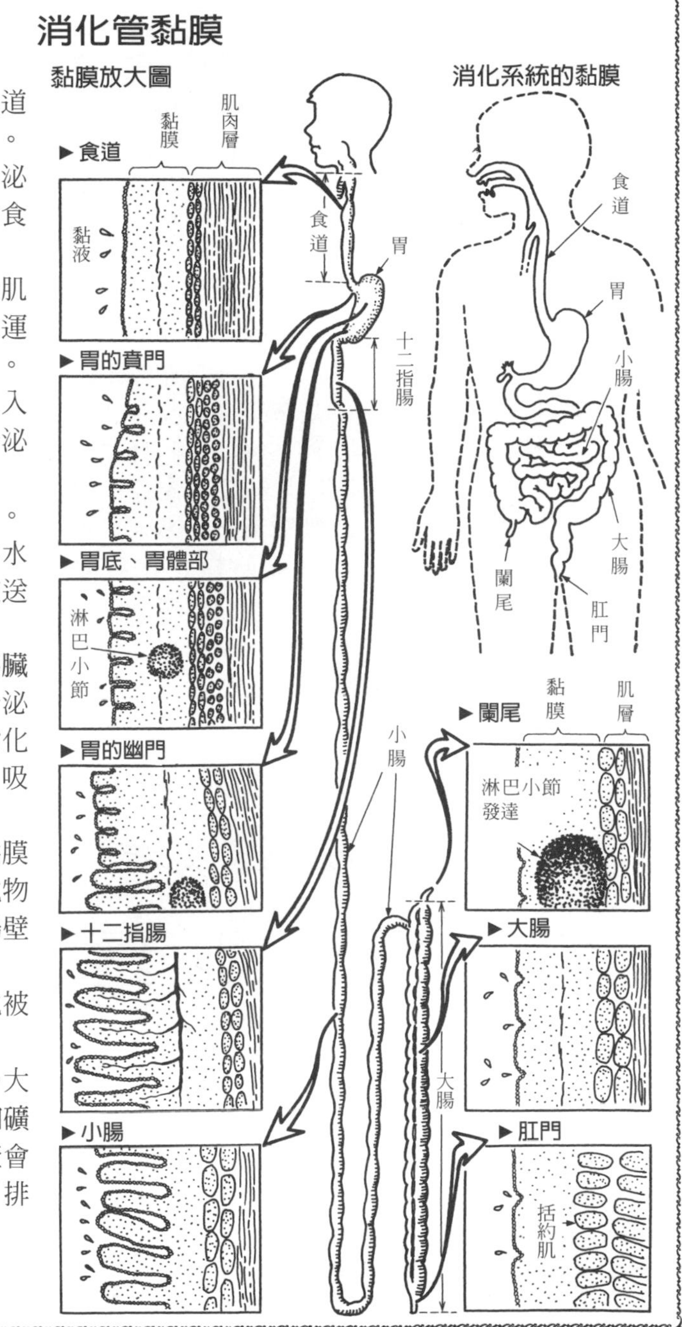


註）這時小腸的蠕動運動如波浪般作用，能夠促進消化部的消化吸收。大部分的消化吸收都在此處進行。

黏膜

# 氣管黏膜

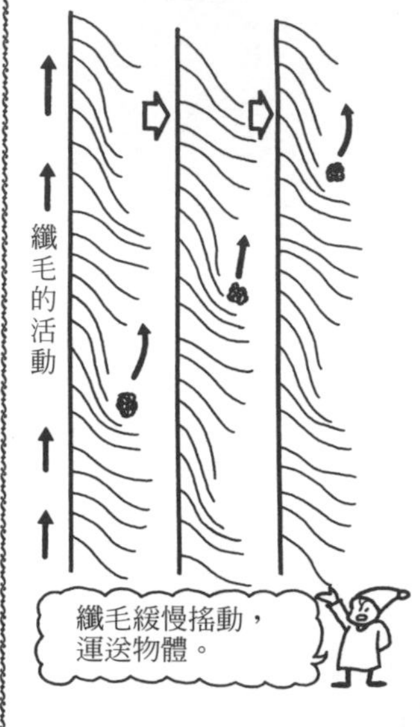


### ★纖毛運動

氣管、支氣管等呼吸器官的內腔上，有細毛般的纖毛生長的黏膜覆蓋。

這些小小的纖毛如果不用顯微鏡，根本看不到，它具有非常棒的作用。

纖毛互相緊密連結，朝向一定方向，如波浪般搖動。

這就是**纖毛運動**。藉此運動對由外界侵入的灰塵等，能送出體外，加以去除[注1]。

纖毛不光存在於呼吸器官的黏膜，也存在於輸卵管的黏膜，藉其運動，可以運送卵子。

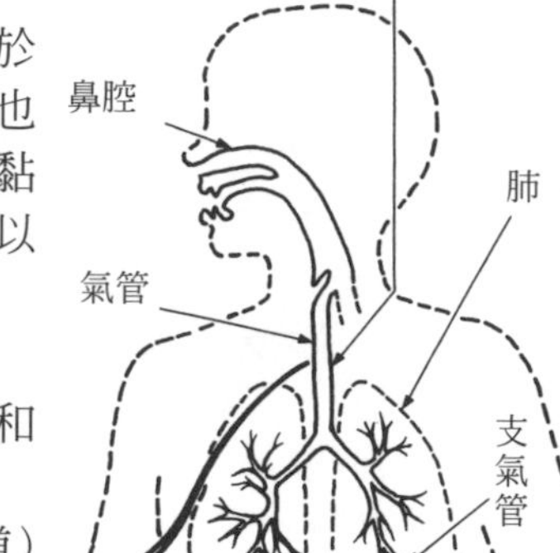


### ★去除呼吸器官灰塵的構造

呼吸時，吸入的空氣中摻雜了細小的灰塵和細菌等，一起進入體內。

這時呼吸道（鼻腔、氣管等呼吸空氣的通道）黏膜上杯形細胞所分泌的黏液，就能夠包住灰塵（右圖❶）。

黏膜產生的纖毛運動，會將灰塵朝向喉嚨方向送出（右圖❷）[注2]。

呼吸器官的黏膜就這樣藉助黏液和纖毛運動，去除異物。

►呼吸道黏膜的放大圖
（例：氣管的黏膜）

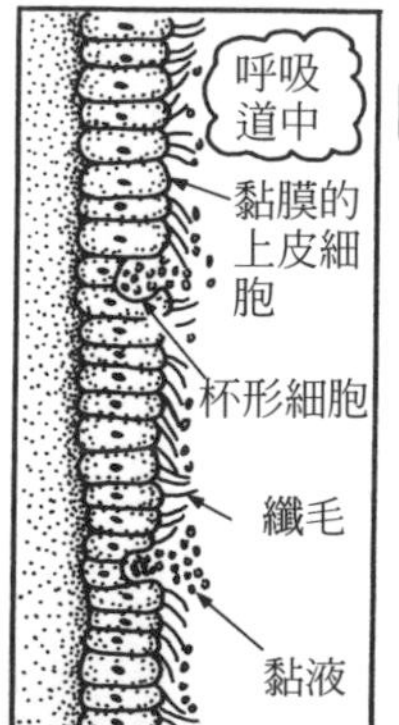


❶黏膜捕捉進入的灰塵

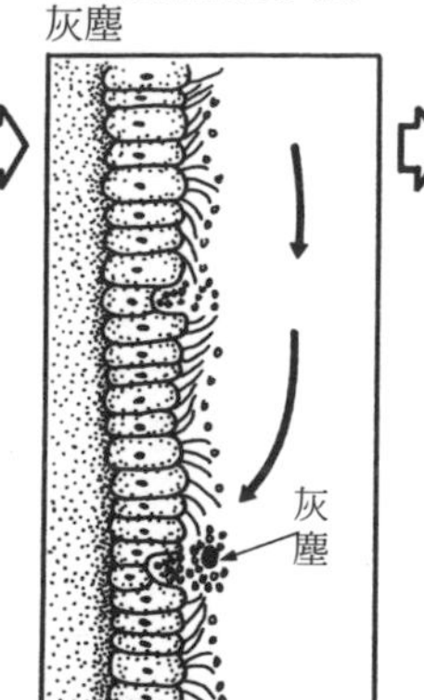


❷藉著纖毛運動，朝喉嚨方向推。

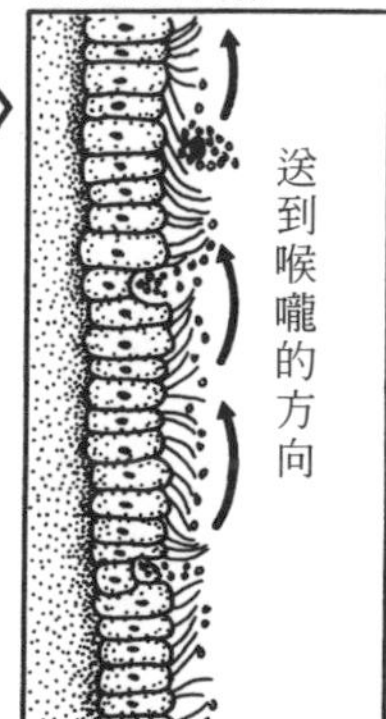


〔注1〕肺泡沒有纖毛，如果肺中因發炎而出現膿時，無法排出。
〔注2〕纖毛1分鐘波動約1000次。

黏膜

## 眼睛黏膜（結膜）的自淨作用

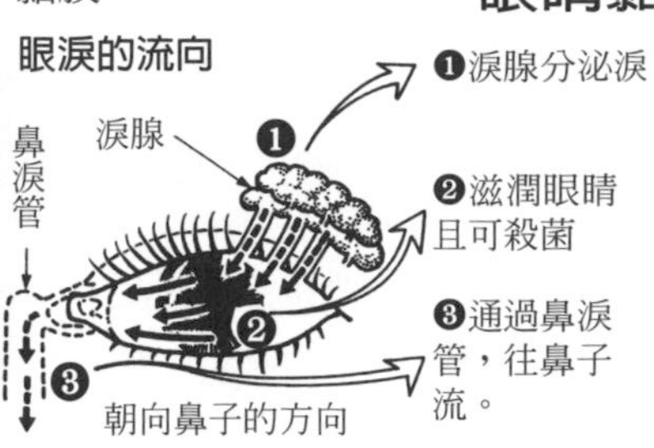


**★淚腺的作用**

眼睛由結膜這種黏膜加以保護。

結膜覆蓋眼瞼內側後，移到角膜上皮，保護眼球。

淚腺分泌的淚，能夠經常滋潤眼球，沖洗掉灰塵等異物，通過鼻淚管，朝鼻子方向流入。而淚具有抗菌作用，可以保護眼睛免於細菌引起的感染。

**★瞼板腺的作用**

眼睛有一種有分泌脂性分泌物的腺，稱爲瞼板線。

此分泌物具潤滑油的作用，即使在眼瞼開閉時，也不會損傷眼球，而且能使眼球活動順暢。

此外，淚水流到眼睛周圍時，也具有不使其流下來的作用，且閉眼睛時，也能使眼瞼緊密貼合。

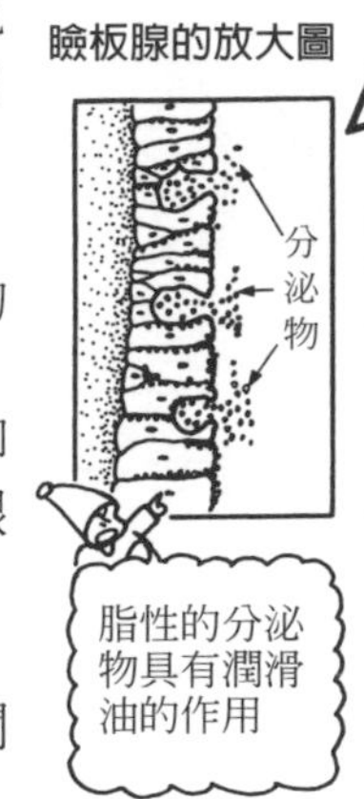


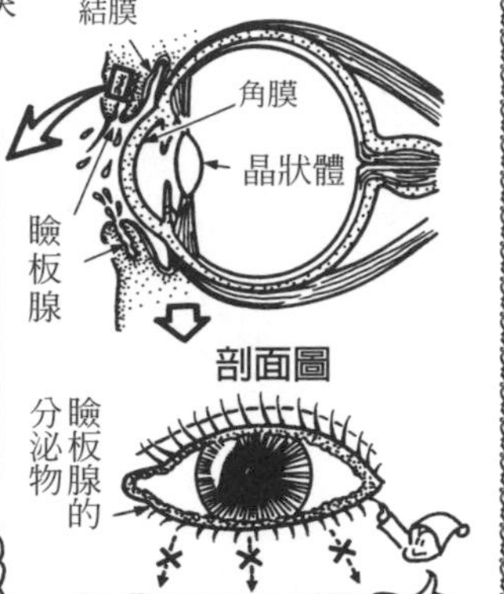


黏膜

## 耳黏膜的自淨作用

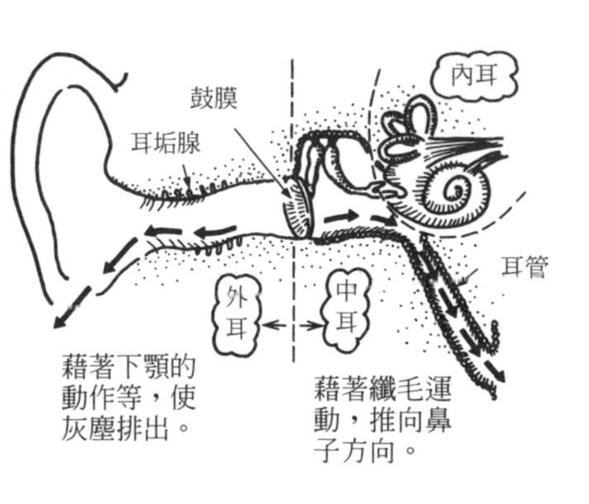


進入耳的異物被由耳垢腺（耳道腺）分泌的黏的分泌液和耳毛所捕捉。

通常藉著下顎的動作等，就會自然排出體外。

在鼓室深處部分，有長纖毛的黏膜。

進入此處的異物，會被黏液捕捉，藉著纖毛的運動，朝鼻子方向排出。

黏膜

## 輸尿管黏膜

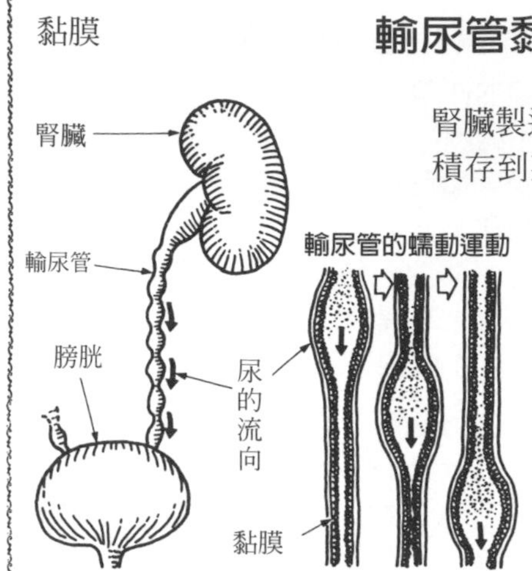


腎臟製造出來的尿，通過輸尿管，送到膀胱。積存到某種程度（通常約250毫升以上），就會產生尿液需排出的訊號。

輸尿管和膀胱內側亦有黏膜覆蓋。

輸尿管[注]如波浪般伸縮，進行**蠕動運動**，幫助尿的移動。

因為某種理由，當蠕動運動不良時，尿流通不順暢，就容易形成尿路結石等（參照108頁）。

〔注〕輸尿管沒有括約肌，而是藉著斜插入膀胱所形成黏膜的皺襞，進行蠕動運動。

黏膜

## 輸卵管與子宮黏膜的功能

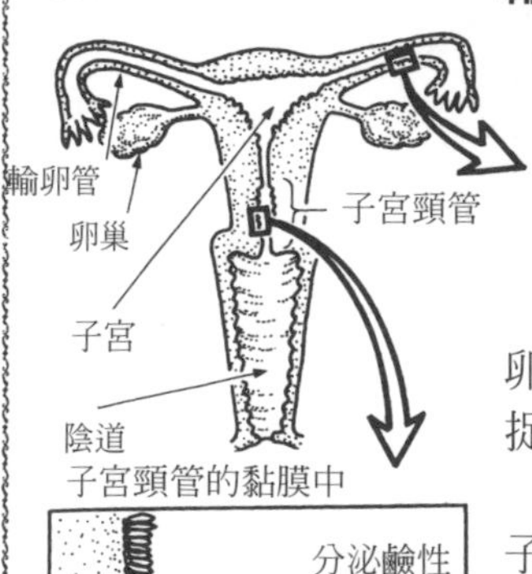

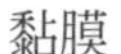


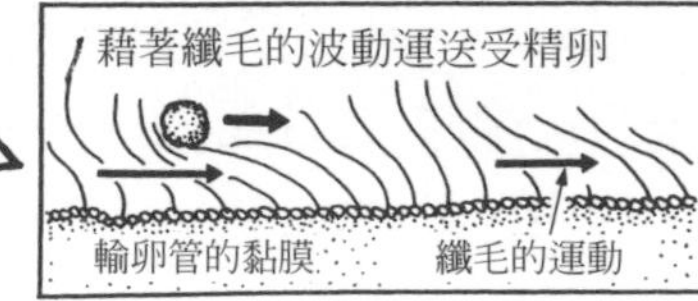

**★輸卵管黏膜**

輸卵管內腔由生長許多纖毛的黏膜所覆蓋。

由卵巢排出的卵泡（包住卵子的細胞集合體），被輸卵管繖捕捉，進入輸卵管內。

輸卵管的纖毛藉著如波浪般的波動，將其送到子宮，而這時輸卵管內如果有精子，就會受精，成為受精卵。

**★子宮黏膜**

子宮黏膜會因卵巢所排出的荷爾蒙而肥厚，準備受精卵的著床[注]。但是，如果來到此處只是普通卵泡，荷爾蒙的分泌就會停止，肥厚的黏膜隨之脫落，隨著血液排出體外。

然而子宮頸管的黏膜不會增厚或脫落，此處所分泌的黏液為鹼性，具殺菌作用，可防止陰道受到感染。

〔注〕受精卵黏在子宮內壁，鑽入黏膜內著床。

國家圖書館出版品預行編目資料

完全圖解健康與疾病，健康研究中心主編，
初版，新北市，新視野 New Vision，2023.04
面；　公分 --
ISBN 978-626-97013-6-0（平裝）
1.CST：家庭醫學　2.CST：疾病防制

429　　112000784

# 完全圖解健康與疾病

健康研究中心主編

出　　版　新視野 New Vision
製　　作　新潮社文化事業有限公司
電話 02-8666-5711
傳真 02-8666-5833
E-mail：service@xcsbook.com.tw

印前作業　東豪印刷事業有限公司
印刷作業　福霖印刷有限公司

總 經 銷　聯合發行股份有限公司
新北市新店區寶橋路 235 巷 6 弄 6 號 2F
電話 02-2917-8022
傳真 02-2915-6275

初版一刷　2023 年 6 月